3er VOLUMEN

1º ESO

MATEMÁTICAS

Francisco Javier García Crespo
Ruth Martín Escanilla

EDITEX

Índice

Índice

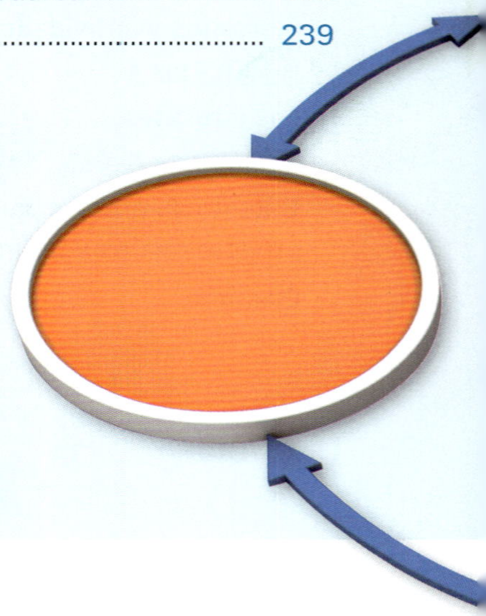

TERCER PROYECTO

Comprende las unidades didácticas

9. Elementos de geometría
10. Triángulos
11. Polígonos
12. Circunferencia y círculo
13. Longitudes y áreas

La espiral áurea

La naturaleza nos da muchas sorpresas y quizá lo que nunca imaginamos es que gran parte de los seres vivos crecen de una manera geométrica.

Si observas la imagen de la caracola que aparece en este proyecto (es un nautilus, un molusco cefalópodo considerado como un fósil viviente), comprobarás que su crecimiento sigue la figura llamada espiral áurea. Esta figura ya fue estudiada en la antigua Grecia. A lo largo de este proyecto aprenderemos a construirla y estudiaremos alguna de sus curiosidades.

El número áureo es uno de los conceptos matemáticos más conocidos. Este número irracional descubierto en la Antigüedad aparece repetidamente en la naturaleza y posee muchas propiedades interesantes. Así, lo podemos encontrar en el estudio del crecimiento de las plantas, en la distribución de las hojas en el tallo, en el caparazón del caracol, en las dimensiones humanas, etc., y también lo podemos descubrir en la arquitectura y en el arte, en donde simbolizaba la belleza y la perfección.

El número áureo se obtiene resolviendo la siguiente proporción:

$$\frac{1-x}{x}=\frac{x}{1} \qquad \text{donde la solución es } x=\frac{1-\sqrt{5}}{2}$$

A este número se lo denomina con la letra griega Φ (fi) en honor al escultor griego Fidias.

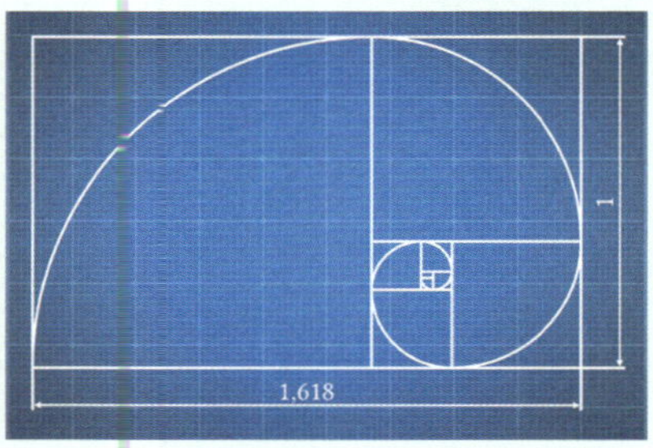

Proyecto: La espiral áurea

Sitúate ante el trabajo a realizar

Formad grupos de trabajo. Leed el texto anterior con detalle y:

a) Busca en Internet el origen del número áureo.

b) Busca en Internet el número áureo en la naturaleza.

c) Busca en iIternet el número áureo en el arte.

d) Busca otras situaciones en las que se vea el número áureo.

Lo que tienes que hacer

Lo primero que haremos será construir un rectángulo áureo. En él veremos distintos triángulos y sus medidas, y encontraremos el número áureo.

A partir de aquí construiremos una secuencia de cuadrados, que nos ayudarán a general la espiral áurea a través de arcos de circunferencia.

Una vez construida la espiral, calcularemos áreas cubiertas y no cubiertas.

Para realizar todas estas construcciones, usaremos regla, compás y el programa GeoGebra.

Pasos a seguir

Para conseguir este reto personal, lo importante es ir paso a paso, realizando los siguientes pasos por unidad:

9. Elementos de geometría. Paso 1: Construir un rectángulo áureo con GeoGebra.
10. Triángulos. Paso 2: Construcción de triángulos en un rectángulo áureo.
11. Polígonos. Paso 3: Construir la sucesión de cuadrados.
12. Circunferencia y círculo. Paso 4: Construcción de la espiral áurea.
13. Longitudes y áreas. Paso 5: Cálculo del área restante de la construcción de la espiral en la sucesión de cuadrados.

9 Elementos de geometría

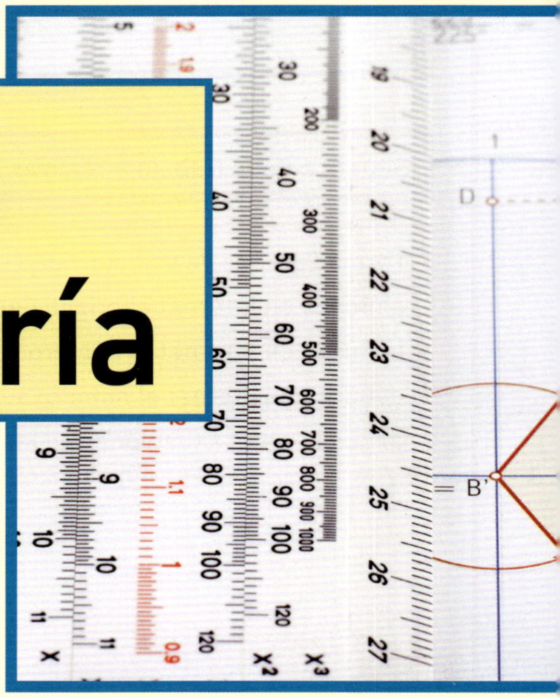

En esta unidad

1. Elementos de geometría
2. Semirrectas y segmentos
3. Ángulos
4. Clasificación de los ángulos
5. Ángulos complementarios, suplementarios e iguales
6. Rectas paralelas, secantes y perpendiculares
7. Mediatriz de un segmento
8. Bisectriz de un ángulo

	Vamos a aprender a...	Competencias
Saberes científicos	– Reconocer figuras y relaciones básicas de la geometría del plano identificando y distinguiendo rectas y ángulos de interés en geometría. – Construir mediatrices y bisectrices.	CMCT, CPAA
Lectura y comprensión	– Mostrar organización, orden y trabajo sistemático en la resolución de problemas. – Conocer y aplicar distintas estrategias heurísticas para resolver el problema.	CMCT, CCL
Tratamiento de la información y competencia digital	– Realizar búsquedas en la Red de una manera sistematizada y crítica comparando diversas opciones. – Utilizar las tecnologías de la información para realizar representaciones gráficas.	CMCT, CD
Aprende a aprender ciencia	– Explorar y conjeturar posibles resultados de procesos de cálculo. – Reconocer la importancia del dominio de las operaciones y los procedimientos matemáticos como herramientas que facilitan la resolución de problemas.	CMCT, CPAA, SIE
La ciencia en la sociedad	– Practicar actitudes propias del quehacer matemático (a su nivel): se hacer preguntas, siente curiosidad, indaga, profundiza en algún problema planteado, elabora conjeturas, justifica sus razonamientos. – Muestra interés y perseverancia en la realización de las actividades.	CMCT, CSC
Proyecto: La espiral áurea	– Construir un rectángulo áureo.	CMCT, CPAA, CCL, CD, SIE, CSC

Nota: competencia matemática y competencias básicas en ciencia y tecnología (CMCT), competencia en comunicación lingüística (CCL), competencias sociales y cívicas (CSC), competencia para aprender a aprender (CPAA), competencia digital (CD), sentido de la iniciativa y espíritu emprendedor (SIE), conciencia y expresiones culturales (CEC).

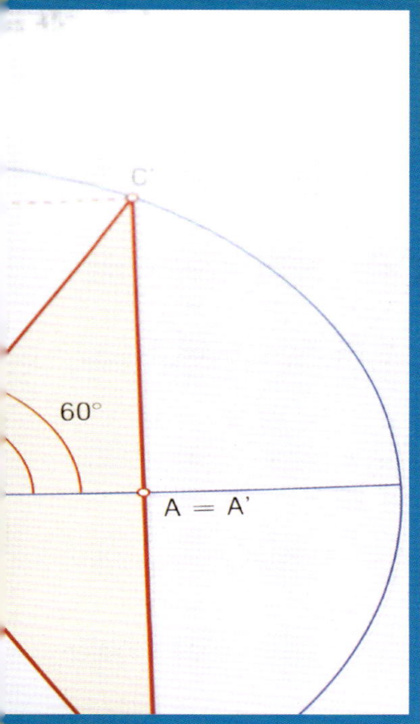

La geometría

La geometría está a nuestro alrededor, en edificios, calles, automóviles, arte… El arte y el diseño se nutren de esta rama de las matemáticas para plasmar ideas y sensaciones. Es precisamente en el diseño en donde nos vamos a parar un momento.

Leonardo da Vinci (1452-1519), el famoso artista del Renacimiento italiano que abarcó diversos campos, ya que fue a la vez anatomista, arquitecto, artista, botánico, científico, escritor, escultor, ingeniero e inventor, no realizó sus trabajos de manera desordenada: cada obra, cada escultura, estaba escrupulosamente pensada y diseñada para luego plasmarla.

La matemática a nuestro alrededor

- Como hemos dicho en la presentación, la geometría está a nuestro alrededor y la encontramos sin necesidad de buscarla; sin embargo, si se os va a encomendar esta tarea. Busca las siguientes figuras:
  - Un segmento.
  - Una recta.
  - Un ángulo recto.
  - Dos rectas paralelas.
  - Dos rectas perpendiculares.
- Busca en Internet problemas de la Grecia clásica que se resolvían con regla y compás.

1. Elementos de geometría

El gran matemático Euclides concluyó que el punto, la recta y el plano eran los tres elementos básicos de la geometría y los definió de la siguiente manera:

- El **punto** es lo que no tiene dimensiones.
- La **recta** es lo que tiene una dimensión: largo.
- El **plano** es lo que tiene dos dimensiones: largo y ancho.

A pesar de que cuando representamos un punto, por muy pequeño que lo hagamos, aparentemente tiene dimensiones, un punto geométrico es algo tan infinitamente pequeño que no tiene ninguna dimensión.

La recta tiene una dimensión: la longitud. Además, esta longitud es infinita, aunque solo dibujemos una parte de ella. Algo muy importante es que la representamos sin extremos, más adelante veremos el motivo.

Y el plano, por su parte, tiene longitud y anchura, es decir, dos dimensiones. Si miramos el tablero de nuestra mesa y lo prolongamos hasta el infinito, podremos imaginar un plano

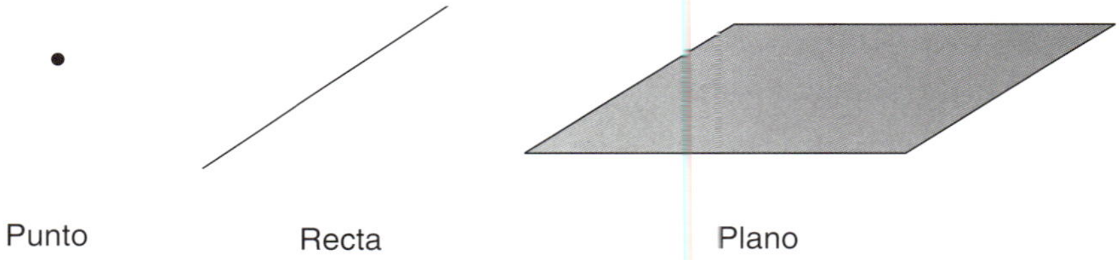

EJEMPLO

- *¿Quieres ver estas figuras en tu habitación? Hagamos el siguiente juego:*
  - Nos tumbamos en la cama.
  - Miramos el techo. Ahí está el plano.
  - Miramos la pared de enfrente y observamos dónde se corta con el techo. Ahí tenemos una recta (r_1).
  - Miramos la pared de enfrente y la de la derecha. Podemos observar que se cortan en otra recta (r_2).
  - La recta r_1 y la recta r_2 se cortan en la esquina de arriba a la derecha. Ese es el punto (*A*).

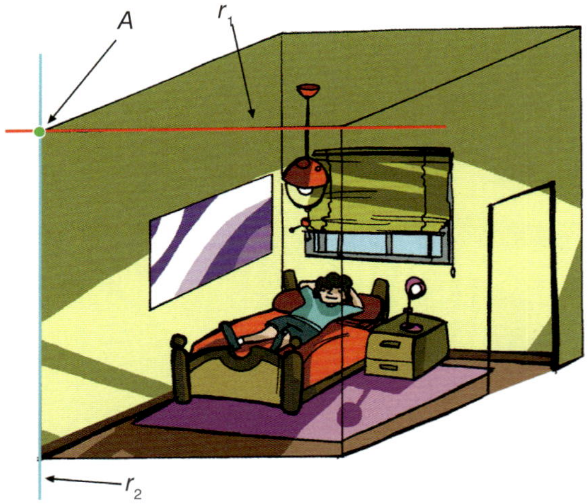

a Ejercicios y actividades

1. Dibuja un punto en el plano y tres rectas que pasen por él. ¿Puedes trazar alguna recta más que pase por ese punto? ¿Cuántas rectas pasan por un mismo punto?
2. Traza en tu cuaderno una recta que pase por todos los puntos representados en cada apartado y responde a las preguntas:

   - ¿Cuántos puntos determinan una única recta?
   - ¿Cómo deben situarse tres o más puntos para que determinen una única recta?

2. Semirrectas y segmentos

2.1. Semirrectas

Si en una recta marcamos un punto, lo que obtenemos son dos semirrectas. A este punto lo podemos llamar **origen** de las semirrectas.

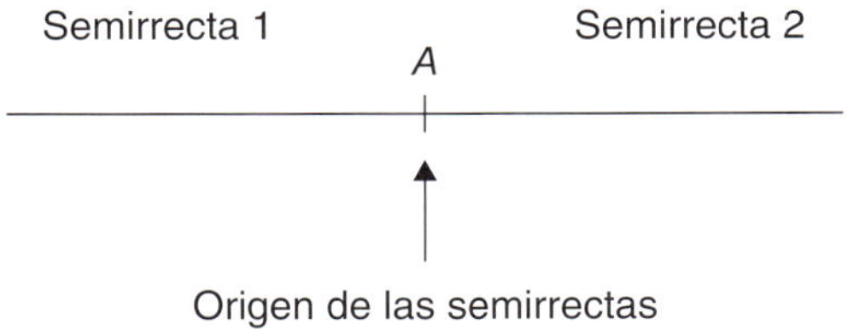

Una **semirrecta** es una recta que está limitada en un extremo.

2.2. Segmentos

Si marcamos un punto en una semirrecta, tendremos un segmento. De este modo tendremos dos puntos, que serán los extremos del segmento.

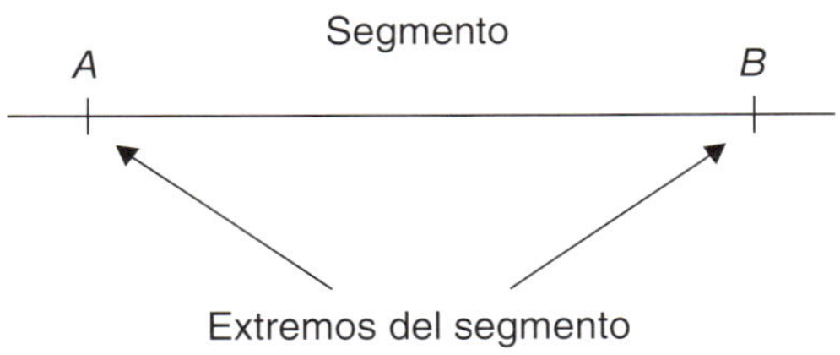

Un **segmento** $\overline{AB}$ es una parte de una recta limitada por dos extremos.

EJEMPLOS

- Parte 1:

  Seguimos mirando la pared de enfrente, la de la derecha y el techo.

  Desde donde se cortan los tres planos (las tres paredes) hacia la izquierda, y de manera infinita, tenemos una semirrecta (sr_1).

- Parte 2:

  Miramos la pared de enfrente, la de la derecha, el techo y el suelo.

  La línea donde se cortan las dos paredes con principio en el suelo y final en el techo sería el segmento (s_1).

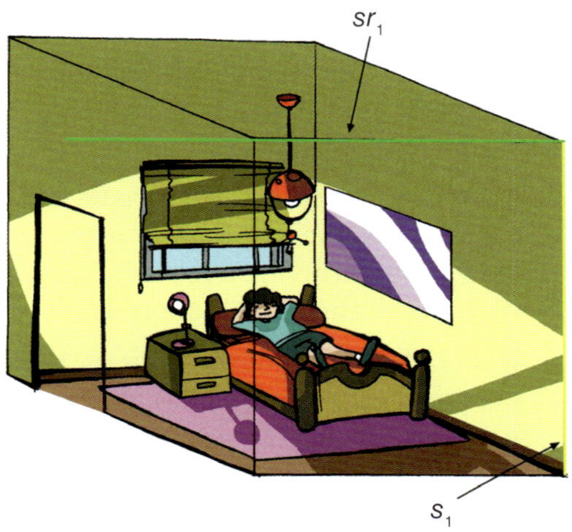

a Ejercicios y actividades

3. Dibuja en tu cuaderno dos puntos A y B. Después, representa y nombra como se indica a continuación:
   a) La recta que pasa por A y por B (*r*).
   b) Una semirrecta que tenga por origen el punto A (*s*).
   c) Un segmento que pase por B y no esté contenido en *r*. Llama C a su otro extremo. ¿Cómo se nombra este segmento?
   d) Un punto D que pertenezca a la recta *r*.
   e) Un punto E que no pertenezca a la recta *r*.
   f) Un punto F que se sitúe en distinto semiplano que el punto E.
4. ¿Cuál es la longitud de una recta? ¿Y la de una semirrecta?
5. Dibuja en tu cuaderno tres segmentos de longitudes 3 cm, 4,8 cm y 5 cm, respectivamente.

3. Ángulos

Ángulo es la inclinación de una recta con respecto a otra que la corta en un punto.

Un **ángulo** es la región comprendida entre dos semirrectas, llamadas lados, con el mismo origen.

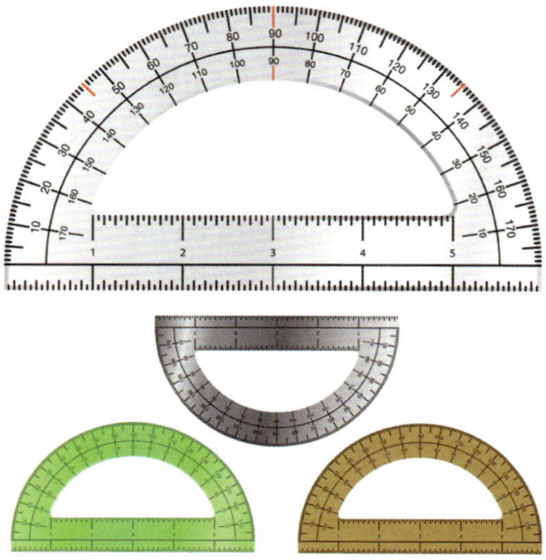

Vamos a observar el gráfico:

$m \rightarrow$ Será el primer lado.

$n \rightarrow$ Será el segundo lado.

$\hat{A} \rightarrow$ Será el ángulo.

$A \rightarrow$ Será el vértice.

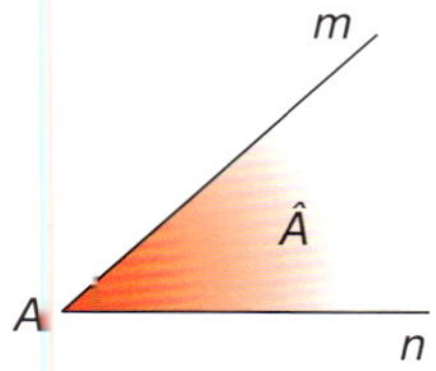

Fijémonos en que al ángulo lo hemos llamado $\hat{A}$, pues hay que distinguirlo del punto A, origen de las semirrectas m y n. Este punto A es el **vértice** del ángulo.

3.1. ¿Cómo se miden los ángulos?

Para medir los ángulos, utilizamos el **transportador**. El transportador es una regla semicircular (aunque también las hay de círculo completo) que manejamos de la siguiente manera:

1. Podemos ver que en el centro de la parte recta del transportador hay un punto. En este punto es donde debemos colocar el vértice del ángulo que queremos medir.
2. Del centro del transportador parten dos semirrectas hacia derecha e izquierda que nos van a indicar el lado del ángulo que tomamos como base. Así pues, colocamos una de las semirrectas sobre la base del ángulo.
3. El otro lado del ángulo que queremos medir se prolonga hacia un número de la parte semicircular del transportador. Dicho número será la medida del ángulo.

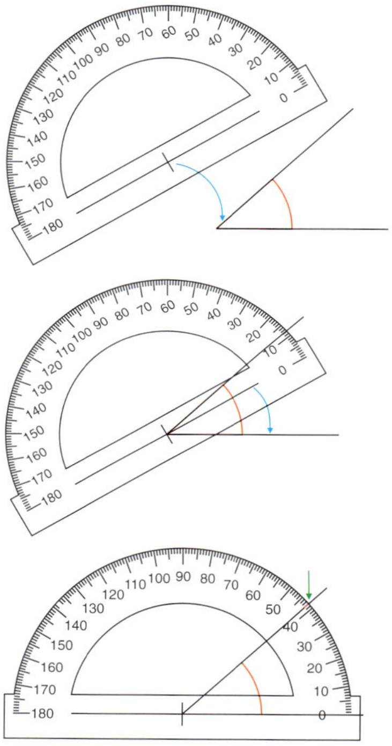

a Ejercicios y actividades

6. Dibuja tres ángulos que midan 60°, 135° y 210°.
7. Mide los siguientes ángulos:

a)

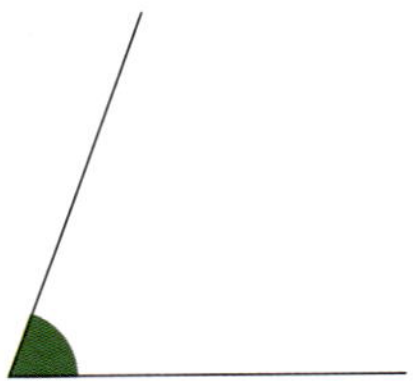

b)

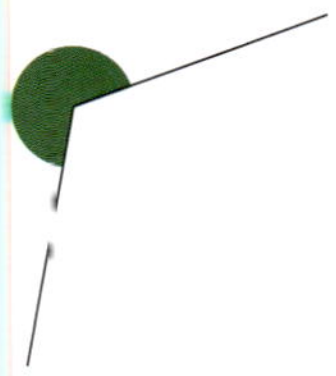

c)

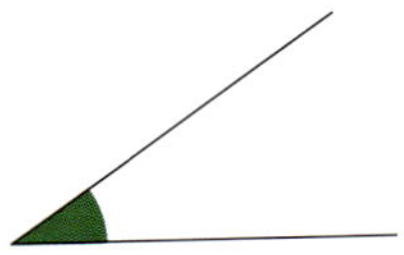

4. Clasificación de los ángulos

4.1. Ángulos importantes

- **Ángulo nulo** (0°): los dos lados son el mismo.
- **Ángulo recto** (90°): los lados forman un ángulo de 90°.
- **Ángulo llano** (180°): los lados están sobre la misma recta, pero en sentido contrario.
- **Ángulo completo** (360°): los lados están superpuestos después de que uno de ellos dé un giro completo.

Ángulo nulo

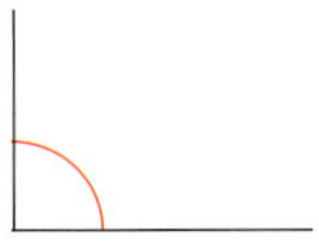

Ángulo recto

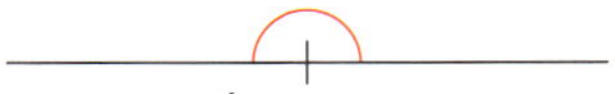

Ángulo llano

Ángulo completo

4.2. Clasificación respecto del ángulo recto

- **Agudo**: un ángulo es agudo cuando mide menos que un ángulo recto.
- **Obtuso**: un ángulo es obtuso si mide más que un ángulo recto y menos que un ángulo llano.

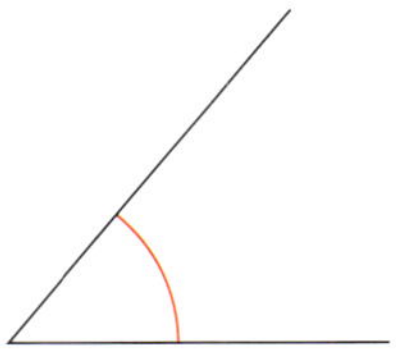

Ángulo agudo

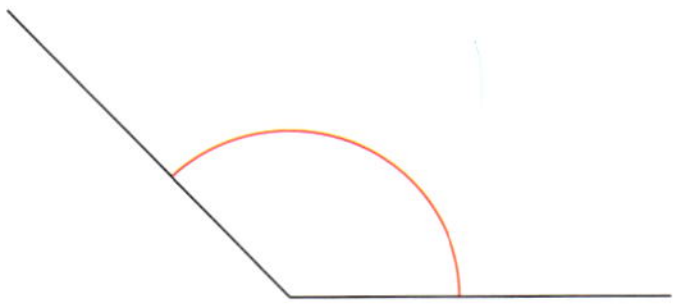

Ángulo obtuso

4.3. Clasificación respecto del ángulo llano

- **Convexo**: un ángulo es convexo si mide menos que un ángulo llano.

- **Cóncavo**: un ángulo es cóncavo si mide más que un ángulo llano.

a Ejercicios y actividades

8. Clasifica los ángulos siguientes como agudos u obtusos:

a) 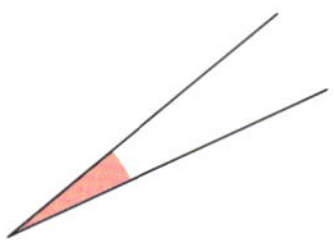 b) 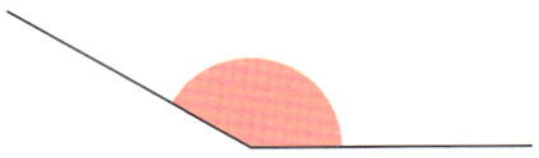 c)  d) 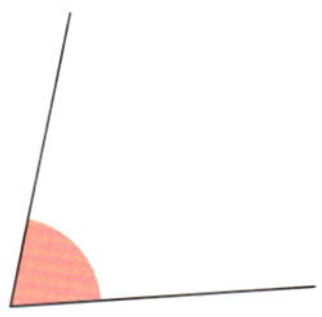

9. Nombra los ángulos de los siguientes polígonos y clasifícalos en convexos o cóncavos:

a) 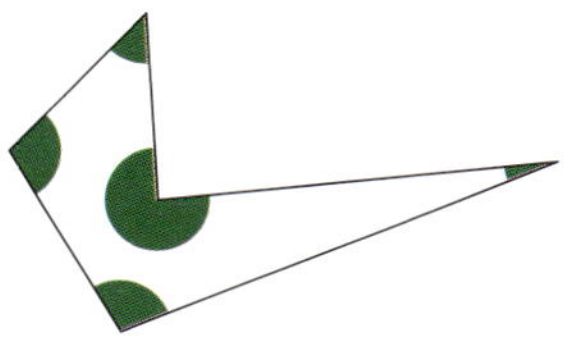 b)  c) 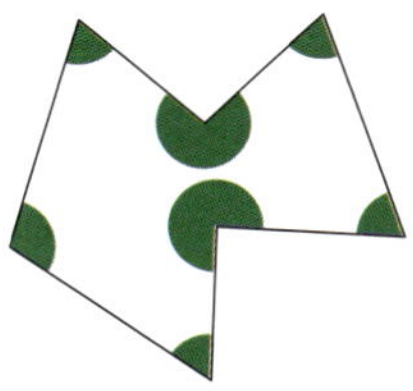

5. Ángulos complementarios, suplementarios e iguales

Dos ángulos son **complementarios** si su suma es un ángulo recto.

$\hat{A}_1$ y $\hat{E}_1$ son ángulos complementarios:

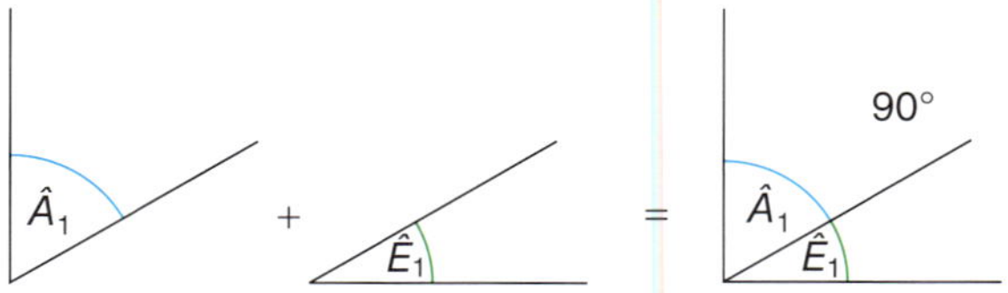

Dos ángulos son **suplementarios** cuando su suma es un ángulo llano.

$\hat{A}_2$ y $\hat{E}_2$ son suplementarios:

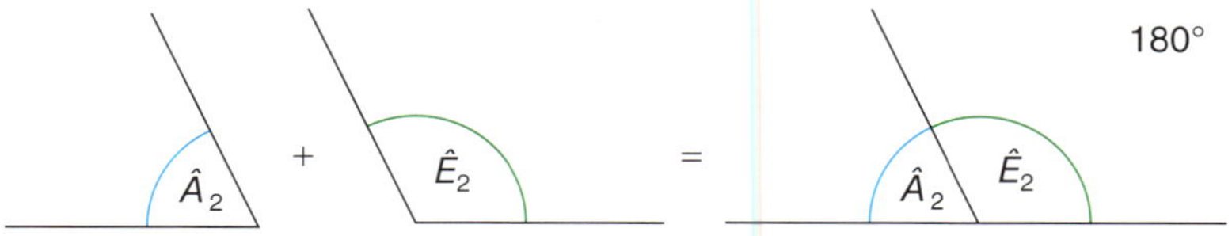

Dos ángulos son **consecutivos** cuando tienen el vértice y un lado en común.

$\hat{A}_3$ y $\hat{E}_3$ son consecutivos:

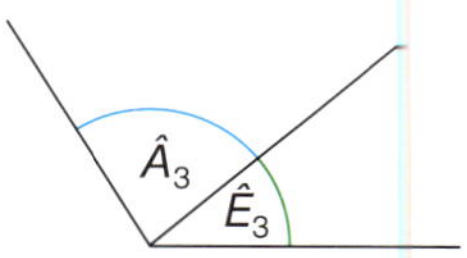

Dos ángulos son **adyacentes** si tienen el vértice y un lado en común y, además, suman 180°, es decir, si son consecutivos y suplementarios.

$\hat{A}_4$ y $\hat{E}_4$ son adyacentes:

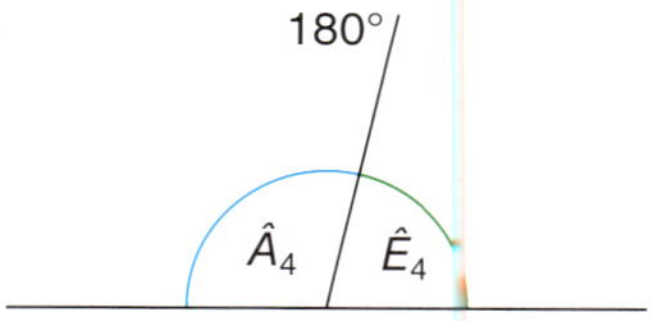

a Ejercicios y actividades

10. Indica, en cada caso, si los siguientes ángulos son complementarios, suplementarios o ninguna de las dos cosas:
    - a) $\hat{A} = 35°$ y $\hat{A} = \hat{B} = 65°$
    - b) $\hat{A} = 25°$ y $\hat{A} = \hat{B} = 65°$
    - c) $\hat{A} = 45°$ y $\hat{A} = \hat{B} = 135°$
    - d) $\hat{A} = 36°$ y $\hat{A} = \hat{B} = 54°$
    - e) $\hat{A} = 92°$ y $\hat{A} = \hat{B} = 88°$
    - f) $\hat{A} = 60°$ y $\hat{A} = \hat{B} = 30°$
11. ¿Cuánto miden los ángulos complementarios de los siguientes ángulos?
    - a) $\hat{A} = 10°$ b) $\hat{B} = 75°$ c) $\hat{C} = 22°$ d) $\hat{D} = 83°$
12. ¿Cuánto miden los ángulos suplementarios de los siguientes ángulos?
    - a) $\hat{A} = 110°$ b) $\hat{B} = 125°$ c) $\hat{C} = 38°$ d) $\hat{D} = 95°$
13. Dibuja en tu cuaderno un ángulo de 28°, un ángulo consecutivo a él y otro adyacente. ¿Cuánto mide cada uno de ellos?

5.1. Igualdad geométrica de los ángulos

A continuación vamos a describir las distintas formas de saber si dos ángulos son iguales.

El pintor ruso Alexej von Jawlensky (1864-1941) pintó una serie de rostros a base de líneas simples.

5.1.1. Caso 1

Dos ángulos agudos u obtusos son iguales si tienen sus lados paralelos.

$\hat{A}_1 = \hat{A}_2$ $\hat{E}_1 = \hat{E}_2$

5.1.2. Caso 2

Dos ángulos agudos u obtusos son iguales si los lados de uno son perpendiculares a los del otro.

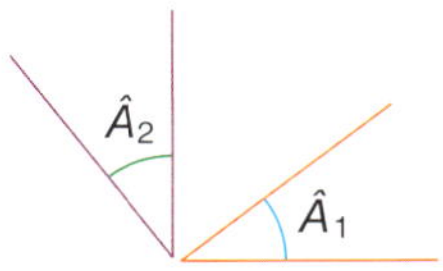

$\hat{A}_1 = \hat{A}_2$

5.1.3. Caso 3

Decimos que dos ángulos son **opuestos por el vértice** si tienen el vértice común y sus lados están sobre las mismas rectas pero en sentido contrario. Dos ángulos agudos u obtusos son iguales si son opuestos por el vértice.

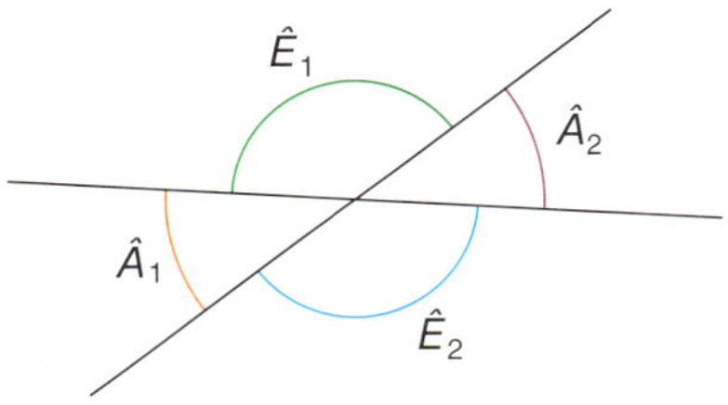

$\hat{A}_1 = \hat{A}_2$

$\hat{E}_1 = \hat{E}_2$

a Ejercicios y actividades

14. Representa, en tu cuaderno, sobre el vértice B un ángulo igual al que aparece en la figura:

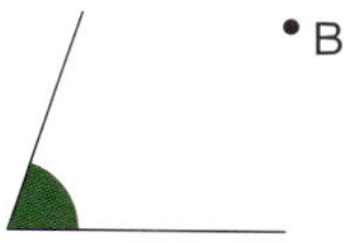

15. Justifica el motivo de la igualdad de estos ángulos:

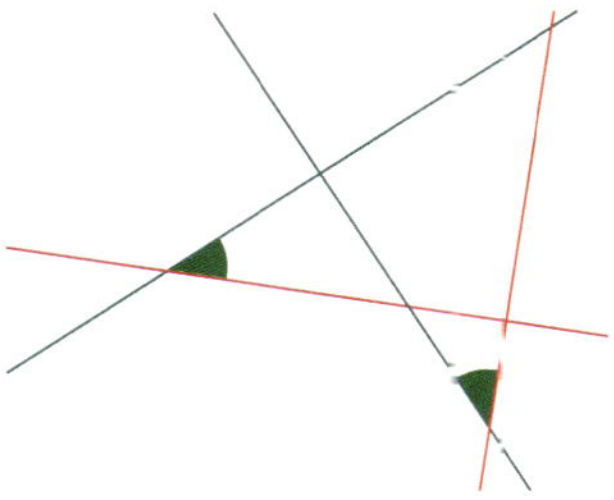

16. Si las rectas a y c son paralelas, calcula cuánto mide el ángulo B. Justifica la respuesta.

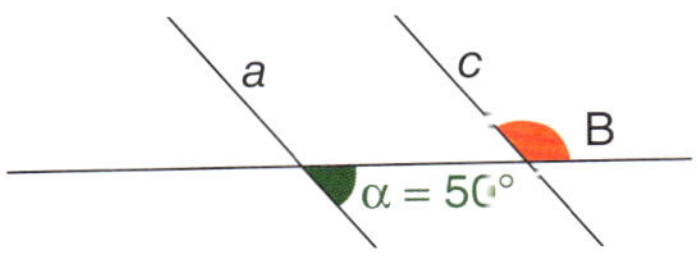

5.2. Condiciones para que dos ángulos sean suplementarios

5.2.1. Caso 1

Un ángulo agudo y otro obtuso son suplementarios si tienen sus lados paralelos.

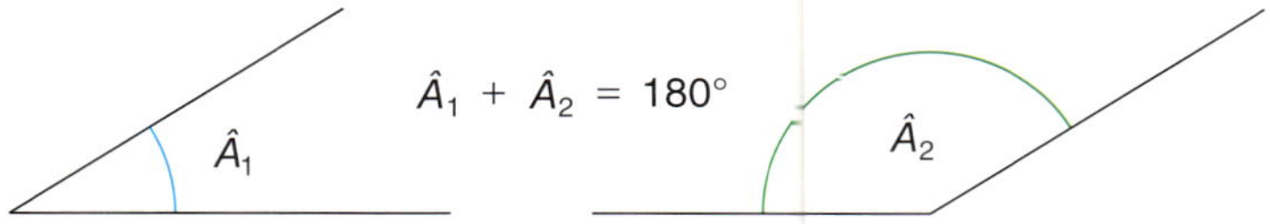

5.2.2. Caso 2

Un ángulo agudo y otro obtuso son suplementarios si tienen sus lados perpendiculares.

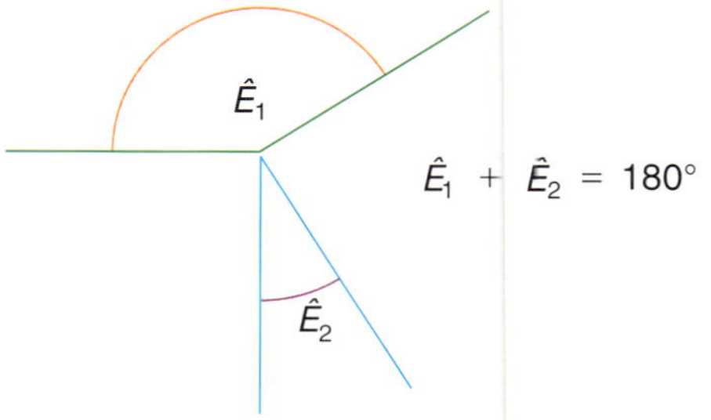

5.3. Ángulos formados por una recta que corta a dos paralelas

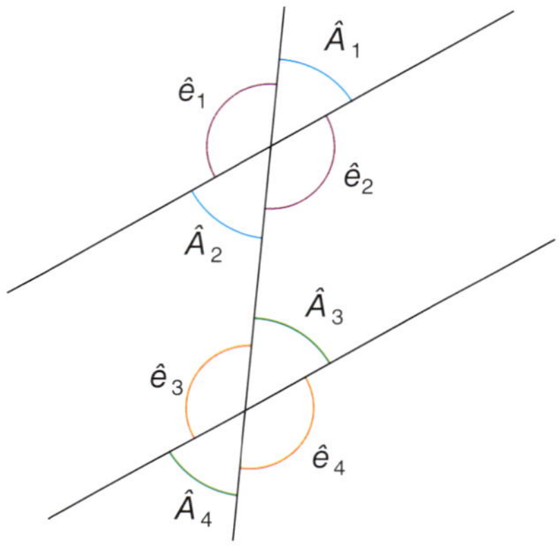

Vamos a observar la figura del margen y a buscar ángulos iguales:

- Ángulos **opuestos por el vértice**: $\hat{A}_1 = \hat{A}_2$; $\hat{A}_3 = \hat{A}_4$; $\hat{e}_1 = \hat{e}_2$; $\hat{e}_3 = \hat{e}_4$
- Ángulos **correspondientes**: $\hat{A}_1 = \hat{A}_3$; $\hat{A}_2 = \hat{A}_4$; $\hat{e}_1 = \hat{e}_3$; $\hat{e}_2 = \hat{e}_4$
- Ángulos **alternos externos**: $\hat{A}_1 = \hat{A}_4$; $\hat{e}_1 = \hat{e}_4$
- Ángulos **alternos internos**: $\hat{A}_2 = \hat{A}_3$; $\hat{e}_2 = \hat{e}_3$

Teniendo en cuenta todas las relaciones anteriores, quedaría:

$$\hat{A}_1 = \hat{A}_2 = \hat{A}_3 = \hat{A}_4 \qquad \hat{e}_1 = \hat{e}_2 = \hat{e}_3 = \hat{e}_4$$

a Ejercicios y actividades

17. Busca ángulos suplementarios en esta figura:

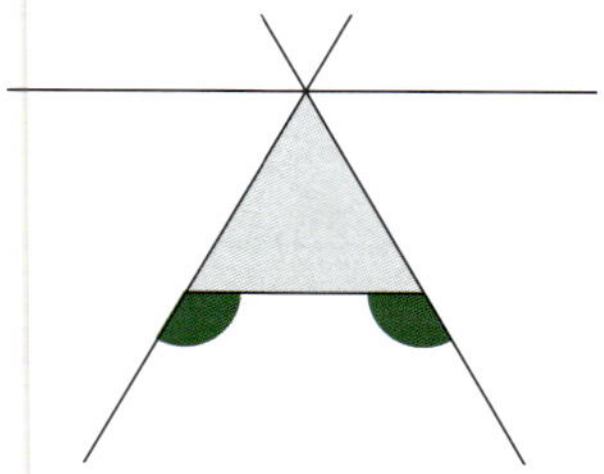

18. Demuestra que la suma de ángulos de un triángulo es 180°. Para ello, apóyate en la siguiente figura, en la que la recta *r* es paralela al lado $\overline{AC}$:

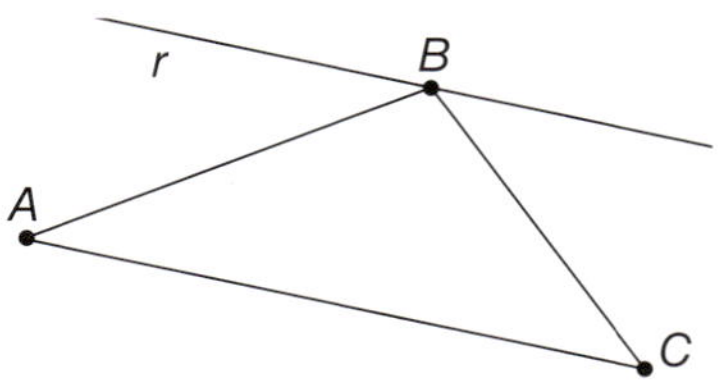

6. Rectas paralelas, secantes y perpendiculares

En función de la posición que ocupen dos rectas en el plano, estas pueden ser:

- Rectas **paralelas**, si no se cortan nunca, es decir, si no tienen ningún punto en común.
- Rectas **secantes**, si se cortan en un punto.
- Rectas **perpendiculares**, si son secantes y forman cuatro ángulos rectos.

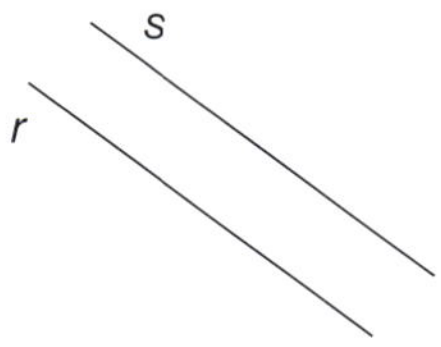

Rectas paralelas

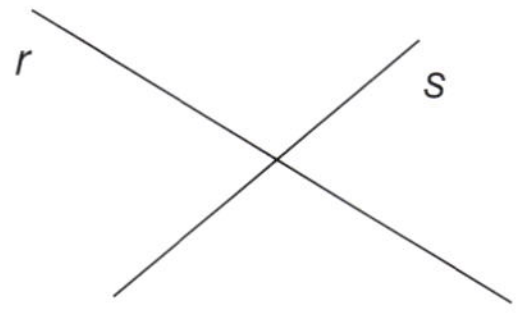

Rectas secantes

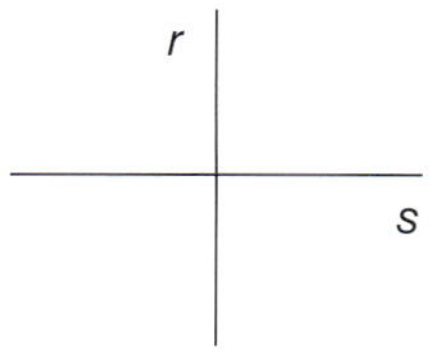

Rectas perpendiculares

EJEMPLO

- *Volvamos al juego de antes:*
  - Estamos tumbados en el sofá y observamos que:

    La pared y el techo se cortan en la recta 1 (r_1).

    La pared de enfrente y el suelo se cortan en la recta 2 (r_2).

    La recta 1 y la recta 2 son paralelas.
  - Ahora observamos que:

    La pared de enfrente y el techo se cortan en la recta 1 (r_1).

    La pared de enfrente y la pared de la derecha se cortan en la recta 3 (r_3).

    La recta 1 y la recta 3 son rectas perpendiculares.

a Ejercicios y actividades

19. Indica las rectas paralelas, secantes y perpendiculares en las siguientes figuras:

a) 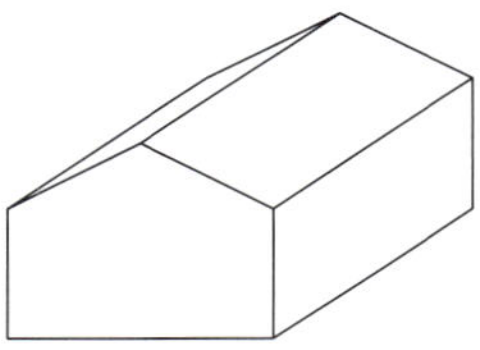

b) 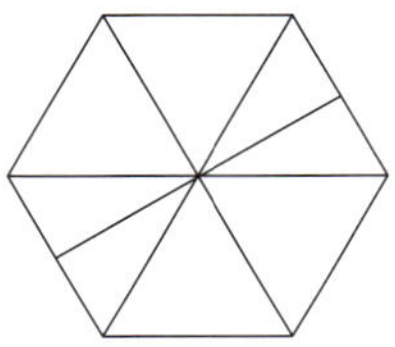

c) 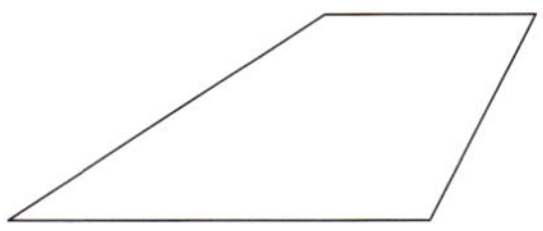

20. Busca a tu alrededor dos rectas paralelas, dos rectas perpendiculares y dos rectas secantes.

7. Mediatriz de un segmento

La **mediatriz** de un segmento es una recta perpendicular al segmento que pasa por su punto medio.

Una propiedad muy importante de la mediatriz de un segmento es la siguiente:

La distancia de los extremos *A* y *B* del segmento a cualquier punto de la mediatriz es la misma.

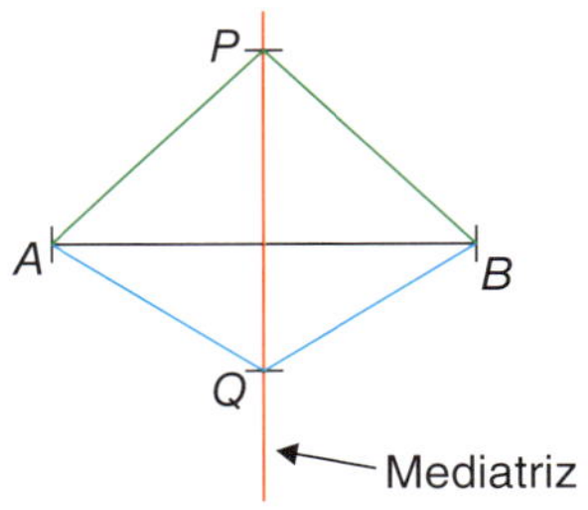

$|\overline{PA}| = |\overline{PB}|$

$|\overline{QA}| = |\overline{QB}|$

7.1. Construcción de la mediatriz con regla y compás

Para construir la mediatriz de un segmento, tenemos que seguir estos pasos:

1. Trazamos, con centro en *A*, el arco 1, que tiene por radio algo más que la mitad del segmento.
2. Trazamos, con centro en *B*, el arco 2, con el mismo radio que el arco 1.
3. Trazamos la mediatriz, que es la recta que pasa por los puntos de corte de los arcos.

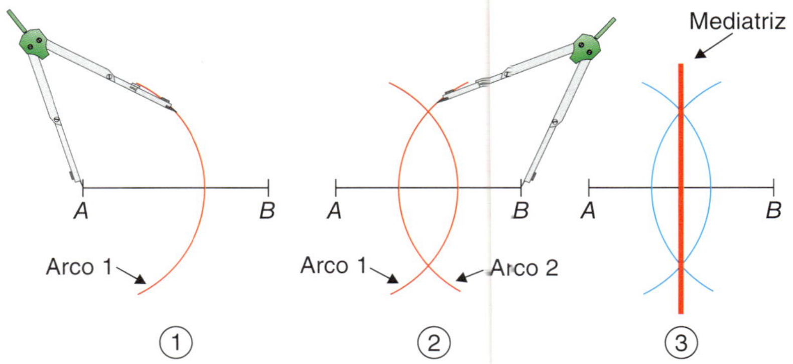

a Ejercicios y actividades

21. Dibuja en tu cuaderno un segmento de seis centímetros y calcula su mediatriz. Nombra los extremos del segmento con las letras *A* y *B*.
22. Señala dos puntos, *C* y *D*, sobre la mediatriz de $\overline{AB}$. Mide los segmentos $\overline{AC}$, $\overline{CB}$, $\overline{AB}$ y $\overline{DB}$ ¿Qué observas?
23. Dibuja en tu cuaderno un triángulo cualquiera y calcula las tres mediatrices de sus lados. ¿Qué observas?

8. Bisectriz de un ángulo

La **bisectriz** de un ángulo es la semirrecta con origen en el vértice del ángulo que lo divide en dos ángulos iguales.

Una propiedad muy importante de la bisectriz de un ángulo es la siguiente:

Los puntos de la bisectriz de un ángulo están a la misma distancia de ambos lados del ángulo.

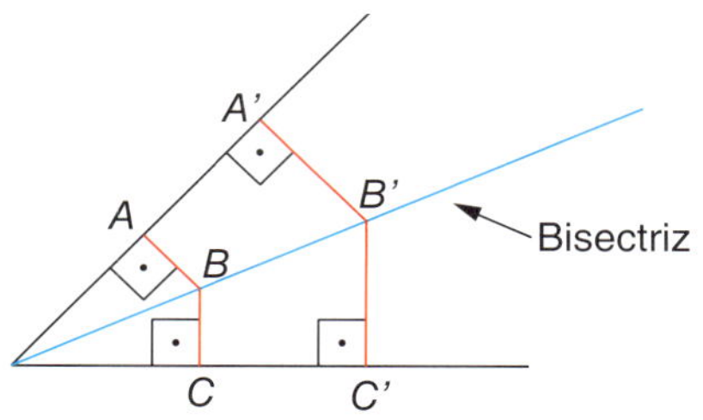

$|\overline{AB}| = |\overline{BC}|$

$|\overline{A'B'}| = |\overline{B'C'}|$

8.1. Construcción de la bisectriz con regla y compás

1. Desde el vértice del ángulo trazamos con el compás el arco *CD*, de una amplitud suficientemente grande.
2. Desde *C*, y con un radio superior a la mitad del ángulo, trazamos el arco 1. Desde *D*, con el mismo radio, trazamos el arco 2.
3. El punto de corte del arco 1 y el arco 2 marcará por dónde debe pasar la bisectriz del ángulo $\hat{A}$.

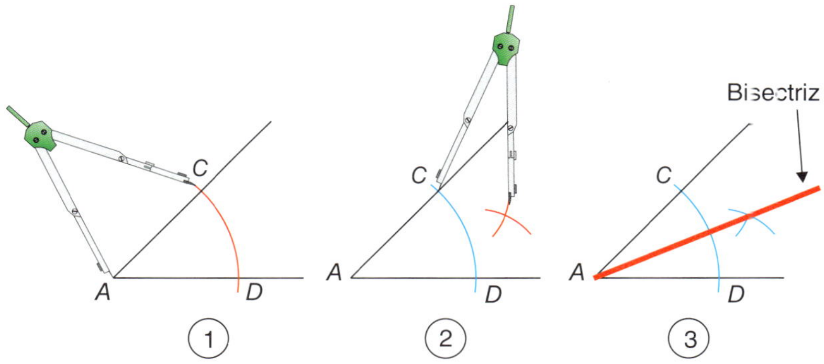

Podemos comprobar que la bisectriz divide al ángulo en dos ángulos iguales.

!

Platón dijo...

«La geometría es una ciencia del conocimiento del ser, pero no de lo que está sujeto a la generación y a la muerte. La geometría es una ciencia de lo que siempre es».

Platón fue un filósofo griego que nació alrededor del año 427 a. C. y murió en el año 347 a. C.

Es, sin ninguna duda, uno de los pensadores más importantes de la historia.

Vivió en Atenas y fue discípulo de Sócrates. Se dedicó principalmente a enseñar a la gente a pensar y divulgaba sus conocimientos mediante escritos que tenían forma de diálogo.

a Ejercicios y actividades

24. Reproduce la siguiente figura en tu cuaderno. El triángulo de vértices A, B y C es equilátero, *r* es la bisectriz de A y *s* es la bisectriz del ángulo formado por *r* y $\overline{BC}$. Indica la medida de todos los ángulos de la figura.

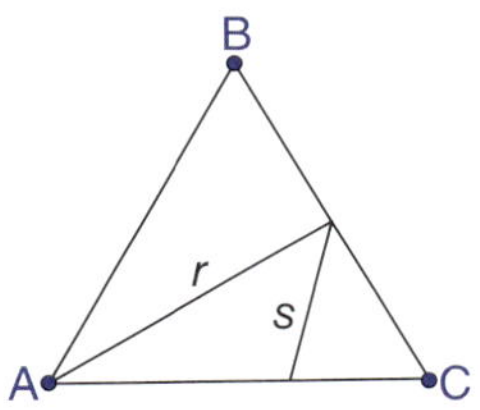

25. Dibuja en tu cuaderno un ángulo de 50° y dibuja su bisectriz. Elige un punto de la bisectriz, A. Traza las dos perpendiculares a los lados del ángulo y denomina con las letras B y C a los puntos de intersección. Comprueba que los segmentos $\overline{AB}$ y $\overline{AC}$ miden igual.

GeoGebra

A partir de ahora utilizaremos un *software* libre que se llama GeoGebra; te lo puedes descargar de manera gratuita en el siguiente enlace <http://www.geogebra.org/cms/es/installers>.

Una vez instalado, ejecuta el programa haciendo clic en el icono y aparecerá la primera figura:

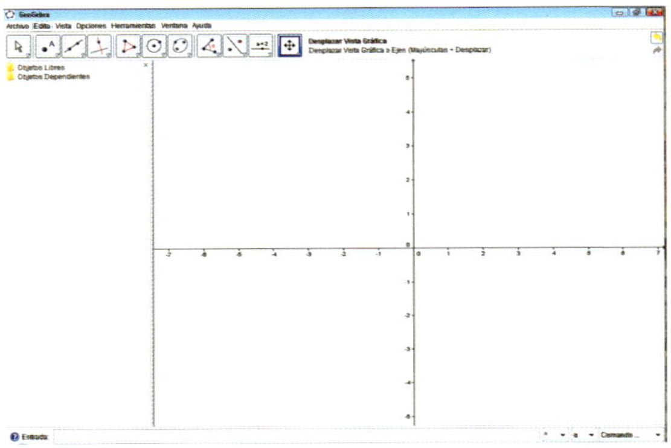

Para dibujar un punto, hacemos clic en el icono y luego ponemos el cursor en el lugar que deseemos de los ejes, por ejemplo, el (1, 1). Luego ponemos otro en el (2, 2).

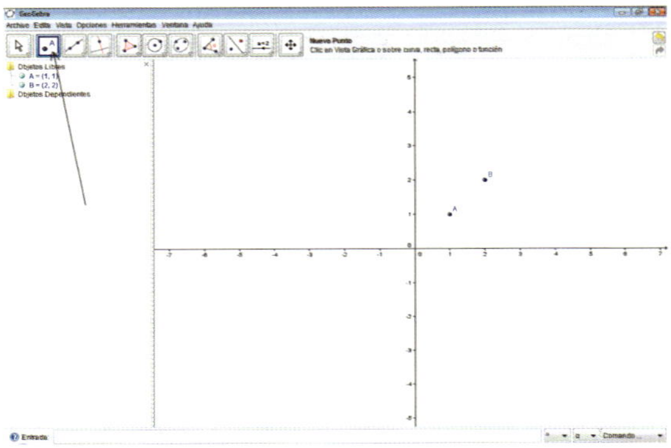

Para construir la recta que pasa por los puntos (1, 1) y (2, 2), hacemos clic en el icono y luego marcamos los puntos *A* y *B* del margen izquierdo.

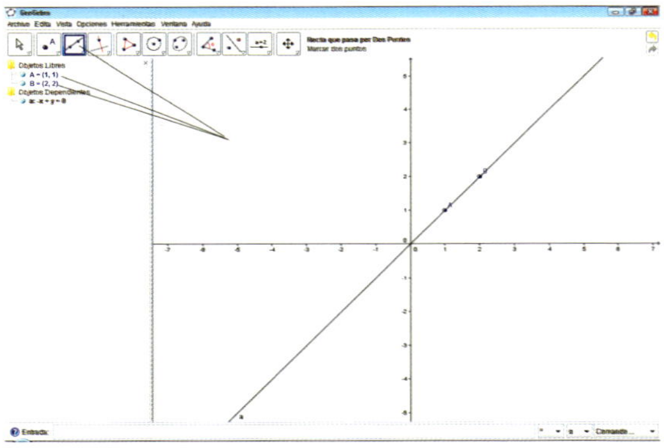

a Ejercicios y actividades

26. Construye con GeoGebra:
    a) Un punto C en las coordenadas (2, 2,5).
    b) Un punto D en las coordenadas (4, 2,5).
    c) Construye la recta que pasa por los puntos C y D.
    d) Construye una recta perpendicular a la anterior por cualquier punto intermedio entre C y D.

1. **Construye un ángulo de 35°.**

Solución

1. Representamos la semirrecta que hará de base:

2. Colocamos el transportador con el vértice en el origen (A) de la semirrecta. Buscamos en el transportador dónde se encuentran los 35° y marcamos el punto (C):

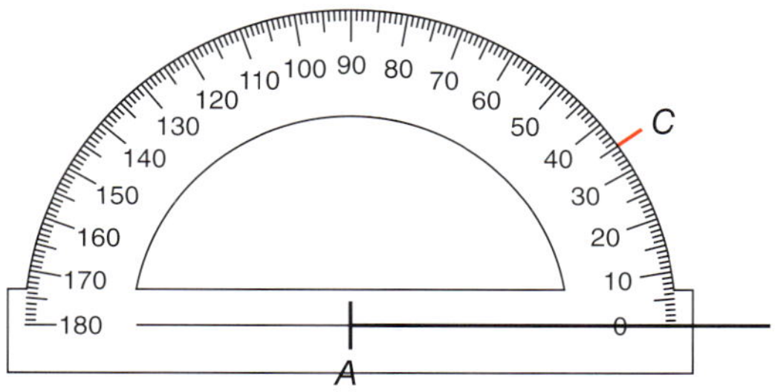

3. Se une el extremo A con el punto C y ya estaría construido el ángulo:

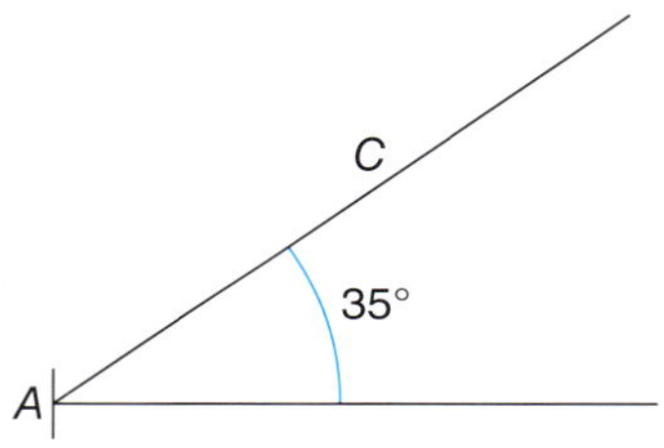

2. **De los siguientes pares de ángulos, indica cuáles son complementarios, suplementarios, consecutivos o adyacentes:**

a) $\hat{A} = 20°$ y $\hat{E} = 70°$ b) $\hat{A} = 45°$ y $\hat{E} = 135°$

c)

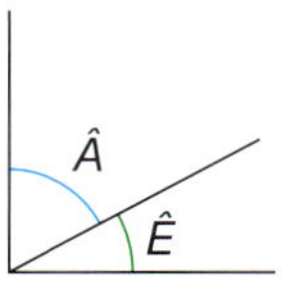

d)

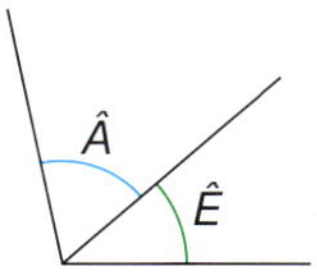

e)

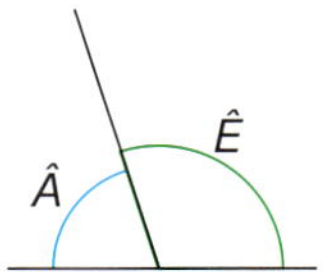

Solución

a) $\hat{A}$ y $\hat{E}$ son complementarios, pues $20° + 70° = 90°$. Es decir, $\hat{A} + \hat{E} =$ ángulo recto.

b) $\hat{A}$ y $\hat{E}$ son suplementarios, pues $45° + 135° = 180°$. Es decir, $\hat{A} + \hat{E} =$ ángulo llano.

c) $\hat{A}$ y $\hat{E}$ son complementarios y consecutivos. Complementarios, porque $\hat{A} + \hat{E} =$ ángulo recto; consecutivos, porque tienen el vértice y un lado comunes.

d) $\hat{A}$ y $\hat{E}$ son consecutivos porque tienen el vértice y un lado comunes.

e) $\hat{A}$ y $\hat{E}$ son consecutivos y suplementarios porque comparten un lado y el vértice y, como son consecutivos y suplementarios, forman un ángulo llano y son adyacentes.

3. **Clasifica los siguientes ángulos en agudos, obtusos, cóncavos y convexos:**

a)

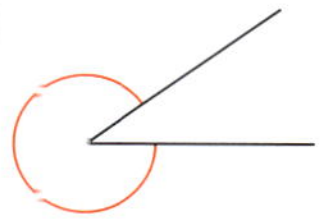

c)

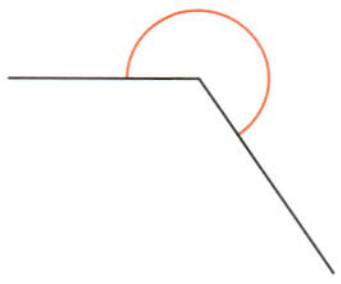

b)

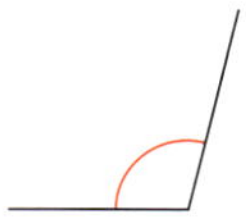

Solución

a) Es cóncavo, porque mide más de 180°.

b) Es obtuso y convexo. Es obtuso porque mide más de 90° y es convexo porque mide menos de 180°.

c) Es cóncavo, porque mide más de 180°.

4. **En la siguiente figura indica los ángulos que sean iguales y por qué:**

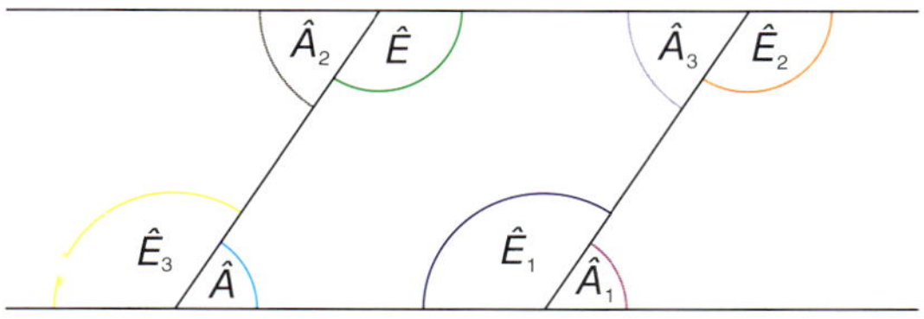

Solución

- $\hat{A} = \hat{A}_1 \rightarrow$ Las semirrectas que componen los ángulos son paralelas.
- $\hat{A} = \hat{A}_2 \rightarrow$ Son alternos internos.
- $\hat{A}_1 = \hat{A}_3 \rightarrow$ Son alternos internos.
- $\hat{E} = \hat{E}_2 \rightarrow$ Las semirrectas que componen los ángulos son paralelas.
- $\hat{E}_1 = \hat{E}_2 \rightarrow$ Son alternos internos.
- $\hat{E} = \hat{E}_3 \rightarrow$ Son alternos internos.

Por lo tanto: $\hat{A} = \hat{A}_1 = \hat{A}_2 = \hat{A}_3$; $\hat{E} = \hat{E}_1 = \hat{E}_2 = \hat{E}_3$

5. **Construye un cuadrado y dibuja las cuatro mediatrices. ¿Qué ocurre?**

Solución

Al representar las mediatrices de los lados, vemos que la mediatriz del segmento $\overline{AB}$ coincide con la del lado $\overline{CD}$ e, igualmente, la mediatriz de $\overline{AC}$ es la misma que la de $\overline{BD}$. Ambas se cortan en O.

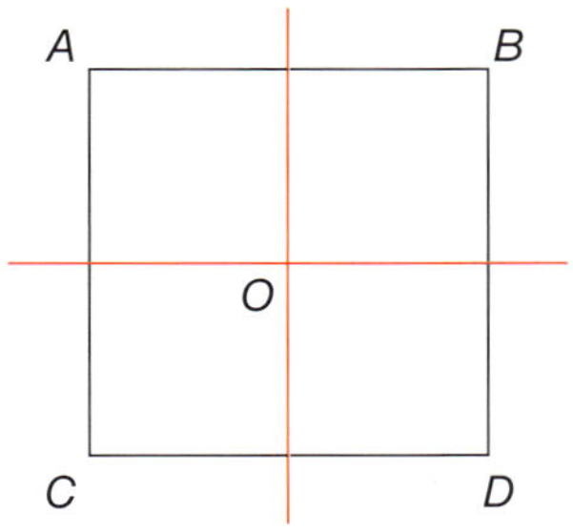

Semirrectas y segmentos

1. Dibuja en tu cuaderno dos puntos A y B.

a) Dibuja el segmento $\overline{AB}$.

b) Dibuja una semirrecta que tenga por extremo el punto A y no contenga al segmento anterior.

c) Dibuja una recta que deje a los puntos A y B en distintos semiplanos. ¿Cuántas rectas puedes dibujar con estas características?

2. Dibuja en tu cuaderno cuatro segmentos que tengan el mismo extremo, no estén contenidos en la misma semirrecta y midan 2,3; 6,7 y 4,5 cm, respectivamente.

Ángulos

3. Mide con el transportador los siguientes ángulos:

a)

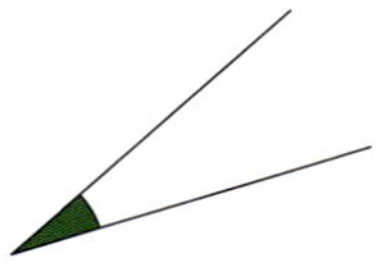

c)

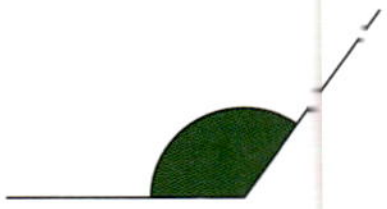

b)

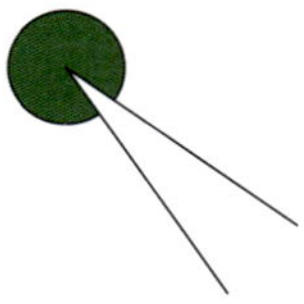

d)

4. Dibuja en tu cuaderno ángulos con las siguientes medidas:

a) 45° c) 145° e) 190°

b) 65° d) 315° f) 225°

Clasificación de los ángulos

5. Clasifica los ángulos marcados en los siguientes polígonos en cóncavos, convexos, agudos, rectos y obtusos:

a)

b)

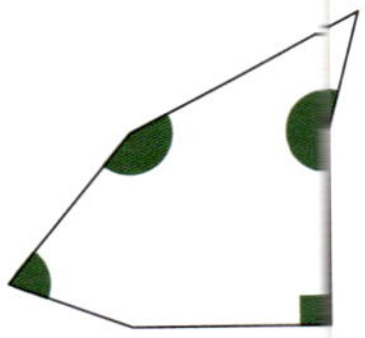

6. Dibuja en tu cuaderno dos ángulos que cumplan los siguientes requisitos. ¿Hay alguna combinación imposible?

a) Convexos y agudos.

b) Cóncavos y agudos.

c) Convexos y obtusos.

d) Cóncavos y obtusos.

7. Clasifica los siguientes ángulos:

a) 60° c) 115° e) 234° g) 72°

b) 62° d) 268° f) 90° h) 130°

Ángulos complementarios, suplementarios e iguales

8. Indica si los ángulos de las siguientes parejas son complementarios, suplementarios o no guardan ninguna de esas relaciones:

a) $\hat{A} = 14°$ y $\hat{B} = 76°$ e) $\hat{A} = 85°$ y $\hat{B} = 95°$

b) $\hat{A} = 32°$ y $\hat{B} = 68°$ f) $\hat{A} = 55°$ y $\hat{B} = 35°$

c) $\hat{A} = 108°$ y $\hat{B} = 72°$ g) $\hat{A} = 25°$ y $\hat{B} = 75°$

d) $\hat{A} = 42°$ y $\hat{B} = 138°$ h) $\hat{A} = 32°$ y $\hat{B} = 62°$

9. Calcula la medida de los ángulos complementario y suplementario de los siguientes ángulos:

a) $\hat{A} = 24°$ c) $\hat{A} = 30°$ e) $\hat{A} = 90°$

b) $\hat{A} = 45°$ d) $\hat{A} = 85°$ f) $\hat{A} = 71°$

10. ¿Cuánto mide el ángulo que forman las agujas del reloj a las doce y cuarenta? Ten en cuenta que la aguja corta avanza también.

11. Indica si los siguientes ángulos son complementarios, suplementarios, consecutivos o adyacentes:

a)

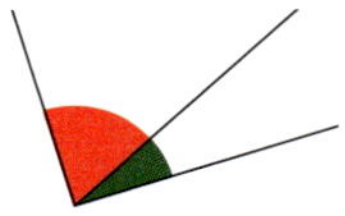

c)

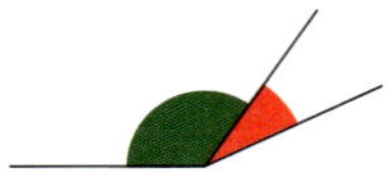

b)

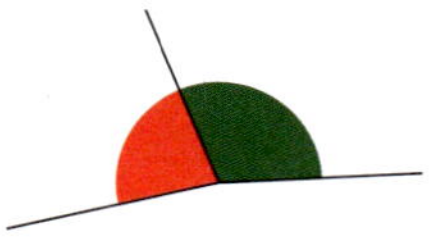

d)

12. Calcula los ángulos desconocidos sabiendo que *r* y *s* son dos rectas paralelas. Justifica cada respuesta:

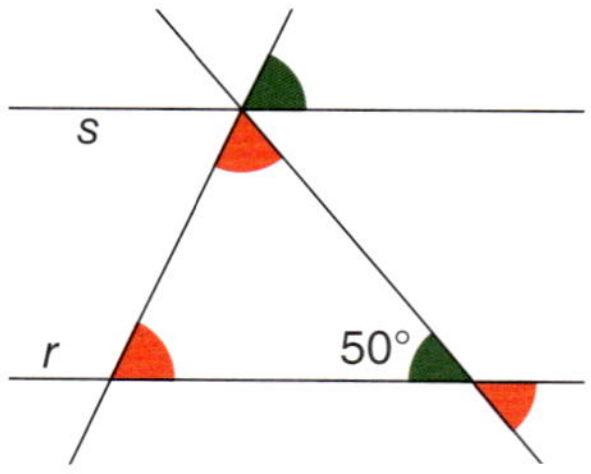

13. Justifica la relación entre las medidas de los ángulos marcados justificando la respuesta:

a)

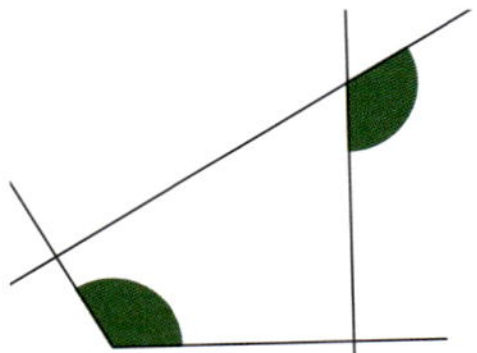

b)

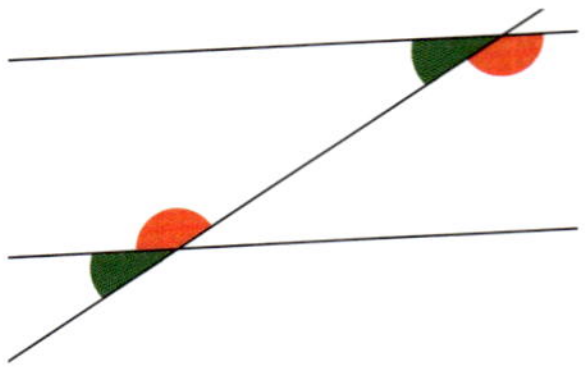

14. Demuestra que los ángulos interiores de un rombo son suplementarios.

15. Justifica geométricamente que la suma de ángulos de cualquier cuadrilátero es 360°. Justifica la igualdad de los ángulos del mismo color de la figura para resolverlo.

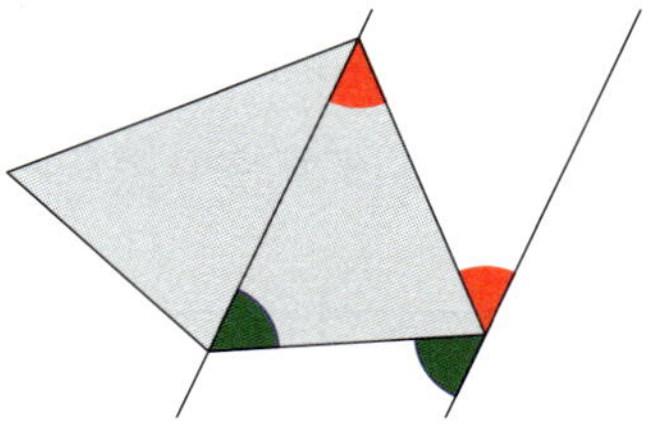

Rectas paralelas, secantes y perpendiculares

16. Dibuja en tu cuaderno un cuadrado de 4 cm de lado. Dibuja sus diagonales. ¿Cómo son las diagonales respecto de los lados?

17. En el hexágono de la figura, indica las rectas paralelas y perpendiculares. Busca rectas secantes que no sean perpendiculares.

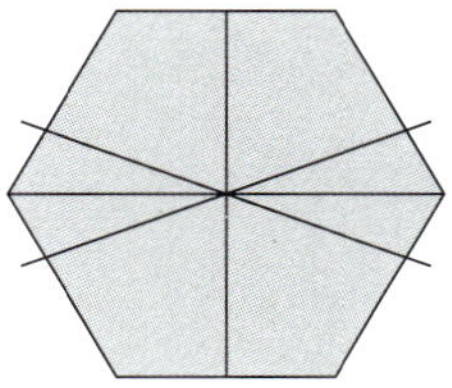

18. En un paralelepípedo, ¿cuántas rectas paralelas a cada una de las tres aristas coloreadas hay?, ¿y cuántas perpendiculares?

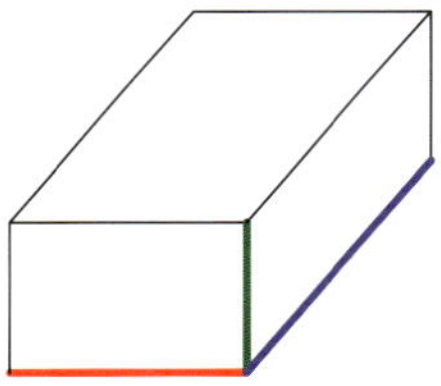

19. Dibuja en tu cuaderno una recta y a continuación traza tres rectas perpendiculares a ella. ¿Cómo son esas rectas entre sí?

Mediatriz de un segmento

20. Realiza los siguientes apartados:

a) Dibuja en tu cuaderno un segmento de 10 cm y traza su mediatriz.

b) Dibuja una circunferencia que tenga por centro cualquier punto de la mediatriz y que pase por uno de los extremos del segmento. ¿Qué observas?

c) ¿Qué propiedad cumplen los puntos de la mediatriz de un segmento?

21. Dibuja en tu cuaderno el triángulo isósceles de la figura y traza las mediatrices de sus lados. Observa que se cortan en un único punto.

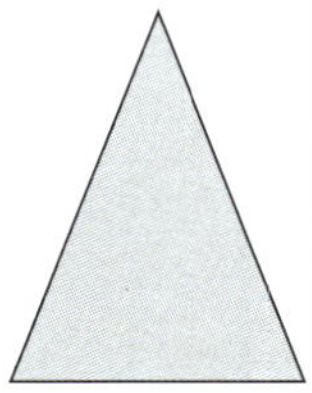

22. Dibuja en tu cuaderno el triángulo rectángulo de la figura y traza las mediatrices de sus lados. ¿Qué observas?

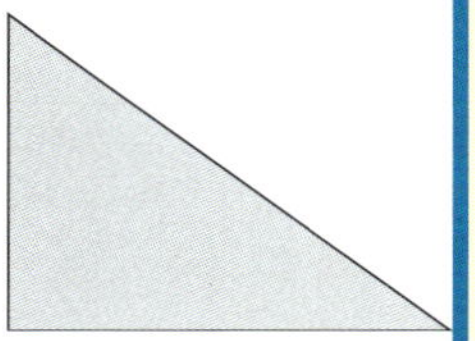

Bisectriz de un ángulo

23. Divide un ángulo de 80° en cuatro ángulos iguales. Para ello, dibuja el ángulo en tu cuaderno y traza su bisectriz. A continuación, traza la bisectriz de los dos ángulos resultantes. Mide los ángulos resultantes y comprueba que lo has realizado correctamente.

24. Dibuja en tu cuaderno la bisectriz de los ángulos del siguiente triángulo isósceles. Comprueba que se cortan en un punto.

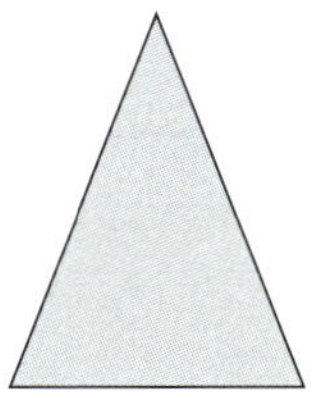

Problemas

25. En el siguiente plano, señala con color rojo las calles paralelas a la roja y en azul, sus perpendiculares. ¿Cómo es la calle verde en relación con las anteriores?

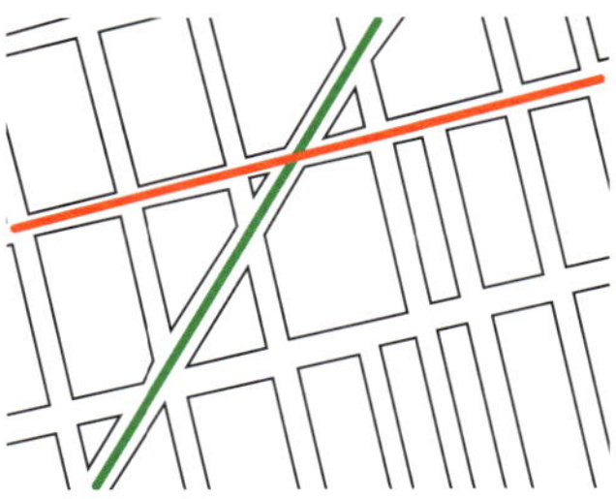

26. ¿Cuántos grados mide el ángulo interior de una diana circular formada por diez sectores? Si se desea convertir la diana anterior en una de 20 sectores, ¿qué construcción geométrica habrá que realizar?

El callejero

Es habitual tener que moverse por una ciudad usando planos urbanos e incluso dar indicaciones usando estos. Un amigo de Luis viene a visitar la ciudad y se va a alojar en el hotel Buen Dormir.

Para visitar la zona, le pedirá indicaciones a las cuales Luis le deberá responder con la mayor precisión posible para que su amigo no se pierda.

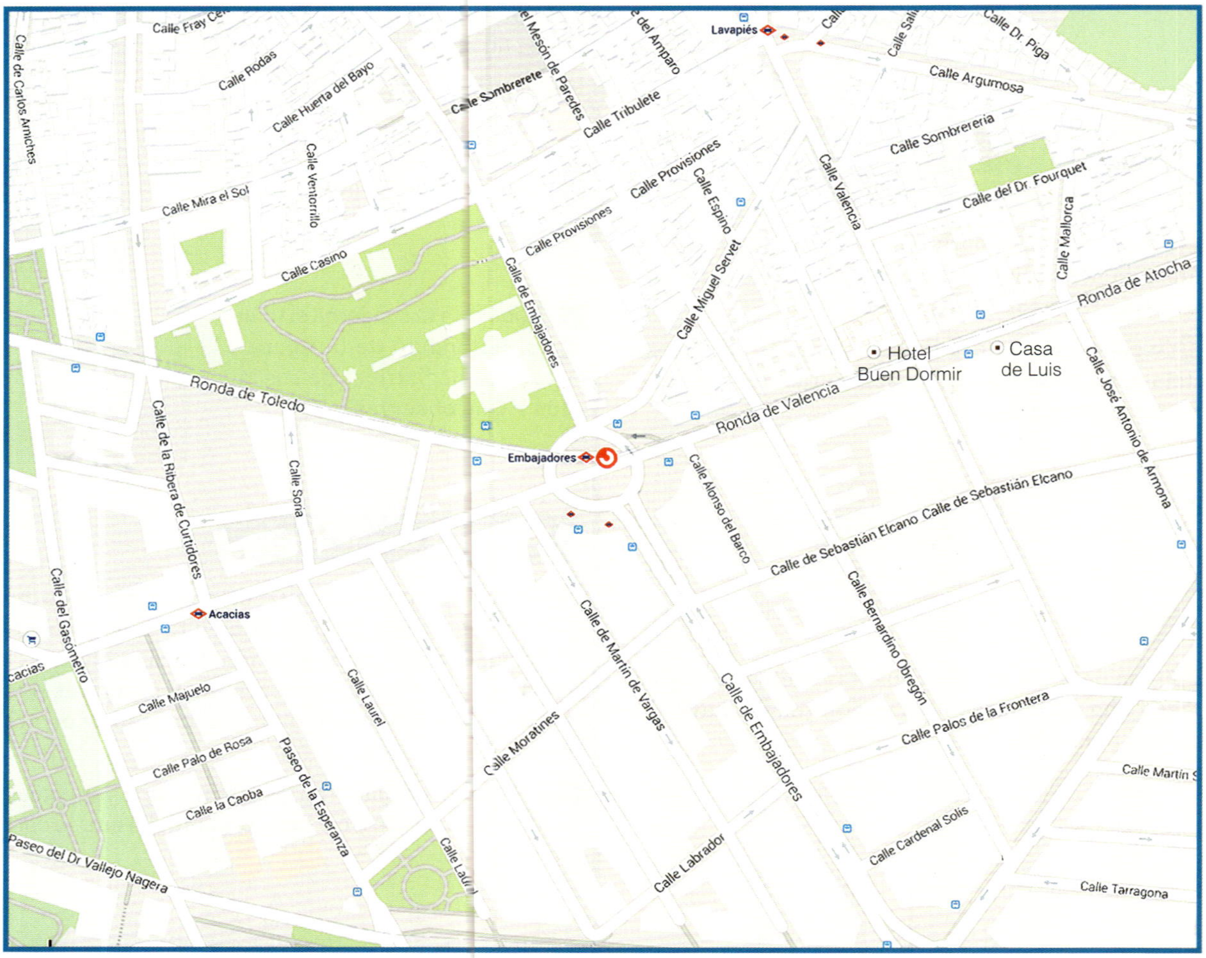

Actividades

Actividad 1: El hotel Buen Dormir y la casa de Luis están en la misma calle, pero en diferentes aceras. Podemos decir que lo que los une es:

A	Una recta.
B	Una semirrecta.
C	Un segmento.
D	Un ángulo.

Actividad 2: Luis le dice a su amigo que para ir al Museo de Ciencias Naturales lo mejor es que coja el metro Acacias. ¿Cuál es la indicación correcta?

A	El metro Acacias está en una calle paralela a la del hotel.
B	El metro Acacias está en la misma recta que la calle del hotel.
C	El metro Acacias está en una recta paralela a la calle del hotel.
D	El metro Acacias está en una recta perpendicular a la calle del hotel.

Actividad 3: Juan, el amigo de Luis, conoce la calle Fray Luis de León y le pregunta a Luis por la calle Bernardino Obregón. Indica a Juan cómo debe ir a la calle Bernardino Obregón desde la casa de Luis.

Actividad 4: Respecto de la calle Embajadores, indica cómo son las calles que se muestran en la tabla. Marca con una cruz la opción que crees correcta:

	Paralela	Perpendicular	Secante
Bernardino Obregón	•••	•••	•••
Martín de Vargas	•••	•••	•••
Paseo de las Acacias	•••	•••	•••
Labrador	•••	•••	•••

Actividad 5: Luis y su amigo salen del metro Embajadores y toman la calle Miguel Servet para girar por la calle Valencia. Han descrito un ángulo que se puede decir que es:

A	Recto.
B	Agudo.
C	Obtuso.
D	Llano.

Actividad 6: Al llegar la calle Laurel al paseo de las Acacias, se prolonga por la calle Soria. Juan le dice a Luis que él cree que los ángulos que forman estas calles con el paseo de las Acacias son iguales. Luis también lo cree así.

Si fuera cierta la afirmación anterior, podríamos decir que

A	El paseo de las Acacias es perpendicular a la calle Soria.
B	El paseo de las Acacias es la mediatriz de la calle Soria y la calle Laurel.
C	El paseo de las Acacias es la bisectriz de la calle Soria y la calle Laurel.
D	El paseo de las Acacias es paralelo a las calles Soria y Laurel.

La espiral áurea

Paso 1. Construir un rectángulo áureo con GeoGebra

Hay muchas situaciones en las que se encuentra presente el rectángulo áureo, por ejemplo, en tu DNI y también en el arte o en la naturaleza. Ahora veremos cómo se construye. Recuerda lo que vimos: el número áureo se obtiene resolviendo la siguiente proporción:

$\frac{1-x}{x} = \frac{x}{1}$, siendo la solución $x = \frac{1+\sqrt{5}}{2}$

1. Lo primero es construir un cuadrado de 6 cm de lado (ABCD).
2. Una vez construido el cuadrado, localiza el punto medio de la base.
3. Llama a ese punto E = PM(AB).
4. Traza un arco «e» de centro el punto E y radio «r» la longitud EC hasta cortar con la prolongación de la base del cuadrado.
5. Cortará a esta recta en el punto F.
6. Traza una perpendicular a la recta AB por el punto F.
7. A es1ta recta la llamamos «f».
8. Prolonga la recta CD.
9. La recta CD corta a la recta «f» en el punto G.
10. Construimos el rectángulo AFGD.
11. El rectángulo AFGD es un rectángulo áureo.
12. La figura que te queda debe ser como la siguiente:

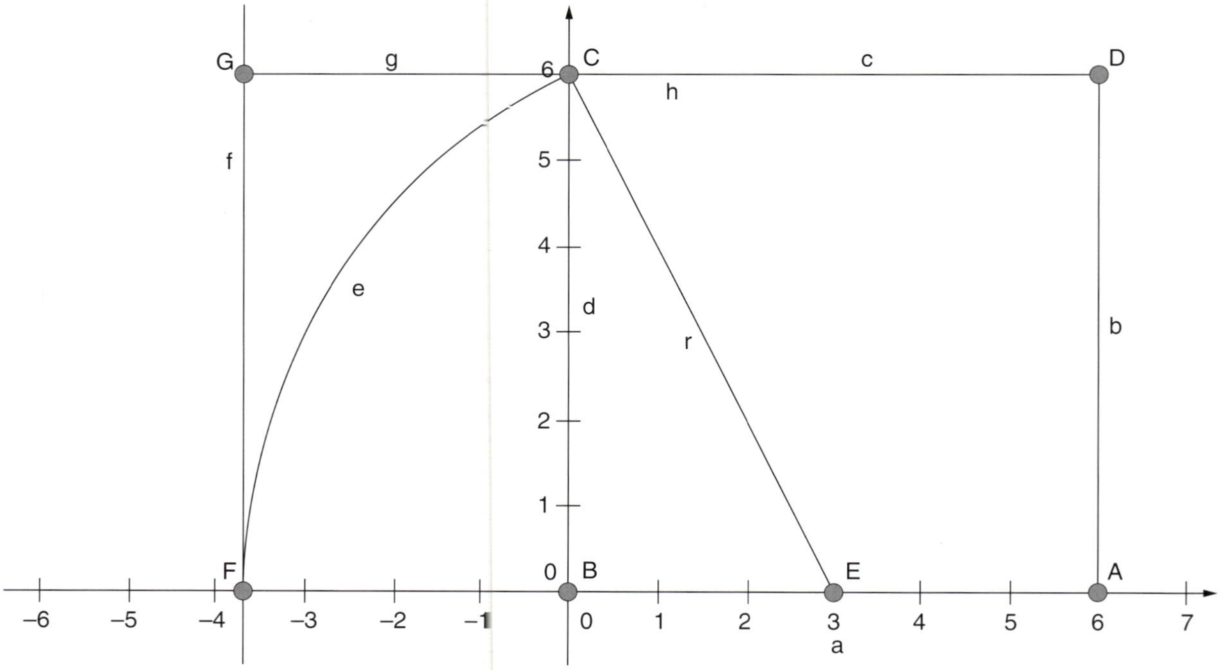

Autoevaluación

1. ¿Cuál es la medida del ángulo dibujado?

   a) 70°
   b) 290°
   c) 65°
   d) 285°

2. La mediatriz de un segmento es:

   a) El punto medio de ese segmento.
   b) Cualquiera de las rectas que pasan por el punto medio de ese segmento.
   c) La recta perpendicular al segmento por su punto medio.

3. ¿Cuál de los siguientes ángulos es obtuso y convexo?

   a) 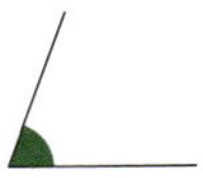
   b) 
   c) 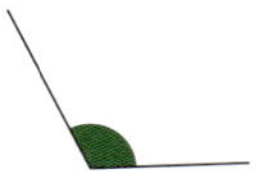

4. En la siguiente figura de artesanía de Granada, ¿cuánto miden los ángulos de los rombos negros del interior?

   a) 45° y 135°
   b) 36° y 144°
   c) 60° y 135°
   d) 45° y 150°

5. En el siguiente gráfico r es la bisectriz del ángulo H. ¿Cuánto mide D?

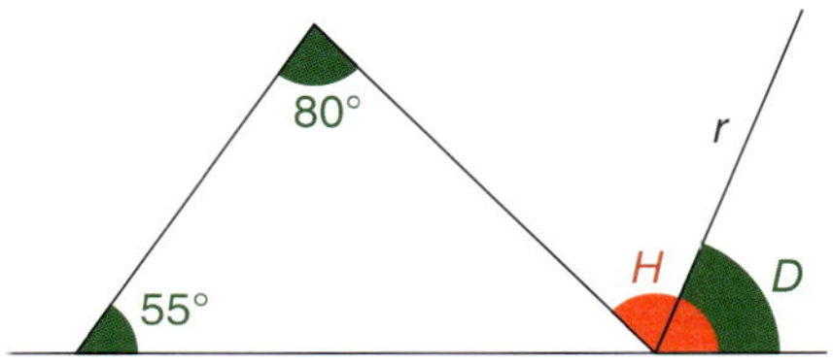

   a) 135°
   b) 45°
   c) 22,5
   d) 67,5°

6. En un dado de parchís, ¿cuántas aristas perpendiculares a una cualquiera hay?

   a) 8
   b) 4
   c) 3
   d) 2

7. ¿Cómo son los ángulos agudos de un triángulo rectángulo?

   a) Suplementarios
   b) Adyacentes
   c) Consecutivos
   d) Complementarios

8. Las dos rectas horizontales del dibujo son paralelas. ¿Cuánto miden los ángulos $\hat{M}$ y $\hat{H}$?

   a) $\hat{H} = 60°$; $\hat{M} = 105$
   b) $\hat{H} = 60°$; $\hat{M} = 75°$
   c) $\hat{H} = 75°$; $\hat{M} = 60°$
   d) $\hat{H} = 75°$; $\hat{M} = 120°$

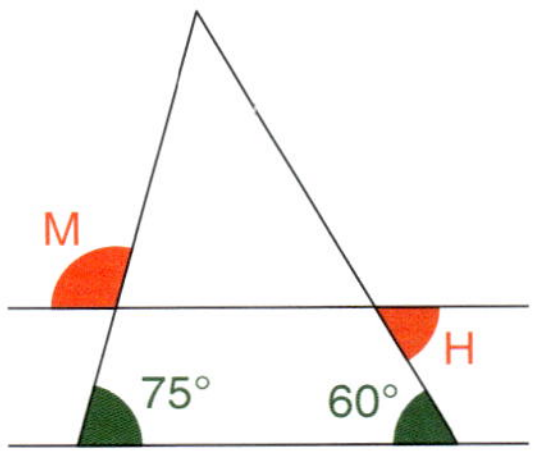

Soluciones: 1. b - 2. c - 3. c - 4. a - 5. d - 6. a - 7. d - 8. a

Mis progresos

Unidad 9	Sobresaliente ¡Soy muy competente!	Bien Soy competente, pero puedo mejorar	Suficiente Soy competente, pero debo mejorar	Insuficiente Me faltan competencias. ¡Debo esforzarme mucho más!
¿Sé aplicar lo aprendido?	Reconozco figuras y relaciones básicas de la geometría del plano identificando y distinguiendo rectas y ángulos de interés en geometría.	Reconozco figuras y relaciones básicas de la geometría del plano, pero no identifico con claridad rectas y ángulos de interés en geometría.	Reconozco figuras y relaciones básicas de la geometría del plano, pero no identifico rectas y ángulos de interés en geometría.	No reconozco figuras ni relaciones básicas de la geometría del plano.
Sé hacer...	Construyo mediatrices y bisectrices en cualquier tipo de segmentos y ángulos.	Construyo mediatrices y bisectrices en algunos segmentos y ángulos.	Construyo mediatrices, pero no bisectrices.	No construyo mediatrices ni bisectrices.
La tecnología y yo...	Utilizo las tecnologías de la información para realizar representaciones gráficas.	Utilizo las tecnologías de la información para realizar algunas representaciones gráficas.	Me cuesta utilizar las tecnologías de la información para realizar representaciones gráficas.	No utilizo las tecnologías de la información para realizar representaciones gráficas.
¿Sé trabajar en grupo?	Asumo mi rol sin interferir en el trabajo de los demás y aporto ideas al grupo.	Asumo mi rol y aporto ideas al grupo, pero suelo interferir en el trabajo de los demás.	Asumo mi rol, no aporto ideas al grupo e interfiero en el trabajo de los demás.	No asumo mi rol e interfiero en el trabajo de los demás sin aportar ideas al grupo.

10 Triángulos

En esta unidad

1. Construcción de triángulos
2. Clases de triángulos
3. Las mediatrices y el circuncentro
4. Las bisectrices y el incentro
5. Las medianas y las alturas
6. Teorema de Pitágoras
7. Aplicaciones del teorema de Pitágoras

	Vamos a aprender a...	Competencias
Saberes científicos	- Definir los elementos característicos de los triángulos trazando estos y conociendo la propiedad común a cada uno de ellos. - Clasificar los triángulos atendiendo tanto a sus lados como a sus ángulos. - Conocer que la suma de los ángulos de un triángulo es de 180° y utilizar el resultado para resolver problemas geométricos. - Aplicar el teorema de Pitágoras.	CMCT, CPAA
Lectura y comprensión	- Mostrar organización, orden y trabajo sistemático en la resolución de problemas. - Conocer y aplicar distintas estrategias heurísticas para resolver el problema.	CMCT, CCL
Tratamiento de la información y competencia digital	- Realizar búsquedas en la Red de una manera sistematizada y crítica comparando diversas opciones. - Utilizar las tecnologías de la información para realizar representaciones gráficas.	CMCT, CD
Aprende a aprender ciencia	- Comunicar los resultados obtenidos y explicar, mediante un lenguaje preciso y claro, las ideas y el proceso seguido. - Reconocer la importancia del dominio de las operaciones y procedimientos matemáticos como herramientas que facilitan la resolución de problemas.	CMCT, CPAA, SIE
La ciencia en la sociedad	- Mostrar interés y perseverancia en la realización de las actividades. - Presentar las actividades oralmente o por escrito, con orden, claridad y limpieza.	CMCT, CSC
Proyecto: La espiral áurea	- Estudiar los triángulos. - Calcular el número áureo.	CMCT, CPAA, SIE, CSC, CD, CCL

Nota: competencia matemática y competencias básicas en ciencia y tecnología (CMCT), competencia en comunicación lingüística (CCL), competencias sociales y cívicas (CSC), competencia para aprender a aprender (CPAA), competencia digital (CD), sentido de la iniciativa y espíritu emprendedor (SIE), conciencia y expresiones culturales (CEC).

La torre Eiffel

Aunque no te hayas fijado, muchas construcciones usan triángulos como figura geométrica básica. Por ejemplo, la torre Eiffel es una estructura metálica construida por el ingeniero francés Gustave Eiffel y sus colaboradores para la Exposición Universal de 1889 en París y que no estuvo exenta de polémica durante su construcción, al considerarla parte de la población de la ciudad como un monstruo de hierro.

El triángulo es una figura geométrica muy utilizada. Es la única figura geométrica indeformable: puedes tirar desde cualesquiera dos vértices, que no se verá alterada. Inténtalo con un cuadrado o con un pentágono.

La matemática a nuestro alrededor

- Como hemos dicho en la presentación, los triángulos están en multitud de situaciones a nuestro alrededor:
  - En las señales de tráfico.
  - En la comida.
  - En los juegos.

Busca situaciones de la vida cotidiana en las que haya triángulos.

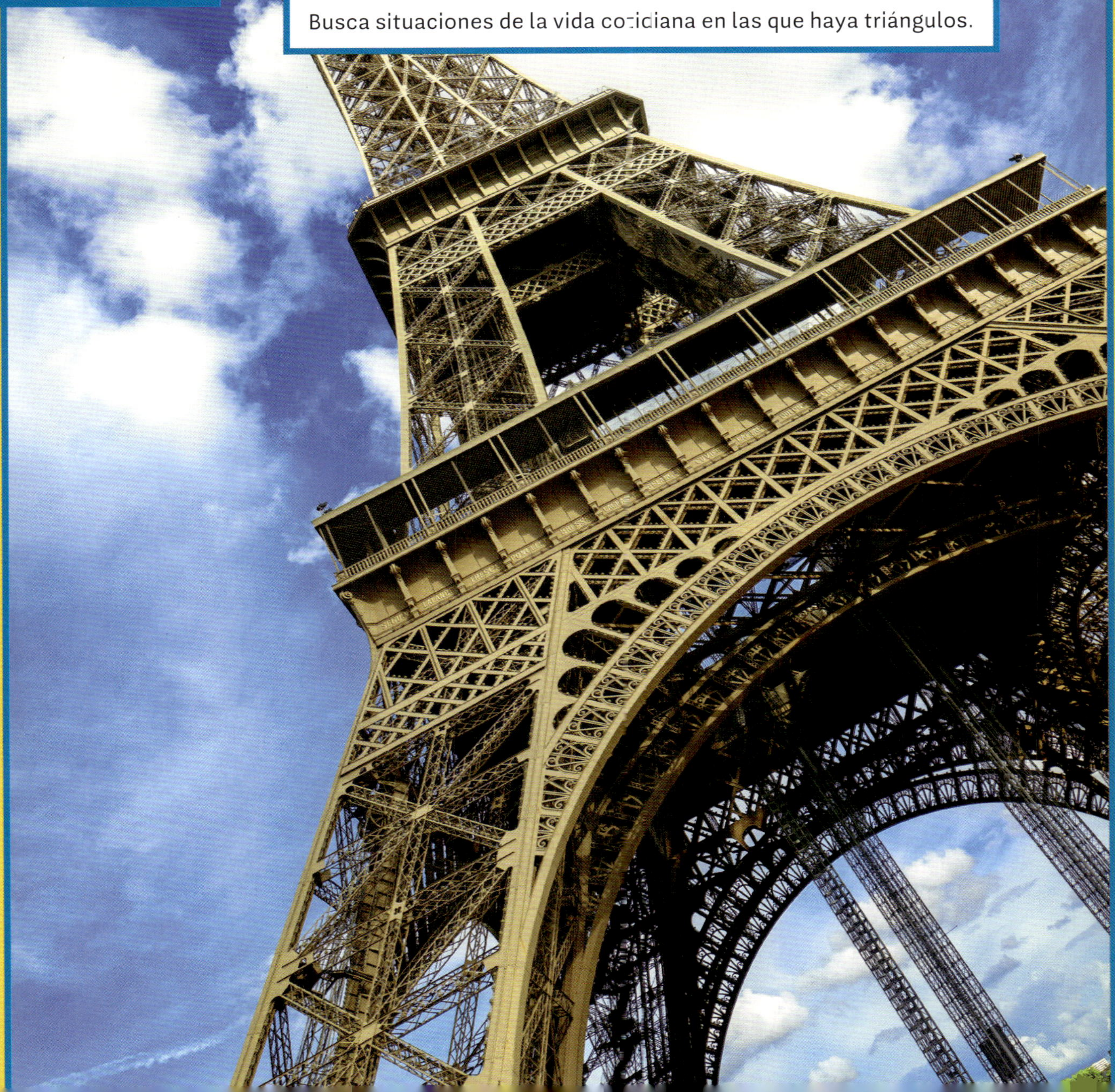

1. Construcción de triángulos

1.1. Conociendo los tres lados

Para que tres segmentos formen un triángulo, la suma de las longitudes de dos cualesquiera de ellos tiene que ser mayor que la longitud del tercero.

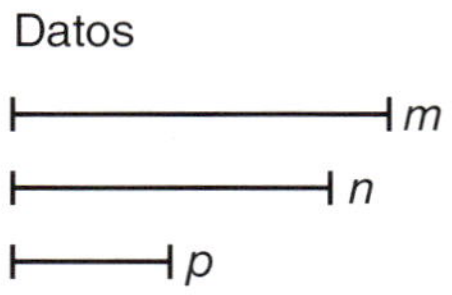

1. Dibujamos el segmento *m*.
2. Desde uno de los extremos del segmento *m* trazamos un arco con la amplitud de la longitud del segmento *n*.
3. Desde el otro extremo trazamos un arco de la misma amplitud que el segmento *p*.
4. El punto donde se cortan los dos arcos es el tercer vértice del triángulo. Los lados *n* y *p* irán desde los extremos del segmento *m* a dicho punto.

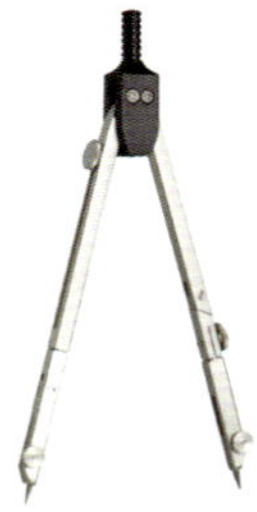

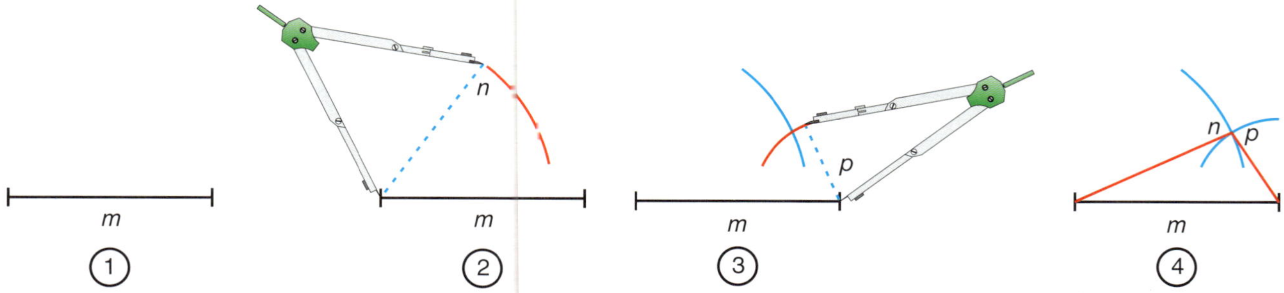

1.2. Conociendo dos lados y el ángulo que forman

1. Representamos el segmento *m* y, sobre él, el ángulo $\hat{A}$.
2. Sobre el otro lado del ángulo $\hat{A}$, marcamos la longitud del segmento *n*.
3. El tercer lado es el que une el extremo libre del lado *n* con el extremo libre del lado *m*.

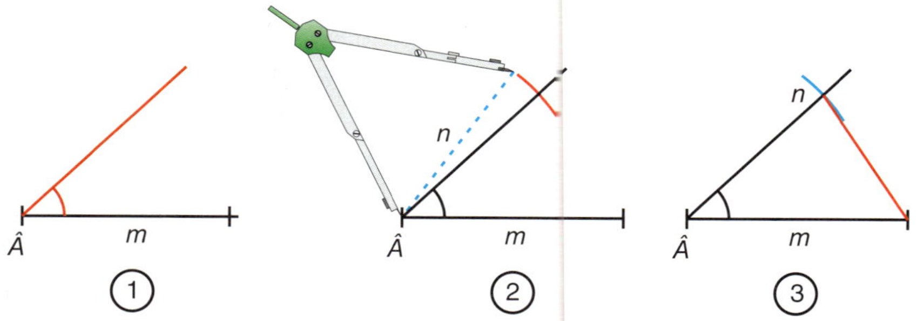

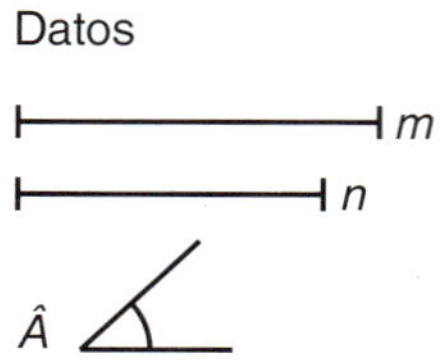

a Ejercicios y actividades

1. Construye los siguientes triángulos, de los que se conocen estos elementos. Nota: *a* es el lado opuesto de $\hat{A}$ y *b* el opuesto de $\hat{B}$ y *c* a $\hat{C}$.

a)	$a = 6$ cm	$b = 11$ cm	$c = 7$ cm
b)	$a = 4$ cm	$b = 7$ cm	$\hat{C} = 7°$

1.3. Conociendo dos ángulos y el lado que los une

Para que se pueda construir un triángulo con dos ángulos y un lado dados, debe cumplirse que la suma de estos dos ángulos sea inferior a 180°.

1. Dibujamos el segmento m.
2. Transportamos el ángulo $\hat{A}$ a un extremo del segmento.
3. Transportamos el ángulo $\hat{E}$ al otro extremo del segmento.
4. El punto C en el que se cortan los lados de los ángulos $\hat{A}$ y $\hat{E}$ será el tercer vértice del triángulo y limitará los dos lados desconocidos.

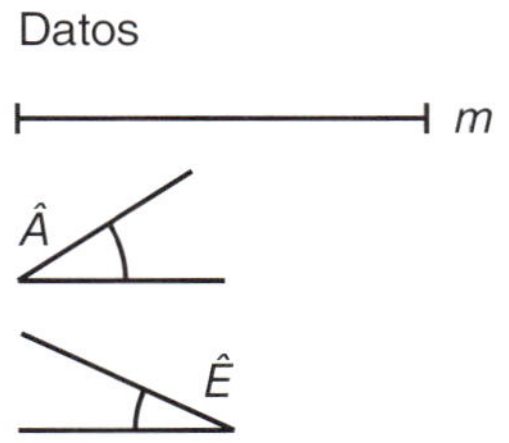

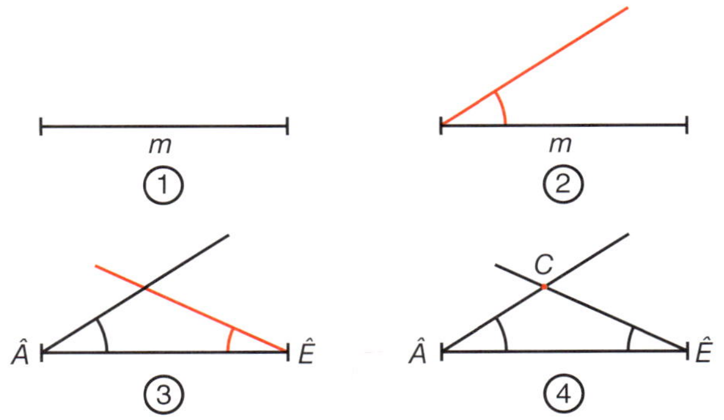

!

Vamos a investigar

Tres ángulos definen infinitos triángulos. ¿Por qué?

EJEMPLO

- *¿Qué triángulo resulta de los datos* c, Â *y* Ê?

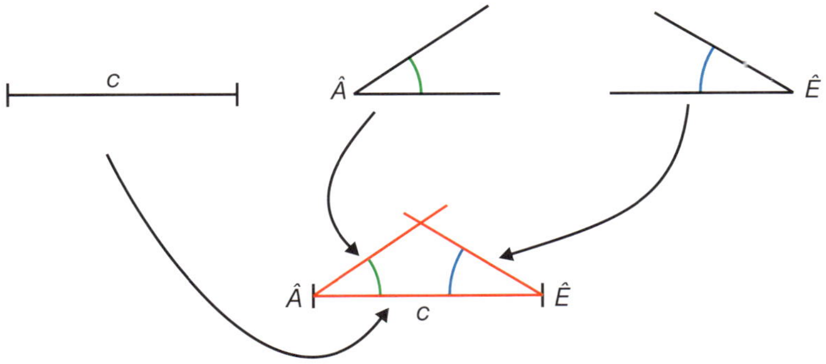

a Ejercicios y actividades

2. Construye, si es posible, los triángulos de los que se conocen estos elementos:

a) $b = 8$ cm	$\hat{A} = 40°$	$\hat{C} = 80°$
b) $a = 7$ cm	$b = 6$ cm	$c = 8$ cm
c) $b = 7$ cm	$c = 7$ cm	$\hat{A} = 50°$
d) $\hat{A} = 110°$	$b = 4$ cm	$c = 7$ cm
e) $a = 2{,}5$ cm	$b = 4$ cm	$c = 7$ cm

3. Construye un triángulo con los siguientes datos:

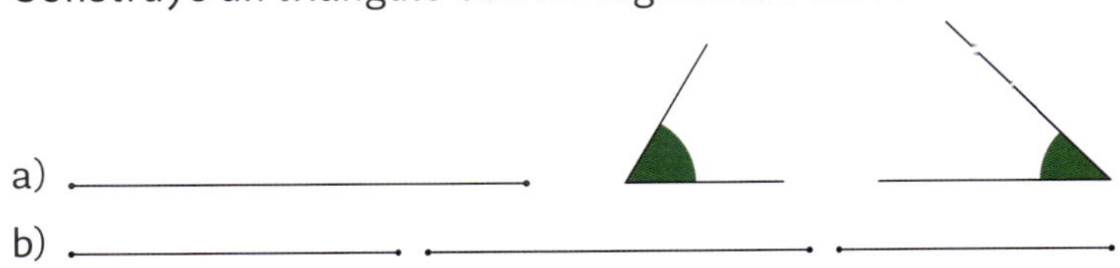

2. Clases de triángulos

Antes de comenzar la clasificación, sería muy importante recordar dos cosas:

- La suma de las longitudes de dos lados de un triángulo siempre es mayor que la longitud del tercer lado.
- La suma de los ángulos de un triángulo es de 180°. Veamos por qué:

Sea el triángulo con vértices *A*, *E* e *I*.

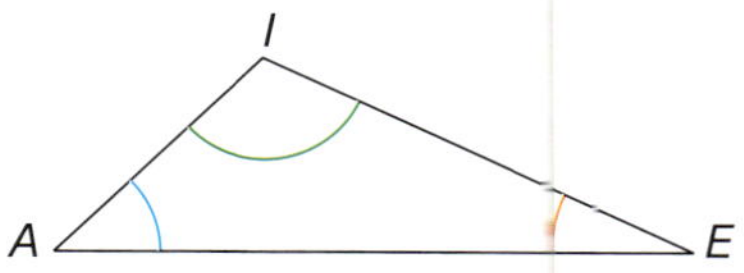

Trazamos una recta paralela al segmento $\overline{AE}$ que pase por *I* y representamos los ángulos $\hat{A}_1$, $\hat{A}_2$, $\hat{E}_1$, $\hat{E}_2$ e $\hat{I}$. Vemos que:

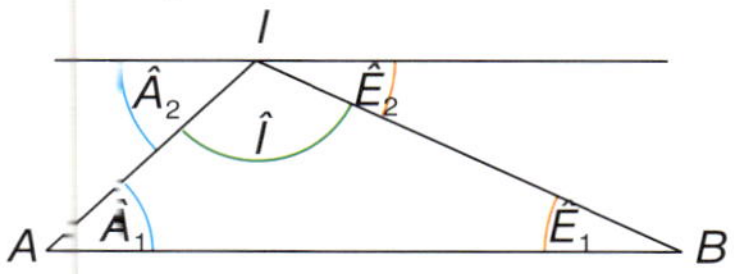

$\hat{A}_1 = \hat{A}_2$ (alternos internos)

$\hat{E}_1 = \hat{E}_2$ (alternos internos)

Por tanto:

$$\hat{A}_1 + \hat{E}_1 + \hat{I} = \hat{A}_2 + \hat{E}_2 + \hat{I} = 180°$$

2.1. Clasificación según la longitud de sus lados

- **Equiláteros**: los tres lados tienen la misma longitud y, como consecuencia, los tres ángulos también son iguales.
- **Isósceles**: tienen dos lados y dos ángulos iguales.
- **Escalenos**: los tres lados y los tres ángulos son distintos.

2.2. Clasificación según la medida de sus ángulos

- **Acutángulos**: tienen los tres ángulos agudos.
- **Rectángulos**: uno de los ángulos es recto.
- **Obtusángulos**: uno de los ángulos es obtuso.

a Ejercicios y actividades

4. Clasifica los siguientes triángulos según sus lados:

a) 

b) 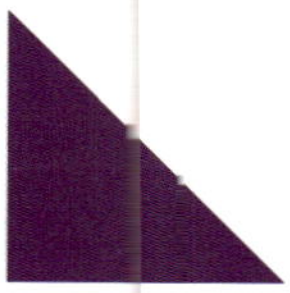

c) 

5. Clasifica los siguientes triángulos según sus ángulos:

a) 

b) 

c) 

3. Las mediatrices y el circuncentro

Recordemos que la mediatriz de un segmento es la recta perpendicular a él que pasa por su punto medio.

Por lo tanto, si cada lado de un triángulo es un segmento, cada lado tendrá su mediatriz y, como consecuencia, tendremos tres mediatrices.

Las **mediatrices** de un triángulo son las rectas perpendiculares a los lados que pasan por sus puntos medios.

Las tres mediatrices de un triángulo se cortan en un punto que se llama **circuncentro**, que es el centro de la circunferencia que pasa por los tres vértices del triángulo a la vez.

3.1. Construcción de las mediatrices y del circuncentro

Dado el triángulo $\widehat{ABC}$:

1. Construimos la mediatriz de cada lado:

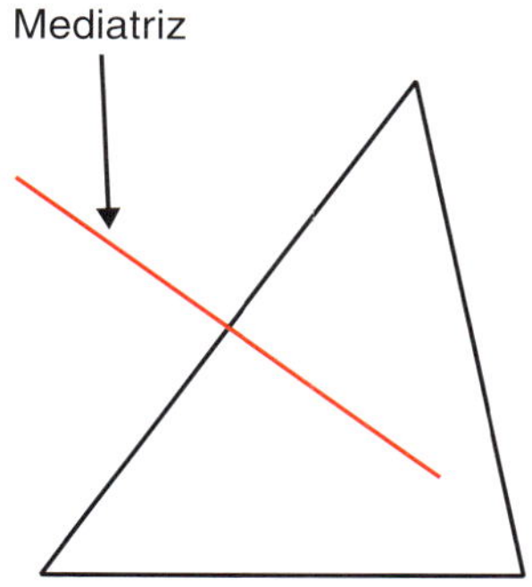

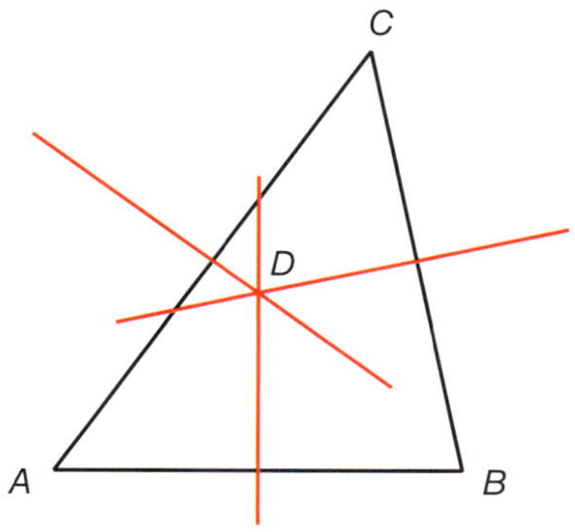

2. El punto *D* donde se cortan las mediatrices es el circuncentro. Con centro en este punto trazamos una circunferencia que pase por cualquiera de los vértices. Podemos comprobar que también pasa por los otros dos.

   De acuerdo con la propiedad de las mediatrices, el punto *D* está a la misma distancia de todos los vértices del triángulo y, además, esa distancia será el radio de la circunferencia circunscrita al triángulo.

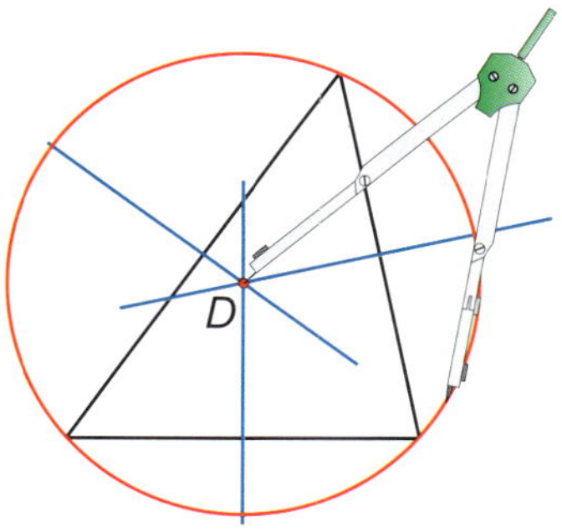

a Ejercicios y actividades

6. Dibuja en tu cuaderno un triángulo acutángulo. Construye las mediatrices de sus tres lados y la circunferencia circunscita. ¿Dónde se localiza el circuncentro?
7. Dibuja en tu cuaderno un triángulo obtusángulo. Construye las mediatrices de sus tres lados y la circunferencia circunscita. ¿Dónde se localiza el circuncentro?
8. Dibuja en tu cuaderno un triángulo rectángulo. Construye las mediatrices de sus tres lados y la circunferencia circunscita. ¿Dónde se localiza el circuncentro?
9. Compara las respuestas anteriores con las de tus compañeros y plantea una hipótesis sobre la localización del circuncentro de un triángulo dependiendo de la medida de sus ángulos.

4. Las bisectrices y el incentro

Algo similar ocurre con las bisectrices del triángulo. Recordemos que la bisectriz de un ángulo es la semirrecta con origen en su vértice que lo divide en dos ángulos iguales.

Las **bisectrices** de un triángulo son las semirrectas con origen en los vértices que dividen sus ángulos respectivos en dos ángulos iguales.

Las tres bisectrices se cortan en un punto interior del triángulo que se llama **incentro**. El incentro es el centro de la circunferencia inscrita en el triángulo. Esto significa que los lados del triángulo son tangentes a esta circunferencia.

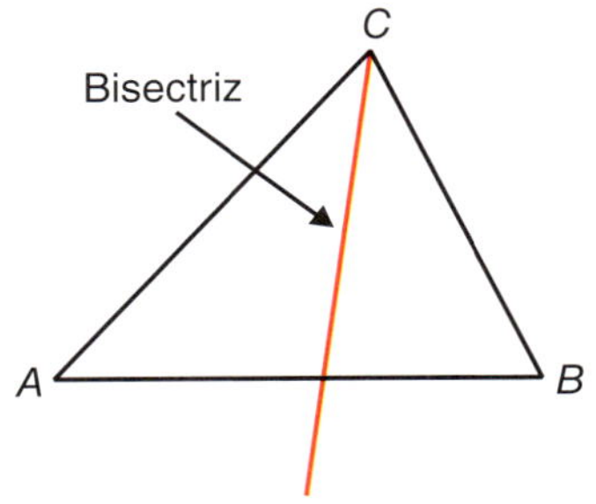

Una propiedad de las bisectrices de un triángulo es que se cortan en un punto que está siempre en su interior.

4.1. Construcción de las bisectrices y del incentro

Dado el triángulo $\widehat{ABC}$:

1. Hay que construir la bisectriz de cada ángulo.

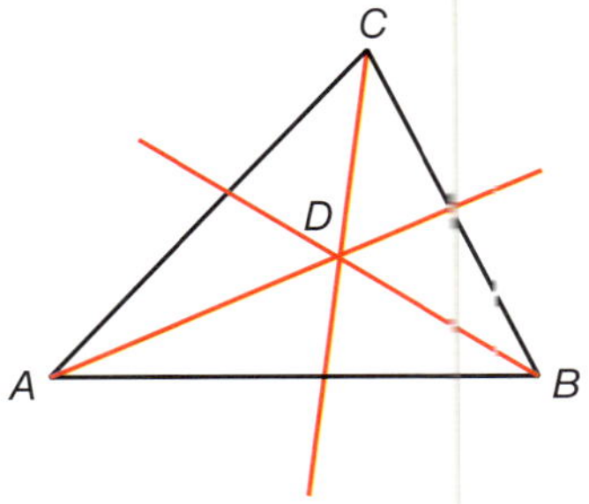

2. El punto *D* donde se cortan las bisectrices es el incentro. Con centro en este punto trazamos una circunferencia que sea tangente a cualquiera de los lados. Podemos comprobar que también es tangente a los otros dos.

   De acuerdo con la propiedad de las bisectrices, el punto *D* está a la misma distancia de todos los lados y esta coincide con el radio de la circunferencia inscrita.

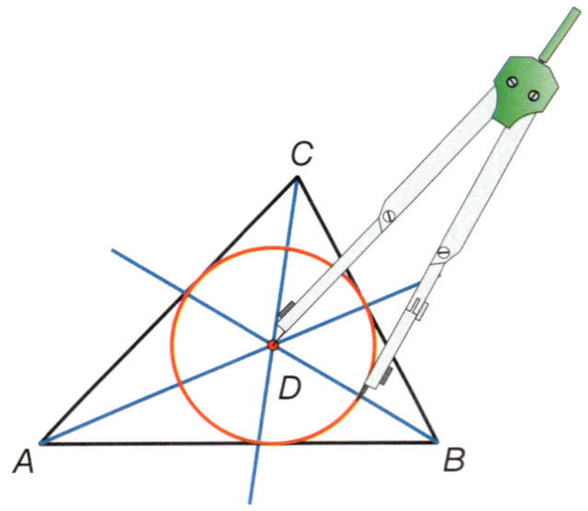

a Ejercicios y actividades

10. Traza las bisectrices de los ángulos de los siguientes triángulos, el incentro y la circunferencia inscrita:

a) 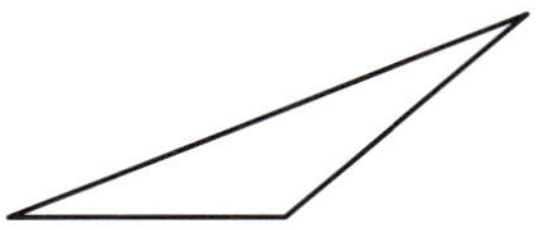 b) 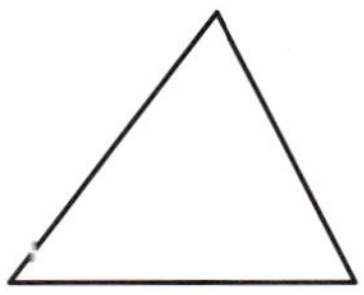 c) 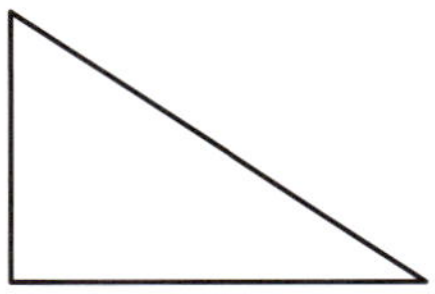

11. A la vista de los dibujos anteriores, ¿dónde se localiza el incentro de un triángulo?

5. Las medianas y las alturas

5.1. Medianas

Las **medianas** de un triángulo son las rectas que unen los vértices con el punto medio del lado opuesto.

Las medianas se cortan en un punto interior llamado **baricentro** o **centro de gravedad**.

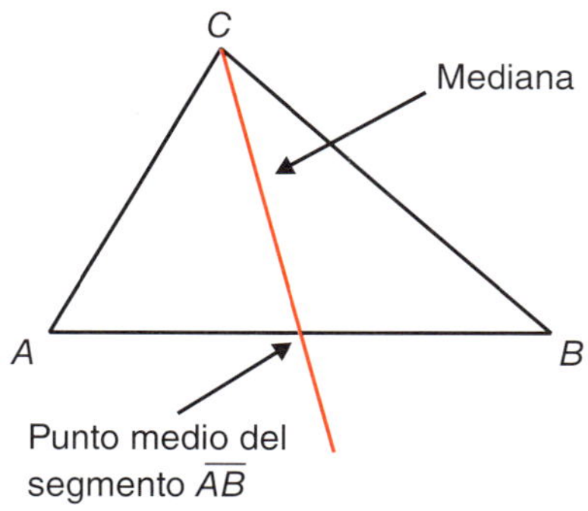

Las tres medianas se cortan en el punto G, que es el centro de gravedad:

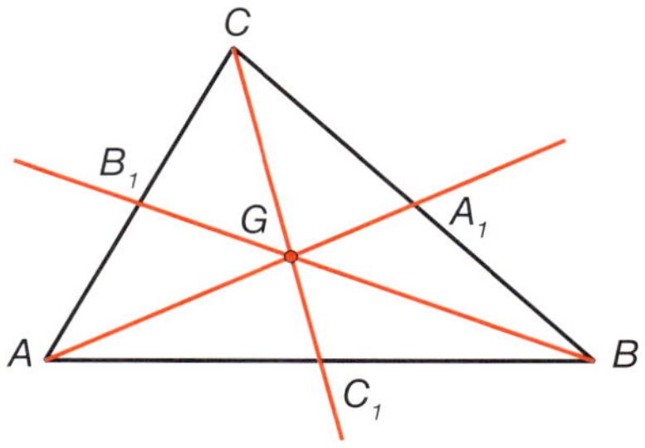

Además, se cumplen las siguientes igualdades:

$$\overline{AG} = 2 \cdot \overline{GA_1} \qquad \overline{BG} = 2 \cdot \overline{GB_1} \qquad \overline{CG} = 2 \cdot \overline{CG_1}$$

Es decir, la distancia del vértice al baricentro es el doble que la del baricentro al punto medio del lado opuesto.

5.2. Alturas

Las **alturas** de un triángulo son las rectas perpendiculares a cada lado que pasan por el vértice opuesto.

Las alturas se cortan en un punto llamado **ortocentro**.

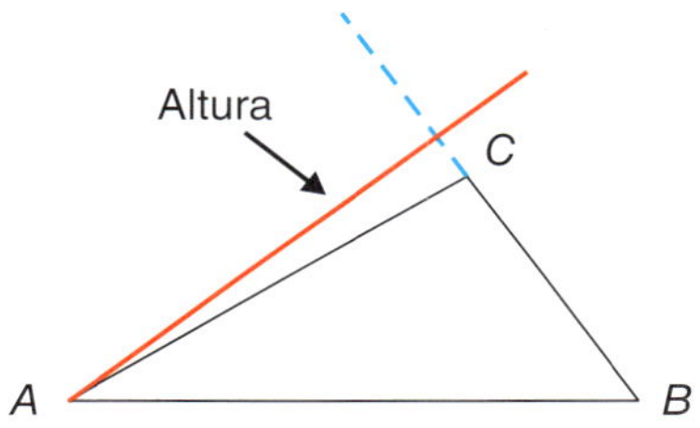

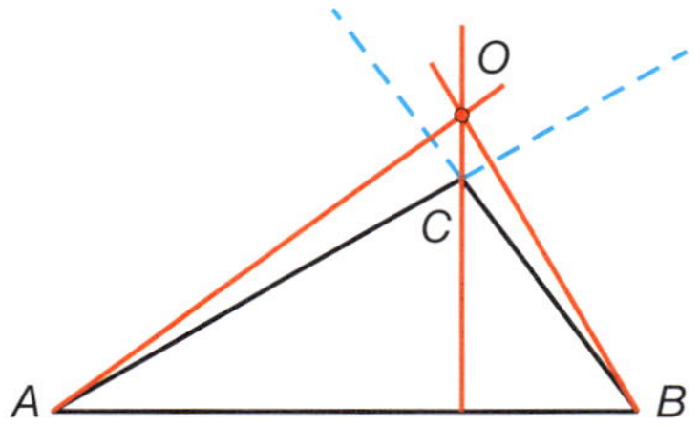

Para construir las alturas, a veces tenemos que prolongar el lado del triángulo. Esto depende del ángulo, como podemos ver en el ejemplo anterior: como C es un ángulo obtuso, tenemos que prolongar los lados $\overline{BC}$ y $\overline{AC}$.

a Ejercicios y actividades

12. Construye en tu cuaderno un triángulo cuyos lados midan $a = 7$ cm, $b = 5$ cm, $c = 9$ cm y construye su baricentro.
13. Representa un triángulo rectángulo y dibuja sus tres alturas. ¿Qué observas?
14. Construye en tu cuaderno un triángulo isósceles cuyo ángulo desigual mida 70° y sus lados iguales, 7 cm. Representa su ortocentro.

6. Teorema de Pitágoras

El teorema de Pitágoras se aplica solo a triángulos rectángulos. Recordemos que un triángulo rectángulo es aquel que tiene un ángulo recto.

6.1. Elementos de un triángulo rectángulo

- **Ángulo recto**: es el ángulo que mide 90°, en nuestro ejemplo, $\hat{A}$.
- **Hipotenusa**: es el lado mayor, coincide siempre con el opuesto al ángulo recto.
- **Cateto menor**: es el lado menor que compone el ángulo recto.
- **Cateto mayor**: es el lado mayor que compone el ángulo recto.

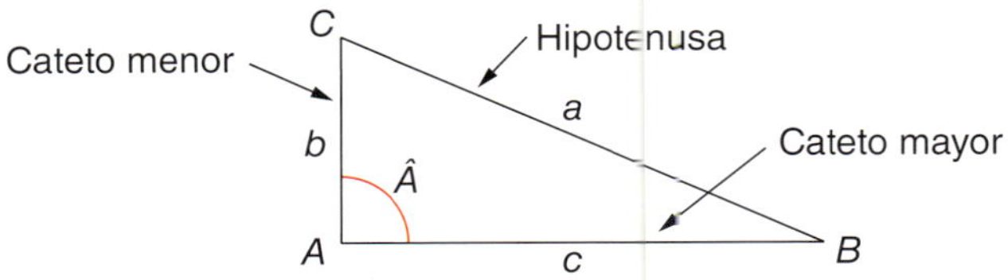

Si el triángulo además de ser rectángulo fuera isósceles, entonces los dos catetos serían iguales.

Teorema de Pitágoras

En un triángulo rectángulo, la hipotenusa al cuadrado es igual a la suma de los cuadrados de los catetos.

$$a^2 = b^2 + c^2$$

- $a \cdot a = a^2$. Es el área del cuadrado construido sobre la hipotenusa.
- $b \cdot b = b^2$. Es el área del cuadrado construido sobre el cateto menor.
- $c \cdot c = c^2$. Es el área del cuadrado construido sobre el cateto mayor.

Por lo tanto, el **teorema de Pitágoras** también se puede enunciar así:

El área del cuadrado construido sobre la hipotenusa es igual a la suma de las áreas de los cuadrados construidos sobre los catetos.

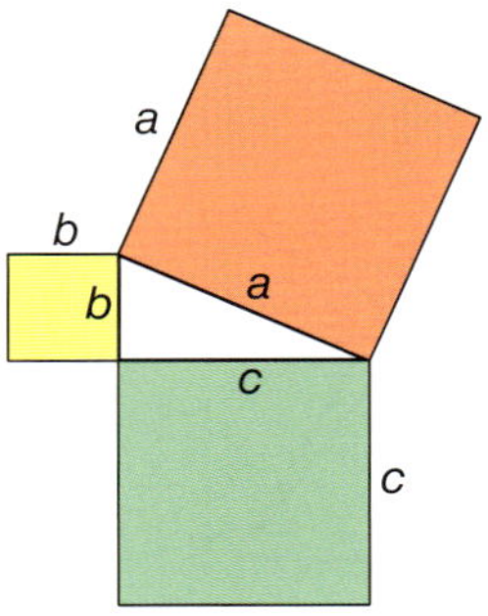

a Ejercicios y actividades

15. Comprueba si son rectángulos los triángulos cuyos lados miden las siguientes longitudes:

    a) $a = 10$ cm $b = 8$ cm $c = 6$ cm

    b) $a = 5$ cm $b = 2{,}4$ cm $c = 4{,}3$ cm

    c) a = 5 cm $b = 4$ cm $c = 3$ cm

    d) $a = 37$ cm $b = 35$ cm $c = 12$ cm

16. Calcula el perímetro de los siguientes triángulos rectángulos:

7. Aplicaciones del teorema de Pitágoras

7.1. Ternas pitagóricas

Las ternas pitagóricas son conjuntos de tres números que cumplen el teorema de Pitágoras:

Cateto menor	Cateto mayor	Hipotenusa
3	4	5
6	8	10
5	12	13
...	...	...

7.2. Cálculo de la diagonal de un cuadrado

En un cuadrado, los lados son iguales; por tanto, los catetos son iguales:

$$b^2 + b^2 = d^2$$
$$d = b\sqrt{2}$$

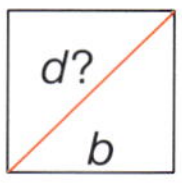

7.3. Cálculo de la diagonal de un rectángulo

$$a^2 + b^2 = d^2$$
$$d = \sqrt{a^2 + b^2}$$

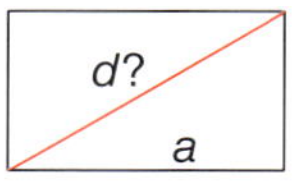

7.4. Cálculo de la hipotenusa conociendo los catetos

$$a^2 = b^2 + c^2$$
$$a = \sqrt{b^2 + c^2}$$

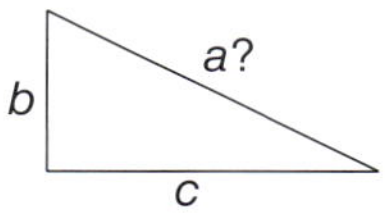

EJEMPLO

- $a = ?,\ b = 3,\ c = 4$
  $a = \sqrt{3^2 + 4^2} = \sqrt{9 + 16} = \sqrt{25} = 5$

7.5. Cálculo de un cateto conociendo la hipotenusa y otro cateto

$$a^2 = b^2 + c^2$$
$$b = \sqrt{a^2 - c^2}$$

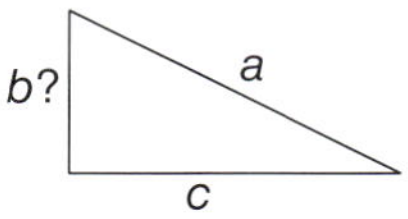

!

Pitágoras dijo...

«Todo se asemeja al número».

Pitágoras fue un matemático y filósofo griego que nació alrededor del año 582 a. C. y murió sobre el año 507 a. C. Su fama le viene por su famoso teorema, que ya se conocía mucho antes de que él naciera, pero él fue el primero en demostrarlo.

Fue el fundador de la secta de los pitagóricos, que consideraban la naturaleza desde el punto de vista de los números y las matemáticas.

EJEMPLO

- $a = 13,\ b = ?,\ c = 12$
  $b = \sqrt{13^2 - 12^2} = 5$

a Ejercicios y actividades

17. Calcula el lado desconocido de los siguientes triángulos rectángulos sabiendo que la hipotenusa es a:

a) $a = ?$	$b = 20$ cm	$c = 21$ cm
b) $a = 17$ cm	$b = ?$	$c = 15$ cm
c) $a = 25$ cm	$b = 7$ cm	$c = ?$
d) $a = 13$ cm	$b = ?$ cm	$c = 12$ cm

18. Calcula la altura y el área del siguiente paralelogramo:

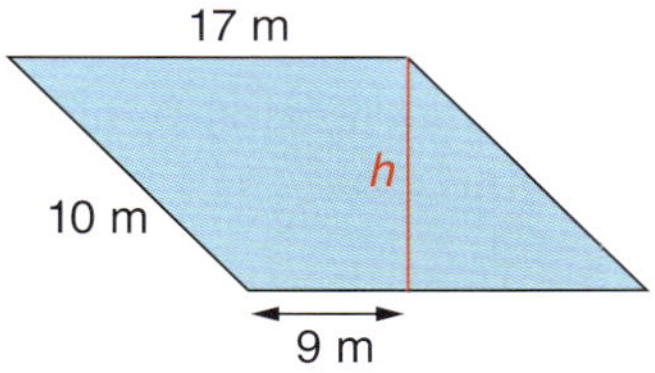

Construir la mediatriz de un segmento con GeoGebra

Vamos construir la mediatriz de un segmento utilizando el programa GeoGebra. Lo primero es construir el segmento $\overline{AB}$ siguiendo los pasos que se explicaron en la sección «Informática matemática» de la unidad 9. Por tanto, nos encontramos en la siguiente situación:

Desplegamos el icono y hacemos clic en Mediatriz

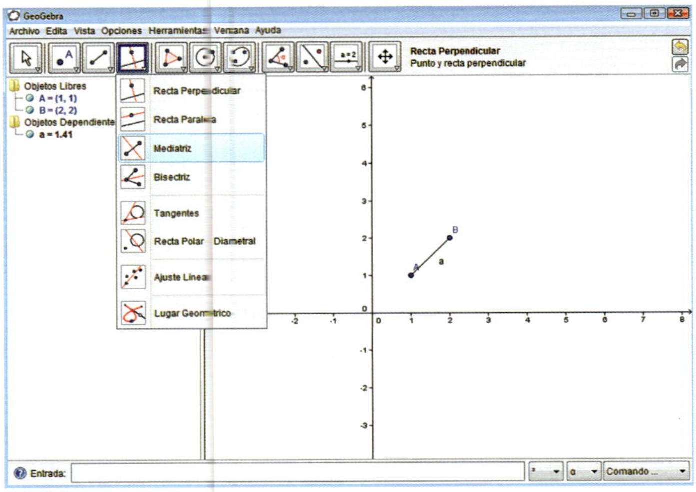

Marcamos los puntos *A* y *B* y aparece construida la mediatriz según aparece en la imagen.

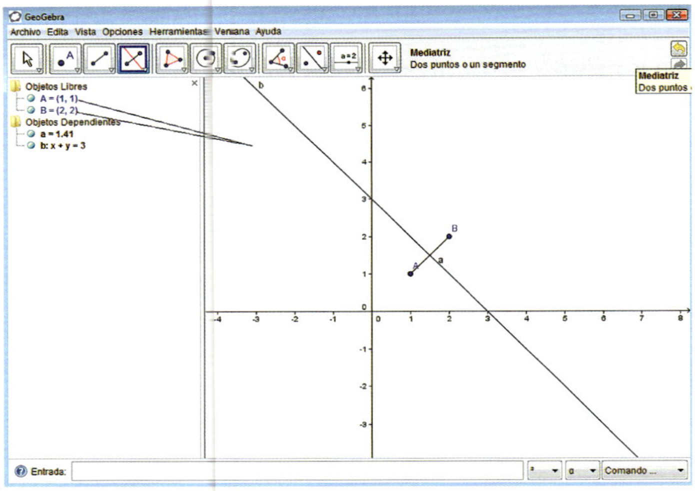

a Ejercicios y actividades

19. Construye con GeoGebra:

   a) Un punto C en las coordenadas (2, 2).

   b) Un punto D en las coordenadas (4, 2).

   c) Un punto E en las coordenadas (3, 3).

   d) Construye los segmentos que unen los tres puntos anteriores para formar el triángulo CDE.

   e) Construye las mediatrices de los tres lados y estudia el punto donde se cortan.

1. Construye un triángulo cuyos lados sean los siguientes segmentos:

Solución

① ② ③

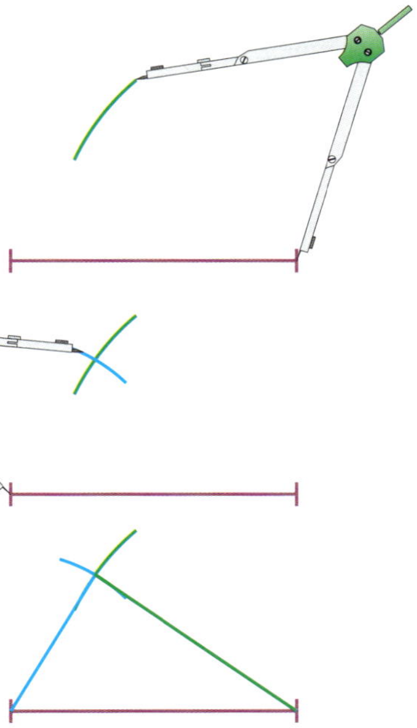

2. Conocidos dos lados y el ángulo que forman, construye el triángulo:

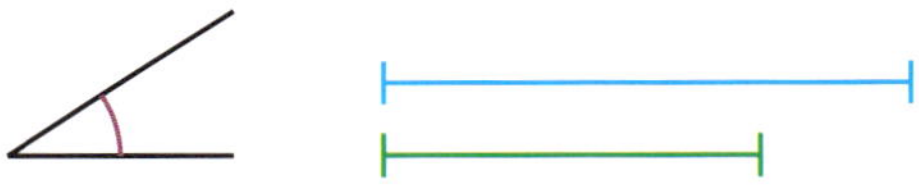

Solución

① ② ③

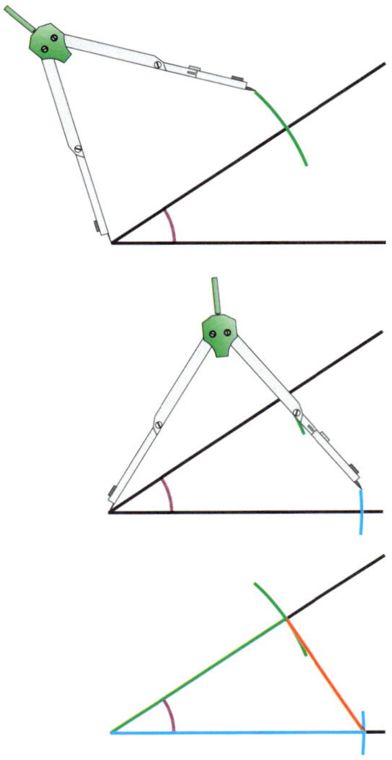

3. Clasifica los triángulos según sus lados y sus ángulos:

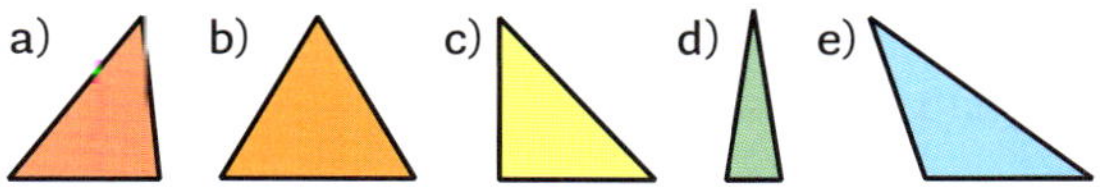

Solución

a) Es escaleno por tener los tres lados distintos y acutángulo porque todos sus ángulos son agudos.

b) Es equilátero por tener sus lados iguales y acutángulo.

c) Es isósceles porque tiene dos lados iguales y además es rectángulo por tener un ángulo recto.

d) Isósceles y acutángulo.

e) Es escaleno y obtusángulo porque tiene un ángulo obtuso.

4. Construye las mediatrices y el circuncentro del siguiente triángulo:

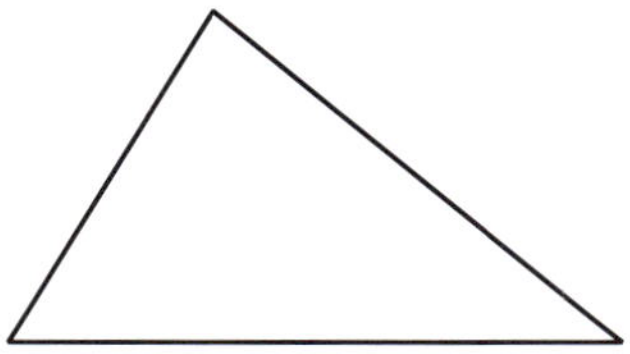

Solución

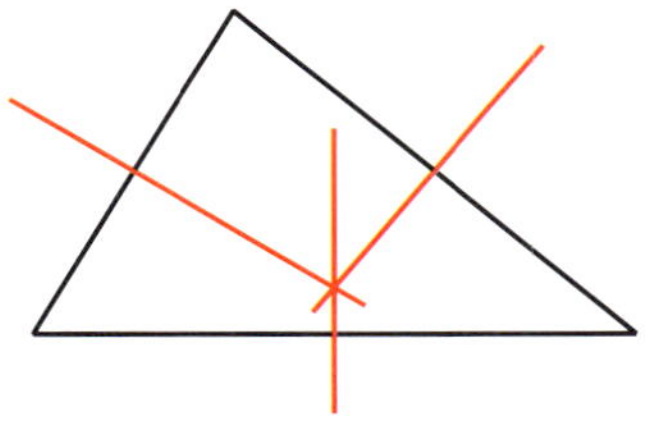

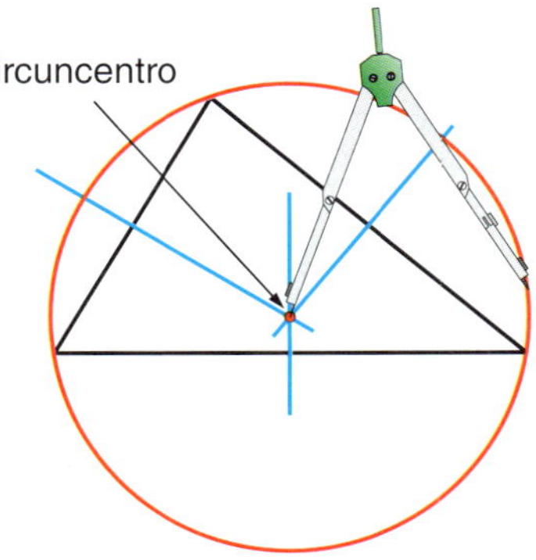

5. Si apoyo una escalera de 5 m de altura a 3 m del pie de una pared, ¿a qué altura podré llegar?

Solución

Aplicando el teorema de Pitágoras: $5^2 = 3^2 + \text{altura}^2$

$$\text{altura} = \sqrt{5^2 - 3^2} = \sqrt{25 - 9} = \sqrt{16} = 4 \text{ m}$$

Construcción de triángulos

1. Construye un triángulo rectángulo cuyos catetos midan 6 cm y 8 cm, respectivamente. Clasifica el triángulo según sus lados.

2. Construye un triángulo cuyos lados midan 4 cm, 8 cm y 10 cm, respectivamente. Clasifica el triángulo según sus lados y según sus ángulos.

3. Construye un triángulo isósceles cuyo lado desigual mida 5 cm y cuyo ángulo desigual mida 80°. ¿Cuánto mide cada uno de sus ángulos iguales?

4. Construye un triángulo con dos ángulos de 75° y 40°. ¿Cuántos triángulos cumplen esta condición?

5. ¿Cuánto suma la medida de los ángulos de un triángulo?

6. ¿Qué relación fundamental cumplen tres longitudes para poder formar un triángulo?

7. Indica si las siguientes medidas pueden corresponderse a un triángulo:

a) $a = 5$ m $b = 8$ m $c = 14$ m

b) $a = 3$ m $b = 3$ m $\hat{C} = 45°$

c) $\hat{A} = 125°$ $b = 4$ $\hat{C} = 60°$

Clases de triángulos

8. Indica si son posibles las siguientes combinaciones de triángulos. Justifica tus respuestas:

	Acutángulo	Rectángulo	Obtusángulo
Equilátero	Sí	●●●	●●●
Isósceles	●●●	●●●	●●●
Escaleno	●●●	●●●	●●●

9. Clasifica los siguientes triángulos según sus lados:

a) $a = 5$ cm $b = 4$ cm $c = 4$ cm

b) $a = 34$ cm $b = 25$ cm $c = 40$ cm

10. Calcula la medida del ángulo desconocido en los siguientes triángulos y clasifícalos:

$\hat{A}$	$\hat{B}$	$\hat{C}$	Tipo de triángulo
12°	67°	●●●	●●●
●●●	25°	65°	●●●

11. Clasifica los siguientes triángulos según sus lados y según sus ángulos:

a) 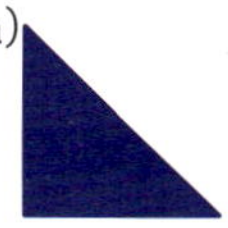

b) 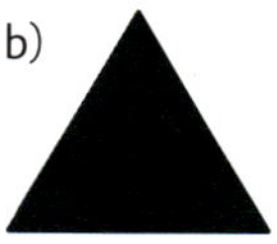

c) 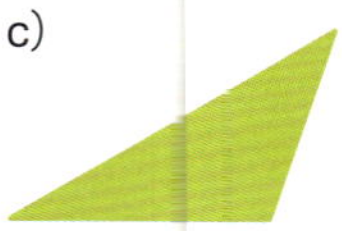

Circuncentro e incentro

12. Dibuja en tu cuaderno un triángulo de lados de 7, 8 y 10 cm.

a) Construye las mediatrices de sus tres lados y comprueba que se cortan en un punto. Denomina a este punto con la letra M. ¿Cómo se llama el punto M?

b) Comprueba que la distancia desde M a cada vértice del triángulo es la misma.

c) Representa la circunferencia circunscrita al triángulo.

13. Dibuja en tu cuaderno un triángulo isósceles cuyo ángulo desigual mida 100° y cuyos lados iguales, 6 cm.

a) Construye las bisectrices de sus tres lados y comprueba que se cortan en el mismo punto. Denomina a este punto con la letra I. ¿Cómo se llama el punto I?

b) Comprueba que la distancia desde I a cada lado del triángulo es la misma (debes medir la distancia al lado de manera perpendicular).

c) Representa la circunferencia inscrita en el triángulo.

14. Completa la siguiente tabla:

	Circuncentro	Incentro
Definición	El punto en el que se cortan las ●●● de un triángulo	El punto en el que se cortan las ●●● de un triángulo
Distancia	Equidista de ●●●	Equidista de ●●●
Localización	●●●	●●●

Alturas y medianas. Ortocentro y baricentro

15. Dibuja un triángulo acutángulo. Calcula sus tres alturas. ¿Dónde se sitúa el ortocentro?

16. Dibuja un triángulo rectángulo. Calcula sus tres alturas. ¿Dónde se sitúa el ortocentro?

17. Dibuja un triángulo obtusángulo. Calcula sus tres alturas. ¿Dónde se sitúa el ortocentro?

18. Dibuja las tres medianas de los siguientes triángulos y calcula su baricentro.

a) $a = 6$ m $b = 8$ m $c = 9$ cm

b) $a = 13$ cm $b = 4$ cm $c = 9$ cm

19. Completa una tabla similar al modelo para cada uno de los triángulos del ejercicio anterior. Anota el resultado de la división del resultado de la columna (2) entre la columna (1). Formula una hipótesis sobre los resultados obtenidos.

Vértice	(1) Longitud de la mediana	(2) Distancia desde el baricentro al vértice	Resultado de la división
A	●●●	●●●	●●●
B	●●●	●●●	●●●
C	●●●	●●●	●●●

20. El área de un triángulo se obtiene multiplicando la longitud de la base por su altura y dividiendo entre dos. Calcula el área del siguiente triángulo rectángulo de dos formas distintas:

- Tomando como base la hipotenusa.
- Tomando como base uno de los catetos.

(Mide con la regla las longitudes necesarias).

Comprueba que los dos cálculos dan el mismo resultado. ¿Puedes proponer una fórmula para calcular el área en triángulos rectángulos?

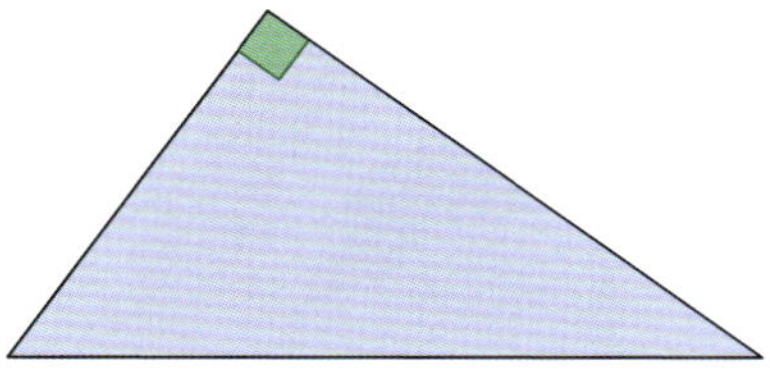

Teorema de Pitágoras

21. Completa la siguiente tabla con las medidas de triángulos rectángulos:

Cateto	Cateto	Hipotenusa
20	15	●●●
●●●	2,5	6,5
2	●●●	7

22. Calcula la altura y el área de un triángulo equilátero de lado 4 cm.

23. Calcula la medida desconocida:

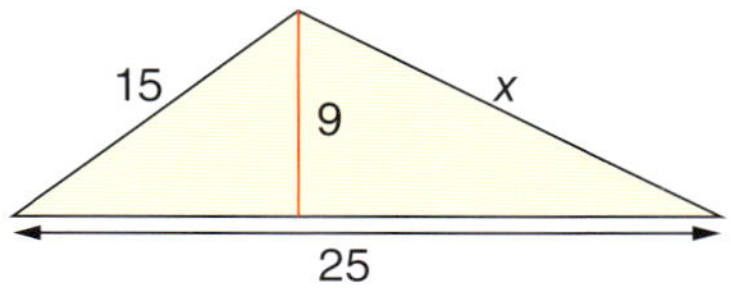

24. ¿A qué distancia se encontrarán los vértices más alejados de un cubo de 10 cm de arista?

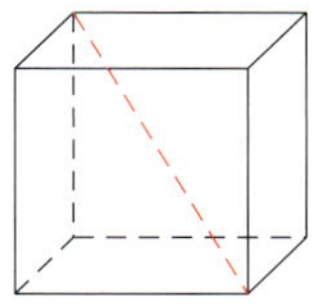

Problemas

25. Juan, David y Marisa viven en el mismo barrio. La distancia entre las casas de David y Juan es de 300 m. La distancia entre las casas de Juan y Marisa es de 700 m. Por último, la distancia entre las casas de David y Marisa es de 1 000 m. En el plano, ¿qué figura geométrica forma la representación de las tres viviendas?

26. Tres pueblos A, B y C están situados en tres puntos no alineados. Se desea construir un depósito que abastezca a los tres pueblos situado a la misma distancia de los tres.

a) ¿Dónde habría que situar el depósito?

b) Si los segmentos AB y AC forman un ángulo recto, ¿podrías concretar algo más la respuesta anterior?

27. Calcula el ángulo desconocido indicado en la siguiente construcción:

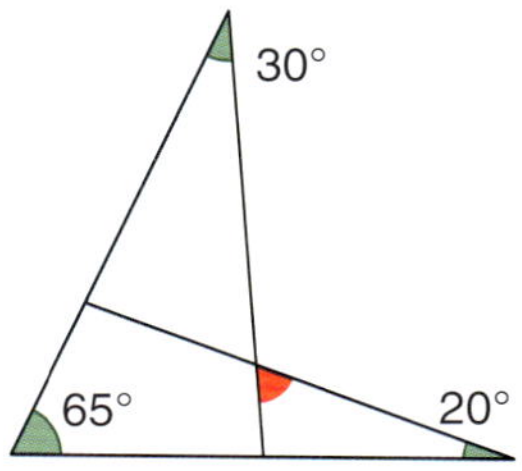

28. Se desea forrar una pared cuadrada con un cristal de espejo que cuesta 225 €/m^2. ¿Cuánto costará si la diagonal mide 6 m?

29. Los tres pueblos de la figura quieren realizar un espectáculo de fuegos artificiales en el lago. Representa el punto del lago en el que deben situar el punto de lanzamiento de los fuegos para que esté a la misma distancia de los tres pueblos. ¿Qué procedimiento has seguido para calcularlo?

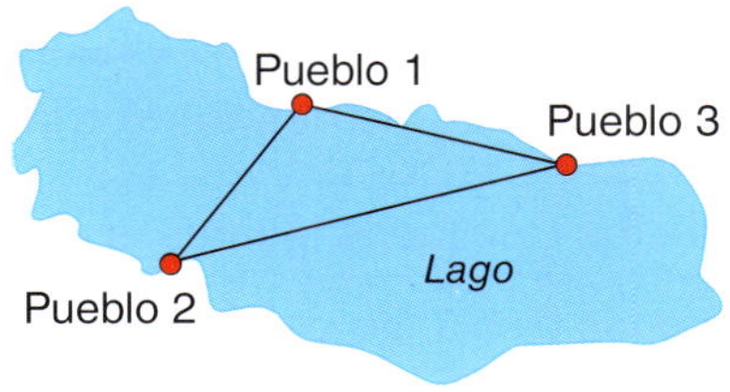

30. Un equipo de baloncesto está diseñando un banderín con forma triangular, como el de la figura. Indica el punto en el que tendrá que situar el centro de su logo para que este sea lo más grande posible.

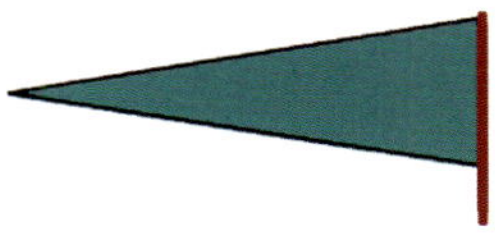

31. Un helicóptero despega y alcanza una altura de 400 m. A continuación vuela horizontalmente y recorre 300 m. ¿A qué distancia en línea recta se encuentra del helipuerto?

Las señales de tráfico

Las señales de tráfico triangulares indican que existe peligro por algún motivo. En el caso de que el conductor vea una señal de este tipo, debe extremar la precaución.

Encontraremos señales triangulares circulando en la ciudad o en carreteras fuera de las ciudades. La que aparece en la imagen indica que existe peligro por la posible presencia de animales sueltos.

Actividades

Tras la lectura del texto anterior, realiza las siguientes actividades:

Actividad 1: ¿Cómo clasificarías el triángulo que aparece en la imagen?

A	Tiene los tres lados iguales, es equilátero.
B	Tiene los tres ángulos distintos, es escaleno.
C	Tiene un ángulo recto, es rectángulo.
D	Tiene dos ángulos iguales y otro distinto, es isósceles.

Actividad 2: En la señal de tráfico que aparece en la imagen, los ángulos interiores miden:

A	90° los tres.
B	60° los tres.
C	Uno mide 90°.
D	Uno mide 45°.

Actividad 3: En la señal que aparece en la imagen hay dos triángulos delimitados por las bandas rojas, uno externo que rodea toda la señal de tráfico y otro interno.

A	Los dos triángulos se clasificarían igual, porque los lados son paralelos.
B	No se pueden clasificar igual, porque uno es más grande que otro.
C	El pequeño es escaleno y el grande, equilátero.
D	Los dos triángulos se clasificarían igual, porque tienen lados perpendiculares.

Actividad 4: Las dos señales que aparecen a continuación, aunque parecen iguales, indican cosas distintas; la de la izquierda indica rampa del 10 %, mientras que la de la derecha indica pendiente del 10 %. La primera indica subida y la segunda, bajada.

El interior de ambas señales de tráfico está dividido en dos triángulos iguales, uno relleno en negro y otro en blanco. La línea va desde un vértice a un punto del lado opuesto.

A	Los ángulos internos del triángulo negro miden distinto que los del blanco.
B	Los ángulos internos del triángulo negro miden 60° los tres.
C	Los ángulos internos del triángulo negro miden lo mismo que los del blanco.
D	Los ángulos internos del triángulo blanco miden 60° los tres.

Actividad 5: Los triángulos negro y blanco son iguales:

A	Sí.
B	No.

Explica tu respuesta.

Actividad 6: La señal de tráfico que aparece a continuación indica que hay un paso de peatones. El triángulo interior es equilátero. Describe los dos triángulos azules a ambos lados de este triángulo.

La espiral áurea

Paso 2. Construcción de triángulos en un rectángulo áureo

Ya tenemos construido el rectángulo áureo:

1. Lo primero es situarnos ante el rectángulo que construimos en la unidad anterior e identificar los elementos que aparecen (AFGD).

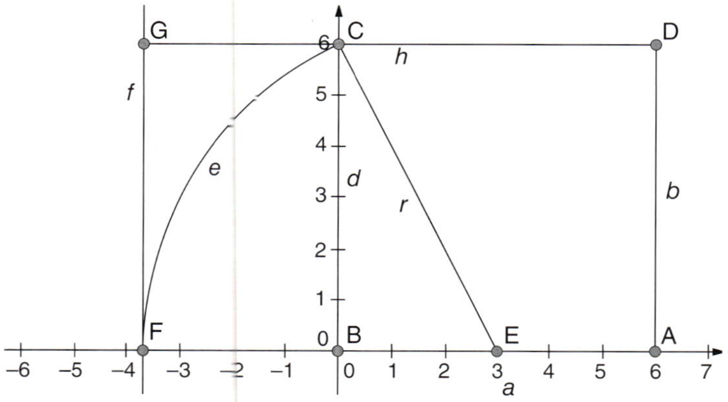

2. Construimos el segmento CF.
3. Tenemos dos triángulos rectángulos BFC y BEC.
4. Calculamos la longitud del segmento CE = *r*. Utilizamos el teorema de Pitágoras. El resultado es $r = \sqrt{45}$.
5. ¿Cuánto mide la base del rectángulo (AF)? Explica por qué el resultado es $AF = \sqrt{45} + 3$.
6. ¿Cuánto miden los segmentos AB y BF? Explica por qué el resultado es:

$$AB = 6$$
$$BF = \sqrt{45} - 3$$

7. El número áureo también se puede calcular con la siguiente proporción:

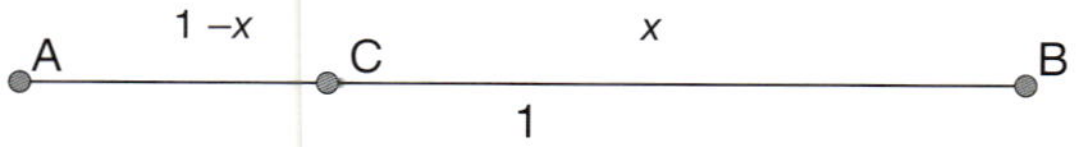

$\frac{1-x}{x} = \frac{x}{1}$ o $\frac{x}{1-x} = \frac{1}{x}$ y la solución en ambos casos es $x = \frac{1+\sqrt{5}}{2}$.

8. Aplica esa misma proporción a la base del rectángulo:

$$\frac{AB}{BF} = \frac{AF}{AB}$$

9. La proporción anterior te ha quedado de la siguiente manera:

$$\frac{6}{\sqrt{45}-3} = \frac{\sqrt{45}+3}{6}$$

10. Comprueba con la calculadora que el resultado siguiente es el mismo:

$$\frac{6}{\sqrt{45}-3} = \frac{\sqrt{45}+3}{6} = \frac{\sqrt{5}+1}{2} = \Phi$$

11. Como AB = AD, queda que el rectángulo es áureo.

Autoevaluación

1. ¿Cuál de las siguientes combinaciones no es posible para las medidas de un triángulo?
   a) $a = 6$ m $b = 3$ m $c = 8$ cm
   b) $\hat{A} = 25°$ $\hat{B} = 45°$ $\hat{C} = 110°$
   c) $a = 12$ m $b = 8$ m $c = 21$ m

2. En un triángulo isósceles el ángulo desigual mide 40°. ¿Cuánto mide cada uno de los ángulos iguales?
   a) 70° c) No se puede saber
   b) 140° d) 50°

3. El vértice del ángulo recto de un triángulo rectángulo es también un punto notable de este. ¿De cuál se trata?
   a) Incentro. c) Ortocentro.
   b) Baricentro. d) Circuncentro.

4. Una escalera de los bomberos mide 36 m. Si está apoyada en la pared de un edificio, de forma que su pie se aleja de la pared 6 m, ¿a qué piso podrán subir como máximo si cada uno tiene una altura de 3 m?
   a) Hasta el 9.º piso. c) Hasta el 11.º piso.
   b) Hasta el 10.º piso. d) Hasta el 12.º piso.

5. El lado desconocido de este triángulo mide:
   a) 9 c) 12
   b) 10 d) 25

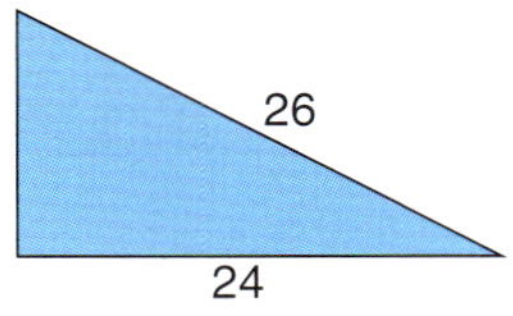

6. El área del rectángulo de la figura es de 12 cm². ¿Cuánto mide su diagonal?
   a) 3 cm c) 5 cm
   b) 4 cm d) 6 cm

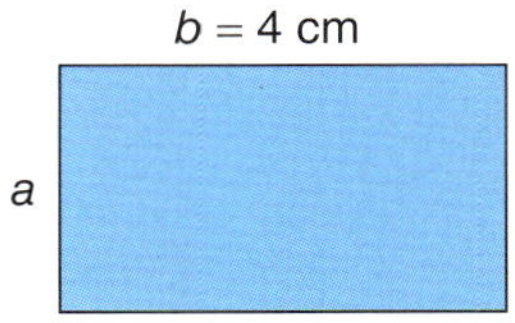

7. El siguiente dibujo muestra el incentro de un triángulo y la circunferencia inscrita en él. ¿Qué propiedad tiene este punto?

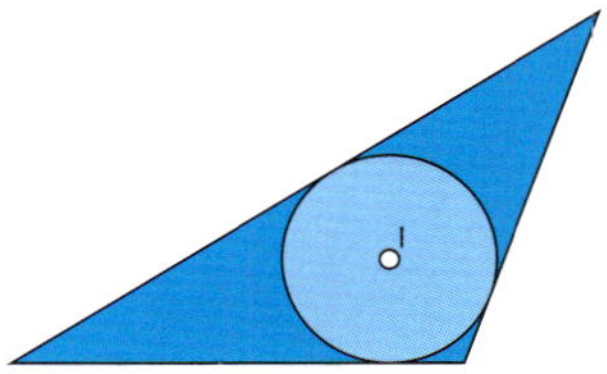

   a) Equidista de los lados del triángulo.
   b) Equidista de los vértices del triángulo.
   d) En triángulos rectángulos se sitúa en la hipotenusa.

Soluciones: 1. c - 2. a - 3. c - 4. c - 5. b - 6. c - 7. a

Mis progresos

Unidad 10	Sobresaliente ¡Soy muy competente!	Bien Soy competente, pero puedo mejorar	Suficiente Soy competente, pero debo mejorar	Insuficiente Me faltan competencias. ¡Debo esforzarme mucho más!
¿Sé aplicar lo aprendido?	Defino los elementos característicos de los triángulos y los clasifico atendiendo tanto a sus lados como a sus ángulos.	Defino los elementos característicos de los triángulos, pero no los clasifico correctamente todos atendiendo a sus lados o a sus ángulos.	Defino los elementos característicos de los triángulos, pero no los clasifico atendiendo ni a sus lados ni a sus ángulos.	No defino los elementos característicos de los triángulos.
Sé hacer...	Aplico el teorema de Pitágoras en cualquier situación.	Aplico el teorema de Pitágoras en triángulos dados y en algunas situaciones reales.	Aplico el teorema de Pitágoras solo en triángulos dados.	No aplico el teorema de Pitágoras en ninguna situación.
La tecnología y yo...	Utilizo las tecnologías de la información para realizar representaciones gráficas.	Utilizo las tecnologías de la información para realizar algunas representaciones gráficas.	Me cuesta utilizar las tecnologías de la información para realizar representaciones gráficas.	No utilizo las tecnologías de la información para realizar representaciones gráficas.
¿Sé trabajar en grupo?	Defiendo mis ideas y acepto otras diferentes justificadas.	Defiendo mis ideas, pero me cuesta aceptar otras diferentes justificadas.	Defiendo mis ideas, pero no acepto otras diferentes justificadas.	No soy capaz de defender mis ideas ni de aceptar otras diferentes justificadas.

11 Polígonos

En esta unidad

1. Polígonos
2. Polígonos regulares
3. Construcción de polígonos regulares
4. Simetría de figuras planas
5. Cuadriláteros
6. Paralelogramos

	Vamos a aprender a...	Competencias
Saberes científicos	- Clasificar los polígonos regulares atendiendo al número de lados. - Clasificar los cuadriláteros y paralelogramos atendiendo al paralelismo entre sus lados opuestos y conociendo sus propiedades referentes a ángulos, lados y diagonales. - Construir polígonos regulares.	CMCT, CPAA
Lectura y comprensión	- Mostrar organización, orden y trabajo sistemático en la resolución de problemas. - Revisar la coherencia de las soluciones obtenidas en el contexto del problema y resolver algún problema de varias maneras.	CMCT, CCL
Tratamiento de la información y competencia digital	- Realizar búsquedas en la Red de una manera sistematizada y crítica comparando diversas opciones. - Utilizar las tecnologías de la información para realizar representaciones gráficas.	CMCT, CD
Aprende a aprender ciencia	- Aproximar los resultados con la precisión adecuada. - Reconocer la importancia del dominio de las operaciones y procedimientos matemáticos como herramientas que facilitan la resolución de problemas.	CMCT, CPAA, SIE
La ciencia en la sociedad	- Presentar las actividades oralmente o por escrito, con orden, claridad y limpieza. - Justificar y exponer, con el rigor acorde al nivel, procesos y resultados.	CMCT, CSC
Proyecto: La espiral áurea	- Construir cuadrados inscritos.	CMCT, CPAA, SIE, CCL, CD

Nota: competencia matemática y competencias básicas en ciencia y tecnología (CMCT), competencia en comunicación lingüística (CCL), competencias sociales y cívicas (CSC), competencia para aprender a aprender (CPAA), competencia digital (CD), sentido de la iniciativa y espíritu emprendedor (SIE), conciencia y expresiones culturales (CEC).

Las torres

La próxima vez que salgas a la calle y te cruces con una torre, de un campanario, de un castillo, de un edificio civil..., fíjate en la forma que tiene la base: te sorprenderás al comprobar que son cuadrados, hexágonos, octógonos, etc.

La matemática a nuestro alrededor

- Los polígonos, además de en las construcciones, los podemos encontrar en múltiples situaciones:
  - En las señales de tráfico.
  - En los electrodomésticos.
  - En el coche.
- Busca a tu alrededor otras situaciones en las que haya polígonos regulares.
- Busca en Internet otras situaciones de la vida diaria en la que haya polígonos regulares, cuadriláteros y paralelogramos.

1. Polígonos

Observemos las líneas del margen. Si nos fijamos, podemos ver que están compuestas de varios segmentos unidos por sus extremos. Este tipo de líneas se denominan líneas poligonales.

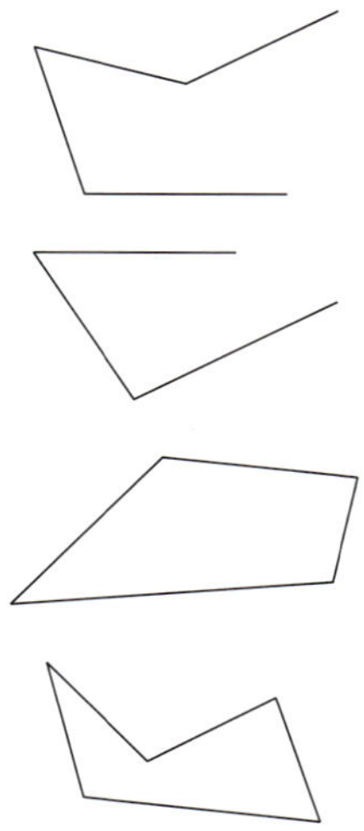

Una **línea poligonal** es una secuencia de segmentos unidos por los extremos.

Un **polígono** es la superficie engendrada por una línea poligonal cerrada.

1.1. Elementos de un polígono

- **Lados**: son los segmentos que limitan la superficie.
- **Vértices**: son los puntos de unión de los segmentos.
- **Ángulos**:
  - **Interiores**: son las regiones, dentro de la línea poligonal, creadas por dos lados consecutivos.
  - **Exteriores**: son las regiones, fuera de la línea poligonal, limitadas por dos lados consecutivos.
- **Diagonales**: son los segmentos que unen dos vértices no consecutivos.

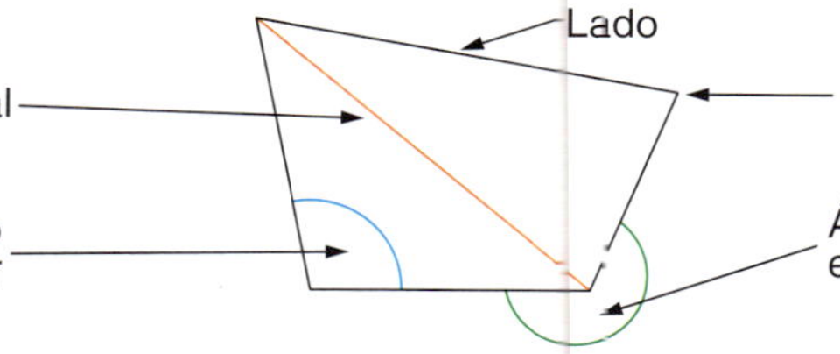

> **!**
> ### La palabra *polígono*
> El término *polígono* no hace referencia a los lados, sino a los ángulos. Proviene del griego *polys*, que significa 'mucho', y *gonia*, que quiere decir 'ángulo'.
>
> Polígono = muchos ángulos.

1.2. Clasificación de los polígonos

- Diremos que un polígono es **convexo** si todos sus ángulos interiores son menores de 180°.
- Diremos que un polígono es **cóncavo** si alguno de sus ángulos interiores es mayor de 180°.

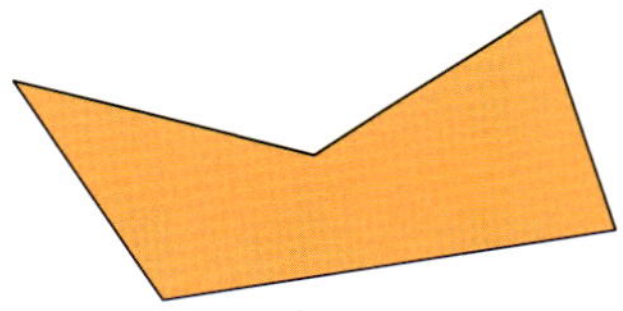

Polígono cóncavo

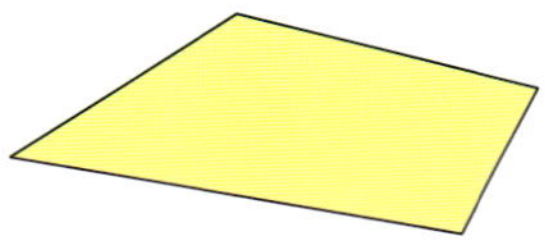

Polígono convexo

a Ejercicios y actividades

1. De las siguientes figuras, identifica las que son polígonos y las que no:

a) 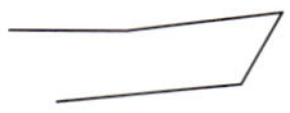 b) 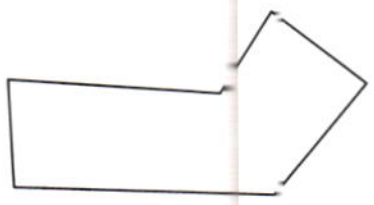 c) 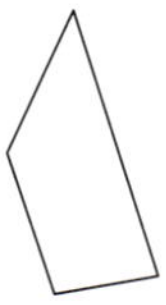 d)  e) 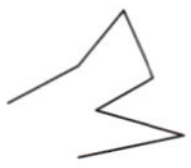

2. Clasifica los polígonos anteriores en cóncavos y convexos. Identifica sus elementos.

3. Identifica los lados, vértices, diagonales y ángulos del siguiente polígono.

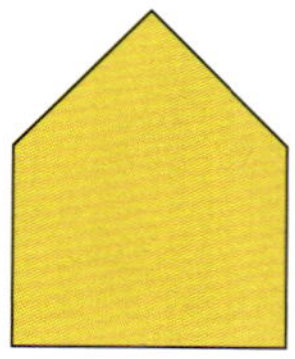

2. Polígonos regulares

Los **polígonos regulares** son aquellos que tienen todos sus lados y sus ángulos iguales.

Una característica común a todos estos polígonos es que se pueden inscribir en una circunferencia, o lo que es lo mismo, existe una circunferencia circunscrita al polígono.

Los polígonos regulares más habituales son los que presentamos en el margen.

2.1. Elementos de los polígonos regulares

- Centro del polígono: coincide con el centro de la circunferencia circunscrita.
- Radio del polígono: coincide con el radio de la circunferencia circunscrita.
- Apotema: es el segmento que une el punto medio de cada lado con el centro del polígono.
- Ángulo central: es el ángulo formado por dos radios consecutivos.

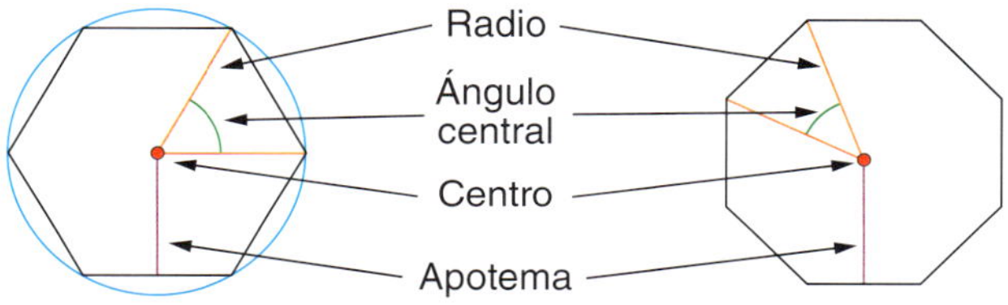

Podemos calcular la apotema utilizando el teorema de Pitágoras, ya que en cualquiera de las figuras anteriores encontramos triángulos isósceles cuyos lados iguales son dos radios consecutivos y cuya base es el lado del polígono regular. Sabiendo que la apotema tiene uno de sus extremos en el punto medio del lado, nos queda:

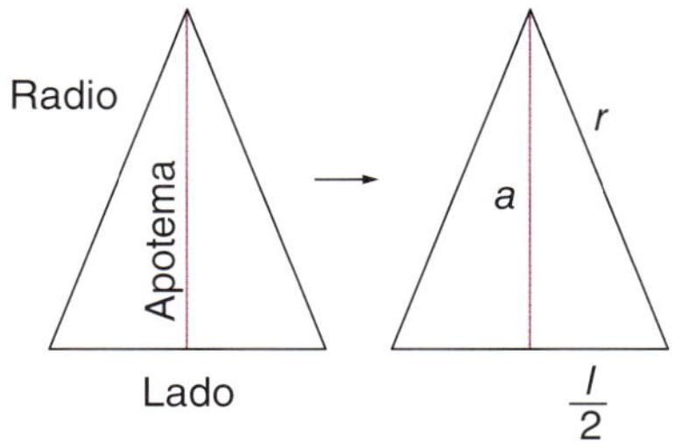

$$r^2 = a^2 + \left(\frac{l}{2}\right)^2 \rightarrow a = \sqrt{r^2 - \left(\frac{l}{2}\right)^2}$$

! **Recuerda**

Los polígonos regulares son aquellos que tienen todos sus lados y sus ángulos iguales.

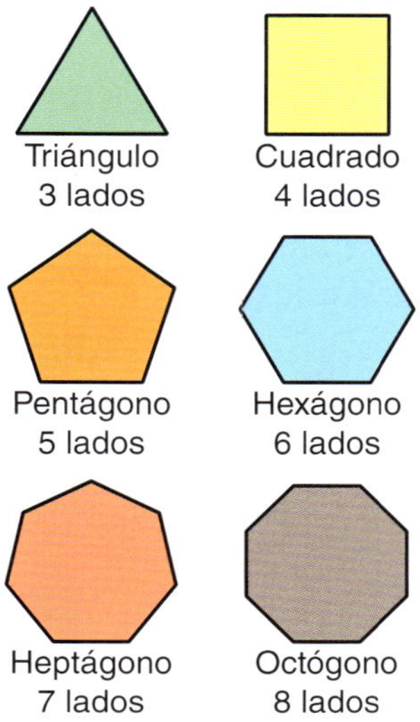

e Ejercicios y actividades resueltos

¿Cuánto mide la apotema de un hexágono regular de 4 cm de lado?

En un hexágono regular, el lado coincide con el radio; por tanto:

$$a = \sqrt{r^2 - \left(\frac{l}{2}\right)^2} = \sqrt{4^2 - \left(\frac{4}{2}\right)^2} = \sqrt{16 - 4} = \sqrt{12} = 3{,}46 \text{ cm}$$

a Ejercicios y actividades

4. Dibuja el centro, el radio, la apotema y el ángulo central en los siguientes polígonos:

a) 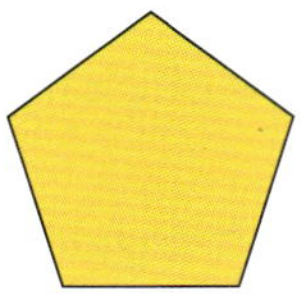 b) 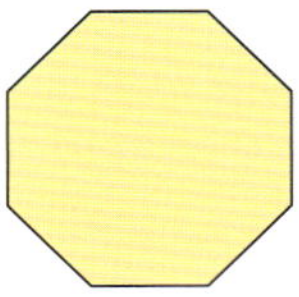

5. Calcula la medida del radio de los polígonos anteriores sabiendo que el lado del pentágono mide 10 cm y el del octógono, 6 cm y las apotemas 6,9 cm y 7,2 cm respectivamente.

3. Construcción de polígonos regulares

3.1. Triángulo equilátero

Vamos a construirlo inscrito en una circunferencia. Lo que nos interesa en este caso es el radio de esta.

1. Construimos una circunferencia de radio *r*.
2. Desde cualquier punto *A* de la circunferencia trazamos dos arcos de la longitud del radio. Estos arcos cortan esta en otros puntos *B* y *C*.
3. Desde *B* volvemos a trazar un arco que corta la circunferencia en *D*. Desde *D* trazamos otro que corta la circunferencia en *E* y desde *E*, el arco que la corta en *F*.
4. Construimos los segmentos $\overline{BE}$, $\overline{EC}$ y $\overline{CB}$, y obtenemos el triángulo equilátero inscrito en la circunferencia de radio *r*.

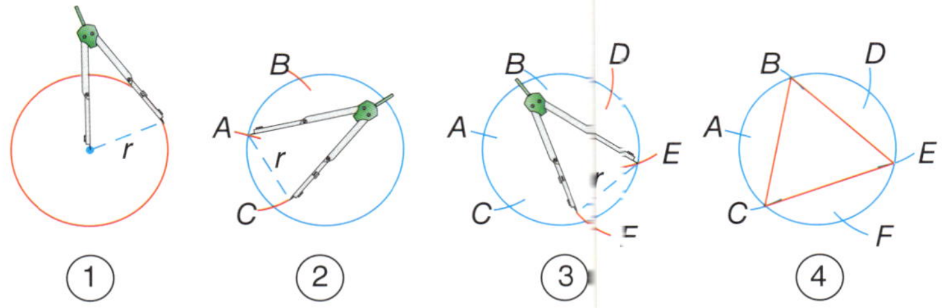

3.2. Cuadrado

Como en el caso del triángulo, lo construimos inscrito en una circunferencia y el dato que nos interesa es el radio.

1. Construimos una circunferencia de radio *r*.
2. Desde un punto *A* de la circunferencia trazamos un diámetro d_1 de esta. A continuación construimos un segundo diámetro d_2 perpendicular a d_1 con escuadra y cartabón.
3. Podemos observar que tenemos cuatro puntos de corte generados por los dos diámetros. Estos puntos *A*, *B*, *C* y *D* son los vértices del cuadrado y, por tanto, solo tenemos que unirlos para obtener el cuadrado inscrito en la circunferencia de radio r.

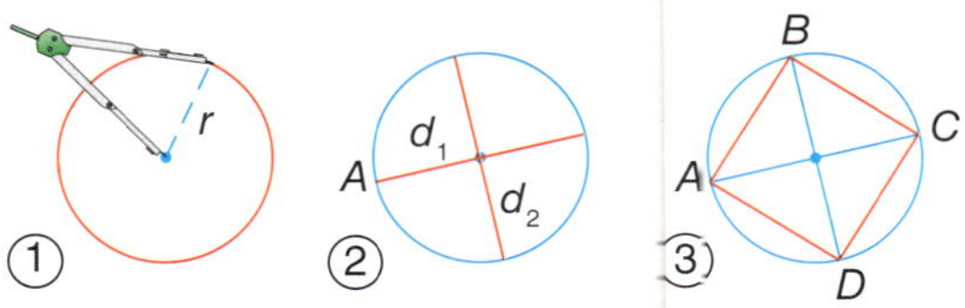

a Ejercicios y actividades

6. Dibuja en tu cuaderno una circunferencia de 4 cm de radio e inscribe en ella un cuadrado. Calcula la medida del lado del cuadrado y compruébalo en el dibujo.
7. Dibuja en tu cuaderno una circunferencia de 5 cm de radio e inscribe en ella un triángulo equilátero.
8. Comprueba en el dibujo anterior que la longitud del lado del triángulo inscrito en una circunferencia de radio *r* es $l = \sqrt{3} \cdot r$.

3.3. Hexágono

En este caso da igual que nos den el lado o el radio de la circunferencia circunscrita, ya que ambos coinciden.

1. Construimos una circunferencia de radio *r*.
2. Desde un punto *A* de la circunferencia trazamos un arco de la longitud del radio. Este arco corta la circunferencia en los puntos *B* y *C*.
3. Desde *B* volvemos a trazar un arco que corte la circunferencia en el punto *D*. Desde *D* trazamos otro arco que la corte en *E* y desde *E*, otro que corte en *F*.
4. Construimos los segmentos $\overline{AB}$, $\overline{BD}$, $\overline{DE}$, $\overline{EF}$, $\overline{FC}$ y $\overline{CA}$. Ya tenemos el hexágono de lado r.

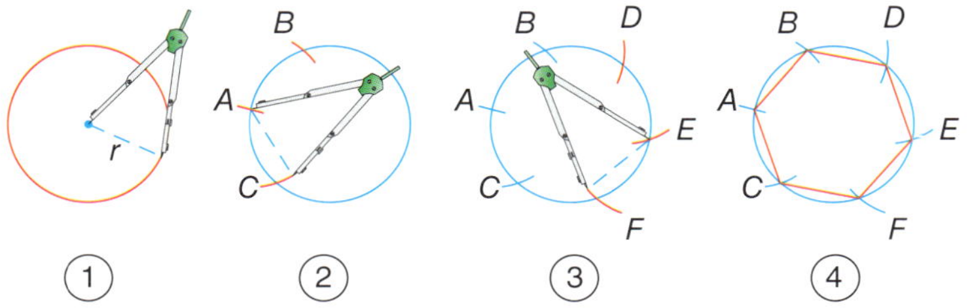

3.4. Octógono

Lo construimos inscrito en una circunferencia de radio *r*.

1. Construimos una circunferencia de radio *r*.
2. Desde un punto *A* de la circunferencia trazamos un diámetro d_1 de esta. A continuación construimos un segundo diámetro d_2 perpendicular a d_1 con escuadra y cartabón.
3. Podemos observar que tenemos cuatro puntos de corte generados por los diámetros d_1 y d_2. Estos puntos *A, B, C* y *D* son los vértices del cuadrado inscrito en la circunferencia de radio *r*.
4. Por los puntos medios de los lados $\overline{AB}$ y $\overline{BC}$ construimos los diámetros d_3 y d_4.
5. Tenemos ocho puntos de corte (A, A_1, B, B_1, C, C_1, D y D_1). Estos son los puntos que delimitan el octógono.

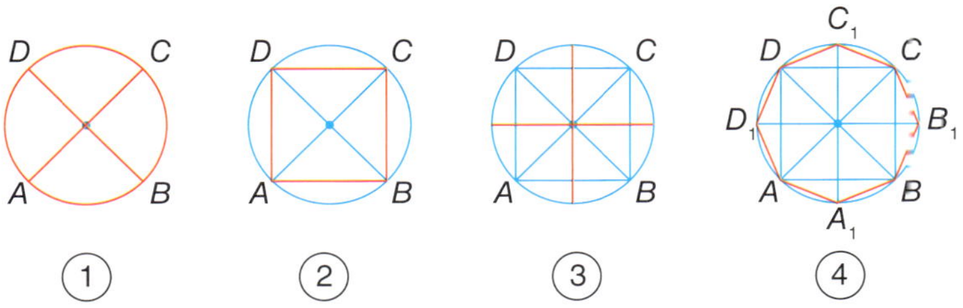

a Ejercicios y actividades

9. Dibuja en tu cuaderno una circunferencia de 5 cm de radio e inscribe en ella un hexágono regular. ¿Cuánto mide la apotema del hexágono?
10. Dibuja una circunferencia de 4 cm de lado e inscribe en ella un octógono regular.
11. Construye un hexágono regular de 3 cm de lado.

4. Simetría de figuras planas

4.1. Simetría

- **Eje de simetría:** es una recta que hace de referencia o «espejo» a la hora de representar los puntos simétricos.
- **Puntos simétricos:** dos puntos son simétricos respecto de un eje de simetría si están situados sobre una misma recta perpendicular al eje y ambos están a la misma distancia de este.

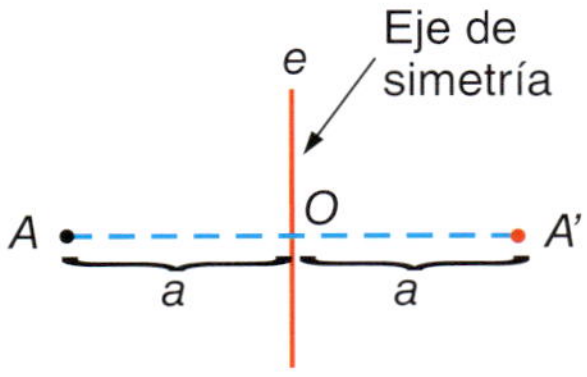

EJEMPLO

- En la figura que aparece al margen observamos el eje de simetría y los puntos A y A'. Pues bien, se cumple:

$$\text{longitud } (\overline{AO}) = \text{longitud } (\overline{OA'}) = a$$

Y puesto que $\overline{AA'}$ es perpendicular al eje de simetría, los puntos A y A' son simétricos. También decimos que A' es simétrico a A respecto del eje e.

EJEMPLO

- 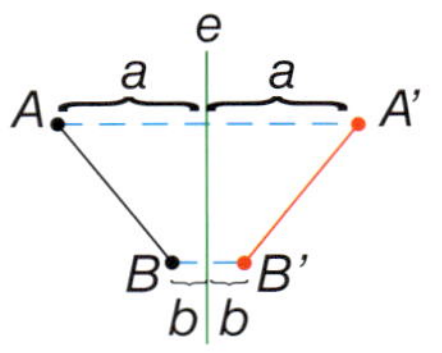

Los segmentos $\overline{AB}$ y $\overline{A'B'}$ son simétricos porque son simétricos por un lado los puntos A y A' y por el otro B y B'.

4.1.1. Simetría de segmentos

Dos segmentos son simétricos si son simétricos todos los puntos que los componen. En realidad, solo es necesario estudiar la relación de simetría en los extremos.

4.1.2. Simetría de figuras planas

Una figura plana es simétrica si existe un eje que divide a la figura en dos partes simétricas.

EJEMPLO

- 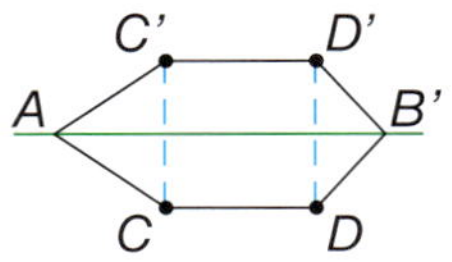

La figura $AC'D'B'DC$ es una figura simétrica, pues existe un eje que la divide en dos partes simétricas. Los segmentos simétricos son:

$\overline{AC}$ y $\overline{AC'}$

$\overline{CD}$ y $\overline{C'D'}$

$\overline{DB'}$ y $\overline{D'B'}$

4.2. Simetrías en la naturaleza

Las figuras simétricas nos rodean. Observemos algunos ejemplos:

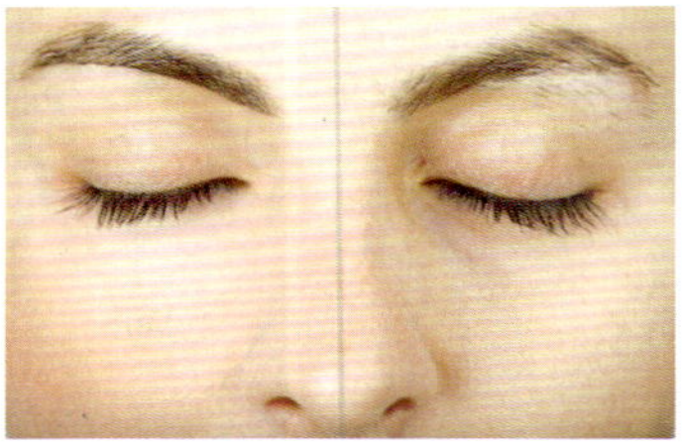

a Ejercicios y actividades

12. Representa en tu cuaderno las figuras simétricas a las siguientes respecto de los ejes marcados:

a) 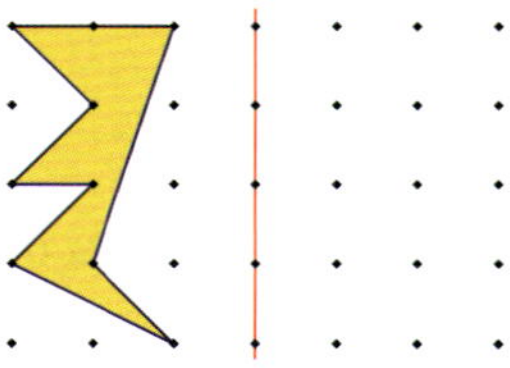

b) 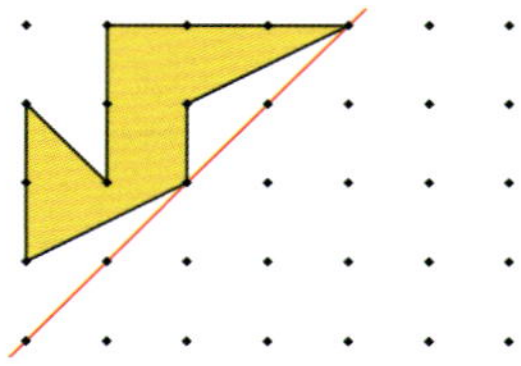

13. Indica los ejes de simetría en las siguientes figuras:

a) Hexágono regular b) Triángulo equilátero c) Pentágono de la actividad 3

5. Cuadriláteros

Los **cuadriláteros** son los polígonos de cuatro lados.

5.1. Clasificación de cuadriláteros

Los cuadriláteros se clasifican en función de los lados paralelos que tengan.

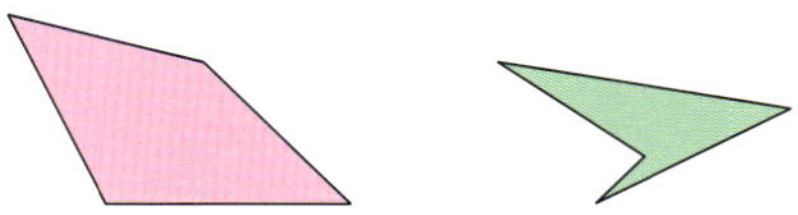

Trapezoides

5.1.1. Trapezoides

Los **trapezoides** son cuadriláteros que no tienen lados paralelos.

5.1.2. Trapecios

Un **trapecio** es un cuadrilátero que tiene dos lados paralelos y dos que no lo son. A los lados paralelos los llamamos **bases** y la distancia entre las bases es la **altura** del trapecio.

Podemos distinguir:

- Trapecios rectángulos: son los que tienen dos ángulos rectos.
- Trapecios isósceles: son los que tienen iguales los lados no paralelos.

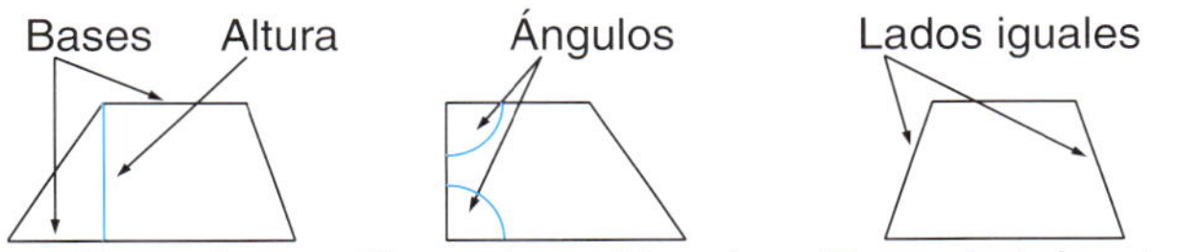

Trapecio — Trapecio rectángulo — Trapecio isósceles

5.1.3. Paralelogramos

Un **paralelogramo** es un cuadrilátero que tiene los lados paralelos dos a dos.

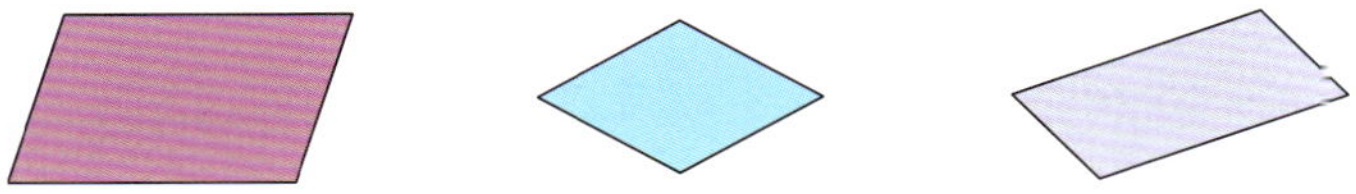

a Ejercicios y actividades

14. Clasifica los siguientes cuadriláteros:

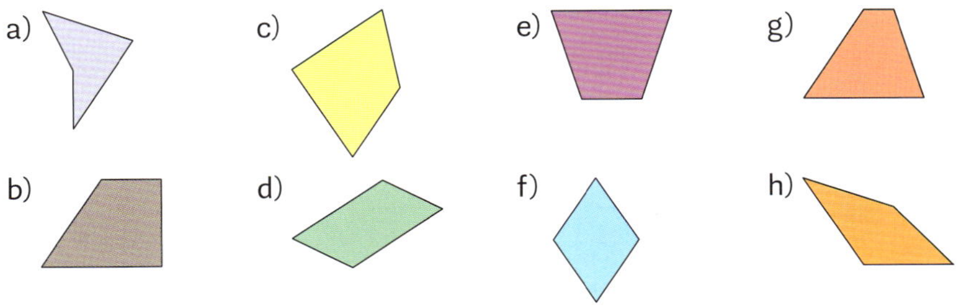

15. Dibuja en tu cuaderno el cuadrilátero denominado «cometa», que tiene la forma del juguete, de forma que sus lados cortos midan 3 cm, los lados largos midan 5 cm y los ángulos iguales, 110° cada uno. ¿Cuánto miden sus diagonales?

6. Paralelogramos

6.1. Características de los paralelogramos

1. Los lados que son paralelos son iguales.
2. Los ángulos opuestos son iguales.

3. Los ángulos consecutivos son suplementarios.

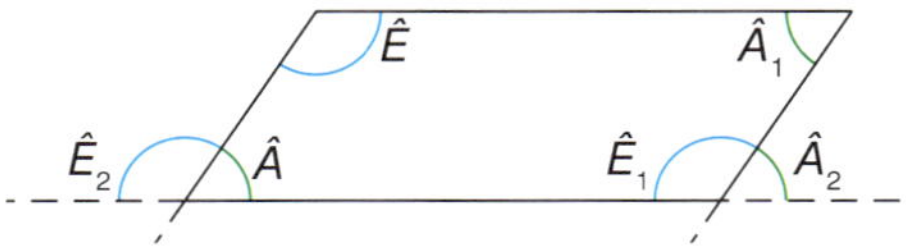

$\hat{E} = \hat{E}_2$ y $\hat{A}_1 = \hat{A}_2$ por ser alternos internos.

4. La suma de los cuatro ángulos interiores es 360°.

$$180° = \hat{A} + \hat{E}_2 = \hat{A} + \hat{E}$$
$$180° = \hat{E}_1 + \hat{A}_2 = \hat{E}_1 + \hat{A}_1$$
$$\hat{A} + \hat{E} + \hat{E}_1 + \hat{A}_1 = 180° + 180° = 360°$$

5. Las diagonales se cortan en el punto medio.

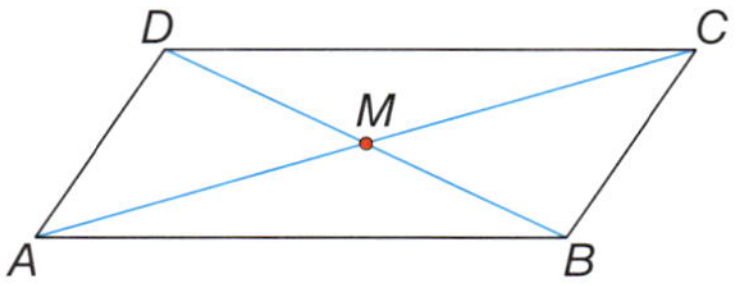

$AM = MC$; $BM = MD$

6.2. Clasificación de los paralelogramos

6.2.1. Romboide

Un **romboide** es un paralelogramo que tiene los lados paralelos e iguales dos a dos, pero distintos entre ellos.

Llamamos base al lado sobre el que se apoya el romboide y la altura es la distancia que la separa de su lado paralelo correspondiente.

!

Atención

Hay que tener cuidado, porque un romboide puede apoyarse sobre cualquiera de sus cuatro lados; por lo tanto, habrá que calcular la altura en función del lado en que se apoye. Podemos verlo en el ejemplo: son el mismo romboide, pero situado en distinta posición.

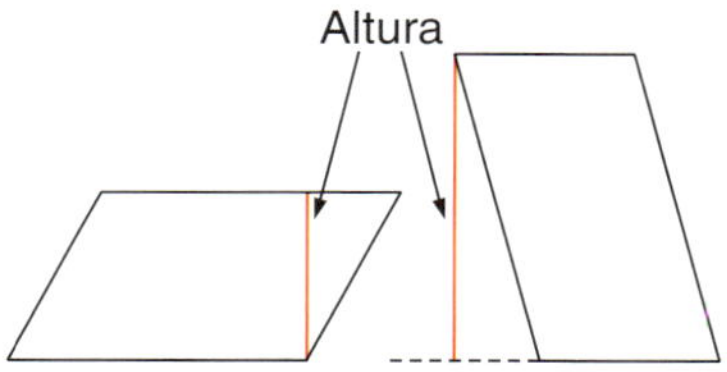

a Ejercicios y actividades

16. Dibuja en tu cuaderno un paralelogramo cuyos lados cortos midan 4 cm; los lados largos, 6 cm, y los ángulos obtusos, 120°.
17. Indica si las siguientes afirmaciones son verdaderas o falsas:

	Verdadero	Falso
Las diagonales de un paralelogramo miden igual.		
El paralelogramo tiene solo dos lados paralelos.		
Los cuatro lados de un paralelogramo son iguales.		
Los ángulos contiguos de un paralelogramo suman 180°.		
Las diagonales de un paralelogramo se cortan en el punto medio.		
Las diagonales de un paralelogramo forman un ángulo recto.		

6.2.2. Rombo

Un rombo es un cuadrilátero que tiene los cuatro lados iguales.

Un rombo posee dos diagonales: la diagonal mayor y la diagonal menor.

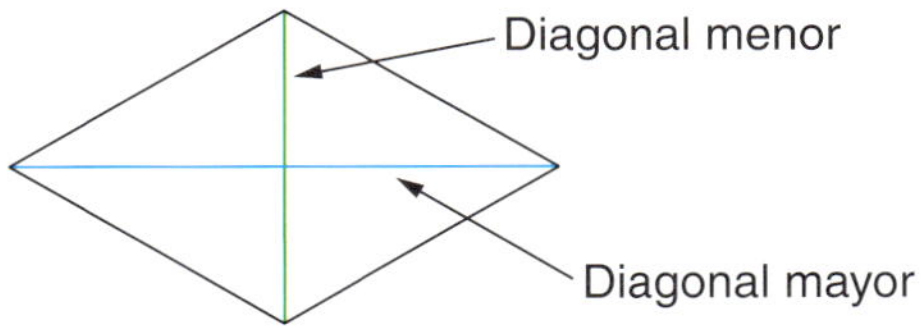

6.2.3. Rectángulo

Un rectángulo es un paralelogramo que tiene los cuatro ángulos interiores rectos.

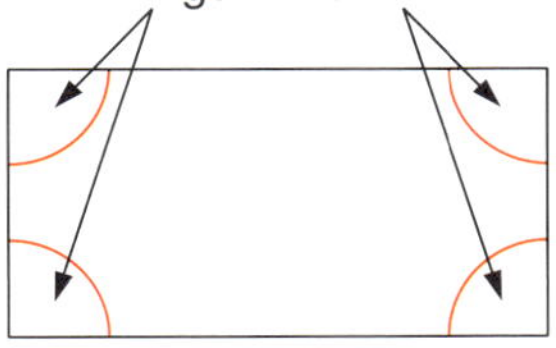

6.2.4. Cuadrado

Un cuadrado es un paralelogramo con los cuatro ángulos interiores rectos y los cuatro lados iguales.

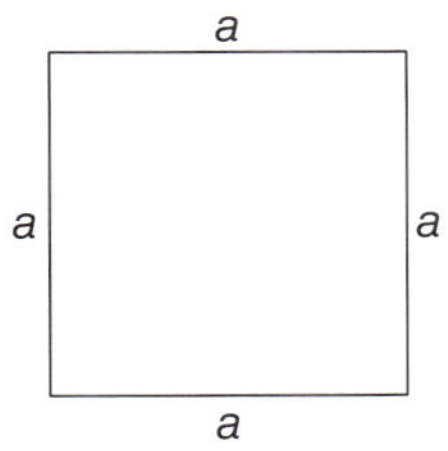

a Ejercicios y actividades

18. Clasifica los siguientes paralelogramos:

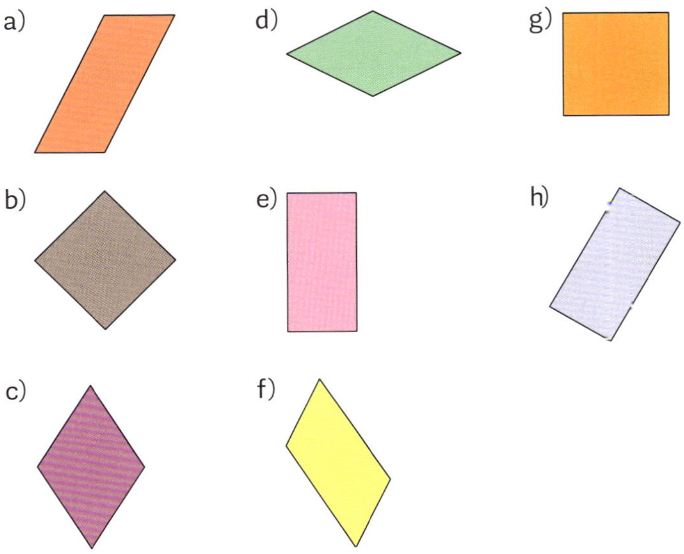

!

B. Russell dijo...

«Las matemáticas no solamente poseen la verdad, sino la suprema belleza, una belleza fría y austera, como la de la escultura, sin atractivo para la parte más débil de nuestra naturaleza...»

Bertrand Russell fue un matemático y filósofo que nació en Reino Unido en 1872 y murió en 1970.

Utilizó las matemáticas como herramienta para desarrollar su pensamiento filosófico. De hecho, sus aportaciones en el estudio de la lógica han influido de una forma muy importante en toda la filosofía del siglo XX.

Bertrand Russell fue una de las mayores personalidades del siglo XX. Además de matemático y filósofo, también destacó como escritor, hasta tal punto que en 1950 recibió el Premio Nobel de Literatura. Además, fue uno de los mayores representantes de los movimientos pacifistas que vivieron en el siglo XX.

Construcción de polígonos regulares con GeoGebra

Como habrás podido comprobar, el programa GeoGebra es muy fácil de manejar. Ahora vamos a aprender a construir polígonos regulares. Sigue los siguientes pasos:

1. Represента dos puntos en *A* (1, 1) y *B* (3, 1).

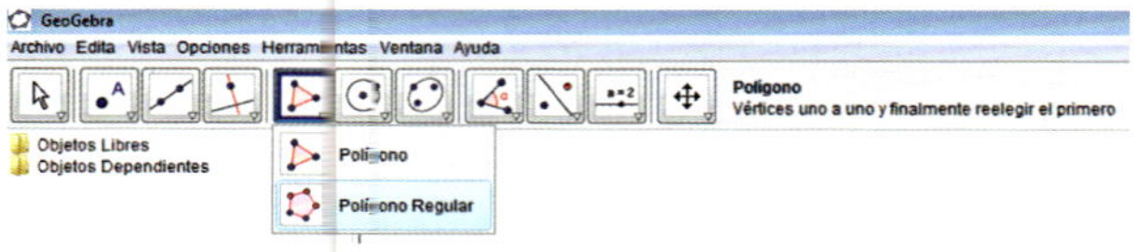

2. Despliega la ventana según aparece en la primera imagen y haz clic en la pestaña Polígono Regular.

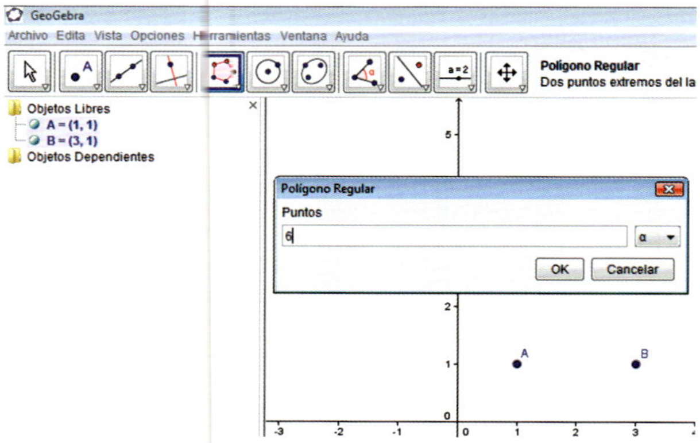

3. Marca los puntos *A* y *B*. El programa nos preguntará por el número de puntos que queremos que tenga el polígono regular. Escribe 6 y pulsa OK.
4. En la última figura puedes ver cómo aparecerá el polígono regular:

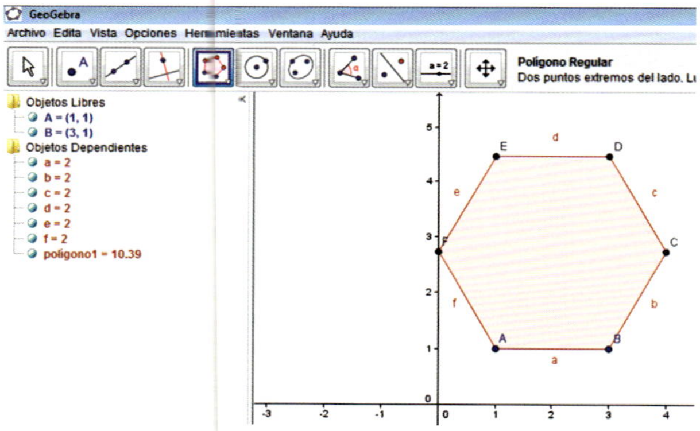

a Ejercicios y actividades

19. Construye con GeoGebra:
    a) Un punto *C* en las coordenadas (0 , 0).
    b) Un punto *D* en las coordenadas (0 , 2).
    c) Construye un pentágono regular de lado $\overline{CD}$.
    d) Construye un cuadrado de lado $\overline{CD}$ de dos maneras distintas.

1. Dale nombre a los elementos de la figura:

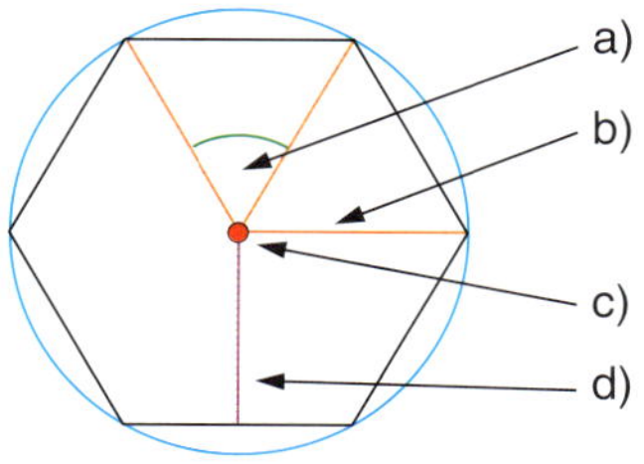

Solución

a) Ángulo central.

b) Radio.

c) Centro del polígono.

d) Apotema.

2. Clasifica los siguientes polígonos:

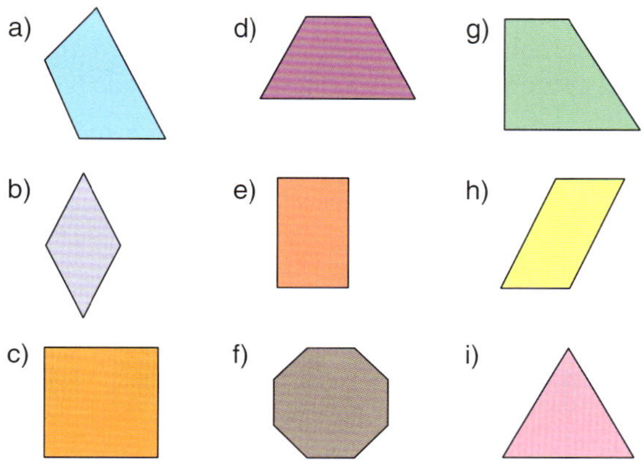

Solución

a) Trapezoide convexo.

b) Rombo.

c) Cuadrado.

d) Trapecio isósceles.

e) Rectángulo.

f) Octógono.

g) Trapecio rectángulo.

h) Paralelogramo.

i) Triángulo equilátero.

3. Inscribe un octógono regular en una circunferencia de 2 cm de radio.

Solución

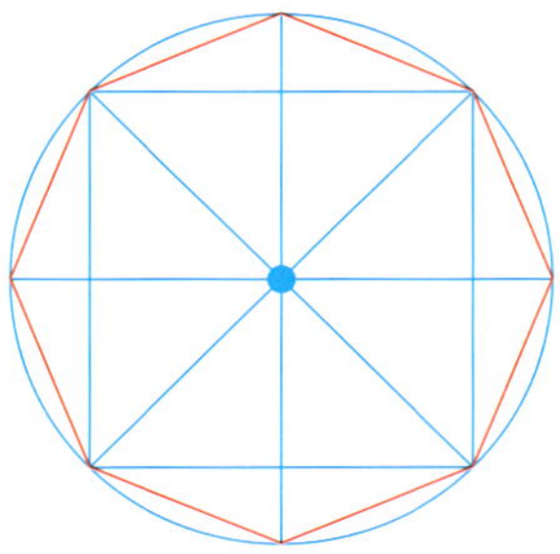

4. Calcula la apotema de un hexágono regular inscrito en una circunferencia de 8 cm de radio.

Solución

$$a = \sqrt{r^2 - \left(\frac{l}{2}\right)^2} = \sqrt{8^2 - \left(\frac{8}{2}\right)^2} = \sqrt{64 - 16} =$$

$$= \sqrt{48} = 6{,}93 \text{ cm}$$

5. Construye un triángulo equilátero de lado:

Solución

1. Desde cada uno de los extremos del segmento $\overline{AB}$ construimos un arco de longitud $\overline{AB}$.
2. El punto donde se cortan los dos arcos es el vértice C. Construimos el lado $\overline{AC}$ y el $\overline{BC}$.

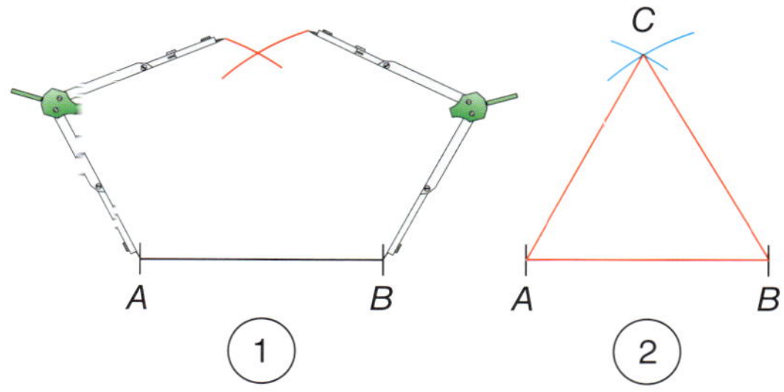

6. En la siguiente circunferencia de radio r, inscribe un hexágono regular:

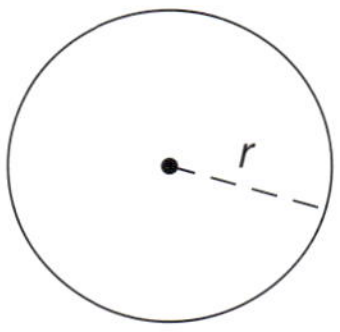

Solución

1. Desde un punto A de la circunferencia trazamos dos arcos de la longitud del radio. Estos arcos cortan la circunferencia en los puntos B y C.
2. Desde B volvemos a trazar un arco que corta la circunferencia en D. Desde D trazamos un arco que corta en E y desde C, otro que corta en F.
3. Construimos los segmentos $\overline{AB}$, $\overline{BD}$, $\overline{DE}$, $\overline{EF}$, $\overline{FC}$ y $\overline{CA}$.

   Ya tenemos el hexágono de lado r.

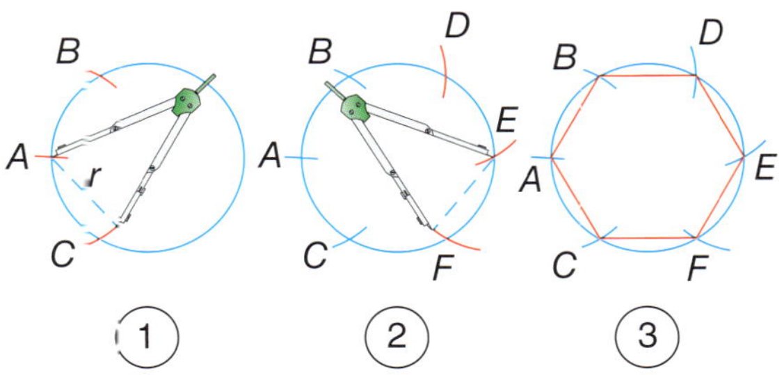

Polígonos. Elementos

1. Señala qué figuras son líneas poligonales y cuáles son polígonos:

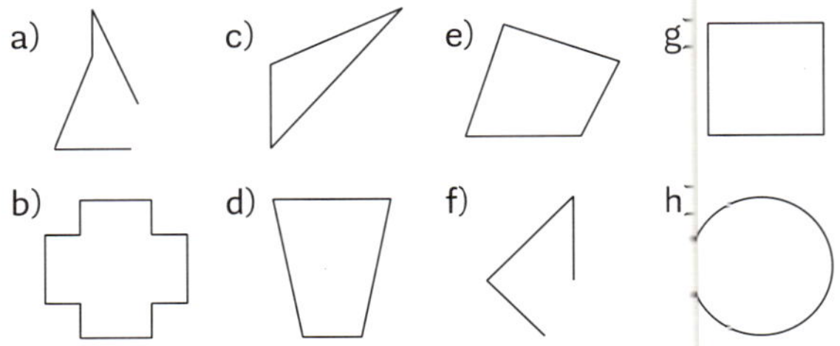

2. Nombra los elementos que aparecen señalados en el siguiente polígono. Justifica que es un polígono convexo.

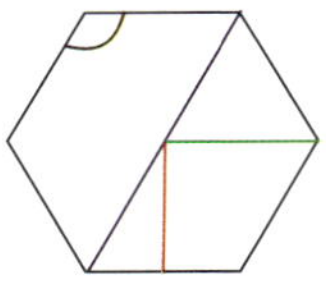

3. Identifica los lados, los vértices, los ángulos y las diagonales de los siguientes polígonos. Justifica que son polígonos cóncavos.

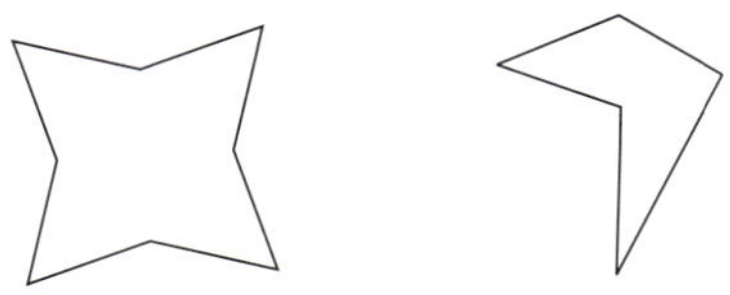

Polígonos regulares

4. Escribe el nombre de los siguientes polígonos regulares:

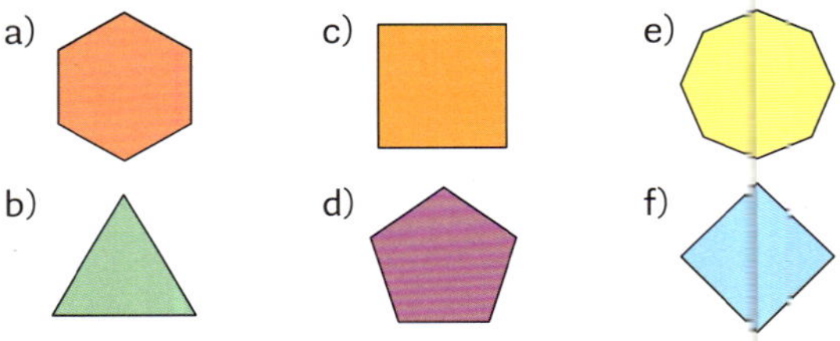

5. En el siguiente cuadrado nombra los elementos dibujados. Si el lado mide 4 cm, ¿cuánto miden los demás elementos?

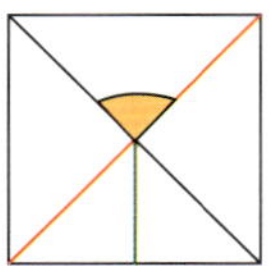

6. Observa los ángulos central (naranja), interior (azul) y exterior (verde) del siguiente octógono y calcula su medida. Para ello, fíjate en los triángulos formados:

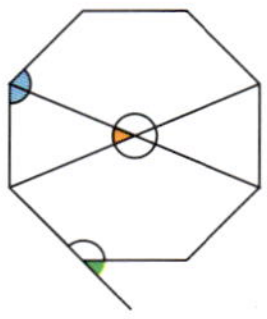

7. Sigue el mismo procedimiento del ejercicio anterior para completar la siguiente tabla sobre la medida de los ángulos centrales, interiores y exteriores de polígonos regulares. ¿Qué observas?

Número de lados	Ángulo central	Ángulo interior	Ángulo exterior
Cuadrado	●●●	●●●	●●●
Pentágono	●●●	●●●	●●●
Hexágono	●●●	●●●	●●●
Heptágono	●●●	●●●	●●●

8. Construye, con el transportador y la regla, un pentágono regular inscrito en una circunferencia de 5 cm de radio teniendo en cuenta la medida de su ángulo central.

9. Un hexágono regular está compuesto a partir de seis triángulos equiláteros. Teniendo en cuenta ese dato, calcula la apotema de un hexágono regular de lado 6 cm.

10. De las siguientes figuras, separa las que sean polígonos regulares de las que no:

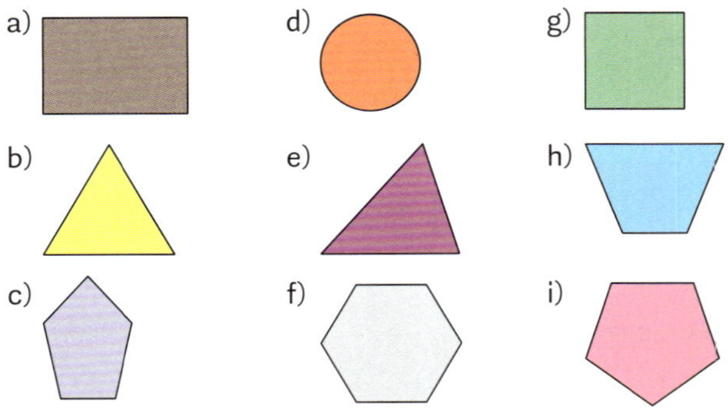

11. En una circunferencia de 8 cm de radio se inscribe un hexágono. ¿Cuánto mide su apotema?

12. ¿Cuánto miden el lado y la diagonal de un cuadrado de apotema 10 cm?

13. Calcula la longitud del lado del pentágono:

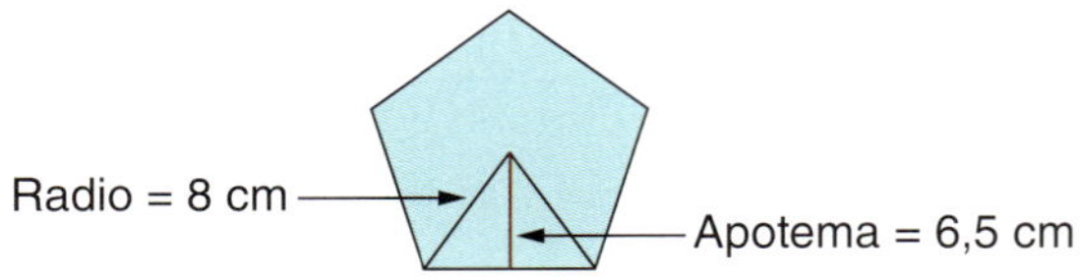

Construcción de polígonos regulares

14. Inscribe un hexágono regular en una circunferencia de 5 cm de radio. ¿Cuánto mide su lado?

15. ¿Qué polígono se forma si se unen de forma alterna los vértices del hexágono del ejercicio anterior?

16. Inscribe un cuadrado en una circunferencia de radio 5 cm. A continuación, inscribe una circunferencia en el cuadrado anterior. ¿Qué segmento del cuadrado es el radio de esta circunferencia? Calcula cuánto mide y compruébalo en el dibujo.

17. Dibuja una circunferencia de radio 5,5 cm e inscribe un hexágono en ella.

a) Calcula la apotema del hexágono.

b) Dibuja una circunferencia con el mismo centro que la anterior y radio igual a la medida de la apotema. ¿Qué observas?

18. Construye un rectángulo cuya diagonal mida 7 cm.

19. Construye un hexágono de 14 cm de diagonal.

Cuadriláteros

20. Clasifica los siguientes cuadriláteros:

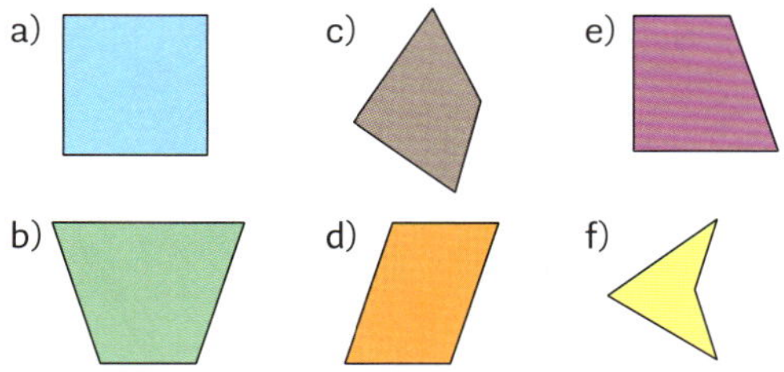

21. Indica todos los cuadriláteros que tienen las siguientes características:

a) Al menos tienen dos lados paralelos.

b) Sus cuatro lados tienen igual longitud.

c) Sus diagonales tienen igual longitud.

d) Al menos dos de sus ángulos son iguales.

e) Sus diagonales se cortan en el punto medio.

22. Dibuja un trapecio rectángulo cuya base menor mida 4 cm, cuya base mayor sea 8 cm y cuya altura sea 3 cm. ¿Cuánto mide cada uno de sus lados?

23. Calcula la longitud de la base menor del siguiente trapecio isósceles:

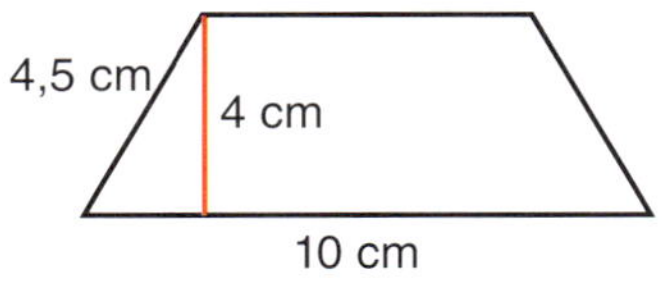

24. Demuestra que los ángulos de cualquier cuadrilátero suman 360°.

25. Un trapecio isósceles tiene 5 m de altura. La diferencia entre las longitudes de sus bases es 8 cm. Calcula la medida de sus lados no paralelos. Con los mismos datos, ¿puede averiguarse la longitud de sus dos bases?

26. Calcula la medida de los ángulos de los siguientes cuadriláteros:

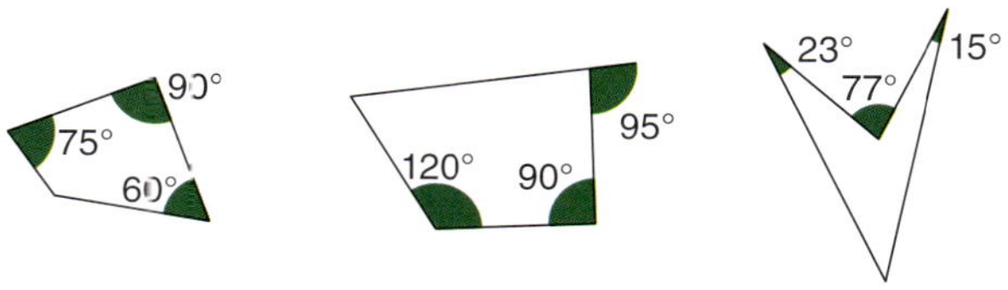

27. Completa en tu cuaderno los siguientes dibujos para formar el cuadrilátero que se pide:

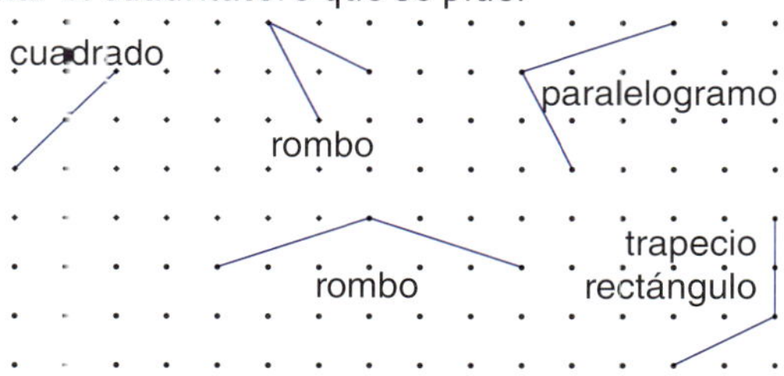

Paralelogramos

28. Clasifica los siguientes paralelogramos:

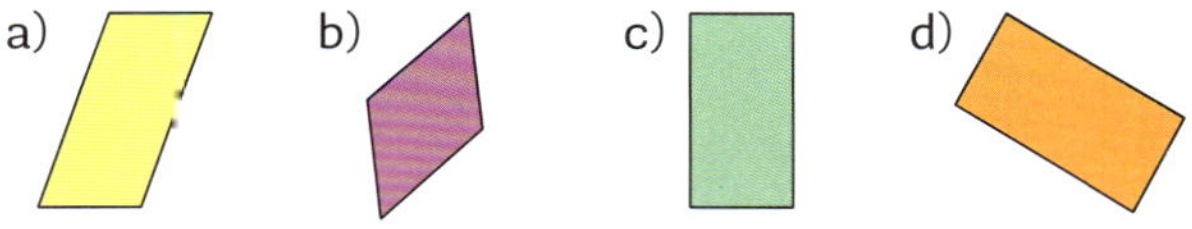

29. Dibuja un rombo cuyas diagonales midan 6 cm y 12 cm respectivamente.

30. Halla la longitud del lado del rombo del ejercicio 29.

31. Indica si las siguientes afirmaciones son verdaderas o falsas. En caso de ser verdaderas, dibuja un ejemplo; en caso de ser falsa, justifica la respuesta.

a) Todos los cuadrados son rectángulos.

b) Todos los rectángulos son paralelogramos.

c) Todos los rombos son cuadrados.

d) Todos los rombos son paralelogramos.

e) Todos los cuadrados son rombos.

Problemas

32. El tamaño de las televisiones se expresa por la longitud de su diagonal, que se mide en pulgadas ("). Si una televisión es de 42" y el lado de la pantalla mide 21", ¿cuánto mide su base?

33. Calcula cuánto suman todos los ángulos interiores y exteriores de un polígono regular. Razona primero con un cuadrado, sigue por un pentágono y así continúa aumentando el número de lados.

34. Calcula la medida de los ángulos del siguiente paralelogramo.

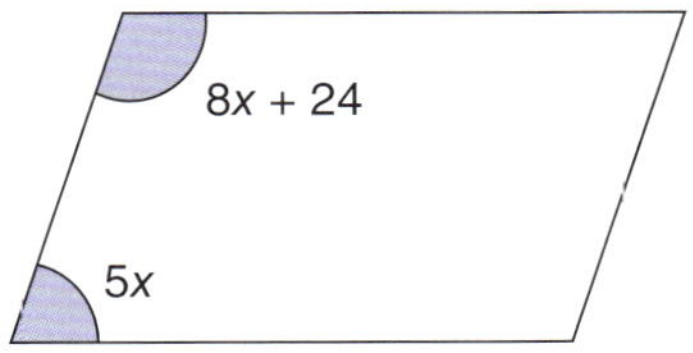

Las simetrías y los polígonos

Recuerda que una figura plana es simétrica si existe un eje que divide a la figura en dos partes simétricas.

Existen muchas figuras en la naturaleza y a nuestro alrededor que son simétricas, como la que aparece en la imagen.

Actividades

Tras la lectura del texto anterior, realiza las siguientes actividades:

Actividad 1: Señala de las siguientes imágenes cuáles tienen simetría:

A	B	C	D

Actividad 2: Para el siguiente hexágono, marca en tu cuaderno al menos tres ejes de simetría:

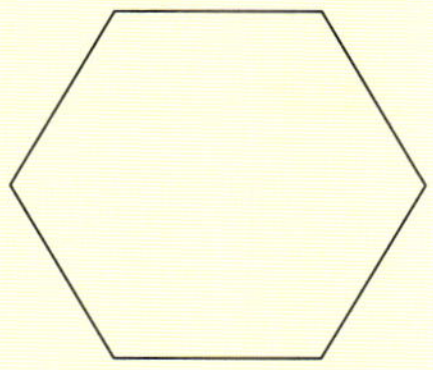

Actividad 3: ¿Cuántos ejes de simetría tiene un triángulo equilátero?

A	1.
B	2.
C	3.
D	4.

Actividad 4: Construye en tu cuaderno la figura simétrica a la que aparece en la imagen:

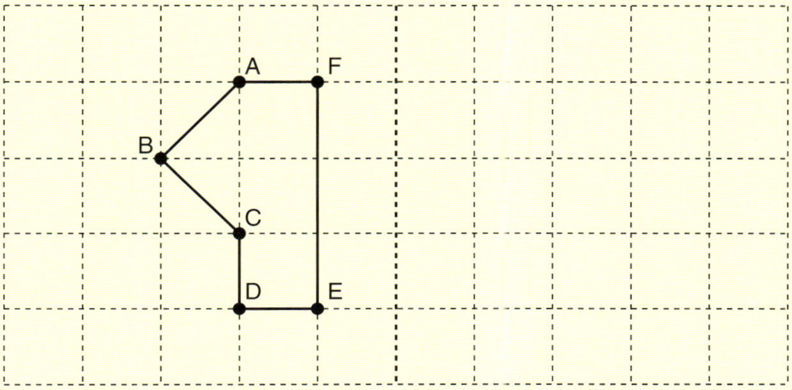

Actividad 5: Indica en tu cuaderno la opción correcta para cada polígono.

Polígono	Simetría	
	Sí	No
Triángulo equilátero	•••	•••
Cuadrado	•••	•••
Pentágono	•••	•••
Hexágono	•••	•••

Actividad 6: De las siguientes figuras indica cuáles son polígonos regulares:

A

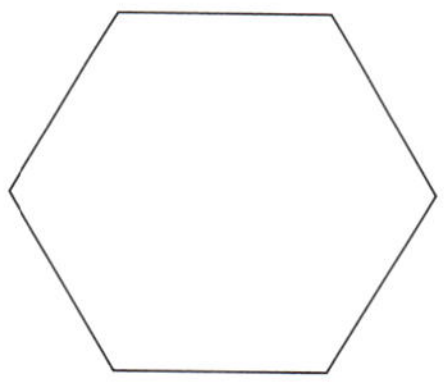

B

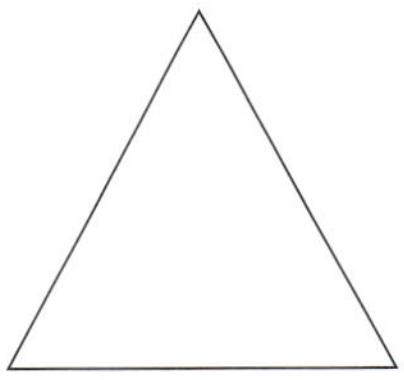

C

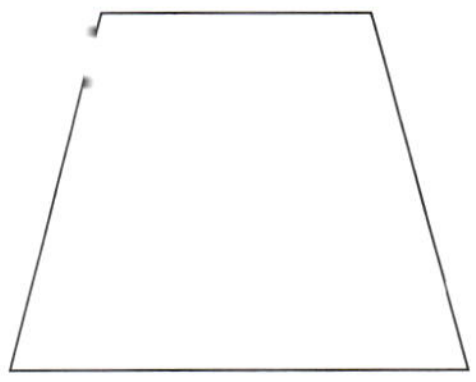

D

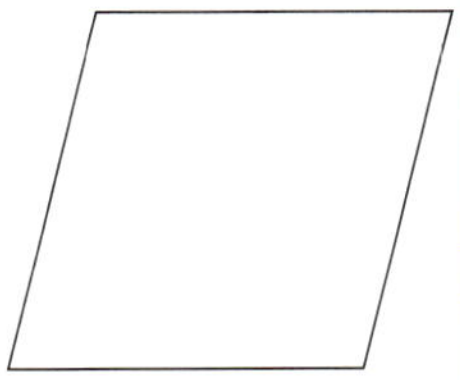

La espiral áurea

Paso 3. Construir una sucesión de cuadrados

En esta unidad construiremos una sucesión de cuadrados para posteriormente construir la espiral áurea. Ya tenemos construido el rectángulo áureo:

1. Lo primero es situarnos ante el rectángulo que construimos hace dos unidades e identificar los elementos que aparecen (CFGD).

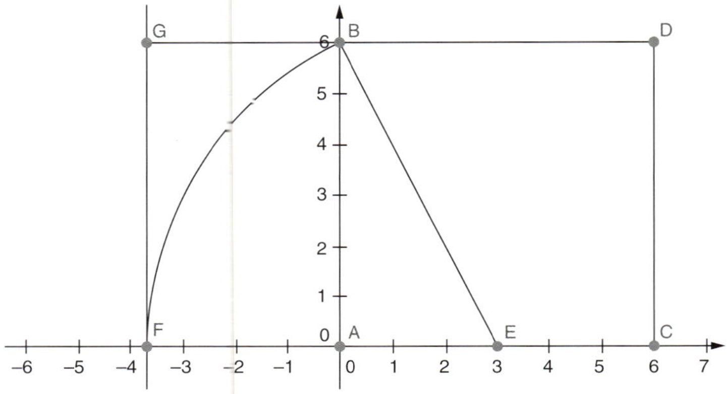

2. Construimos el arco AH de centro F.
3. Trazamos la perpendicular a FG por el punto H hasta cortar a AB en el punto I.
4. Ya tenemos el cuadrado AFHI.
5. Con centro G, trazamos el arco HJ.
6. Trazamos la perpendicular a GB por el punto J hasta cortar a HI en el punto K.
7. Ya tenemos el cuadrado GJKH.
8. Repetir el proceso con centro B.
9. Repetir el proceso con centro I.
10. Repite este proceso tantas veces como puedas.
11. La sucesión de cuadrados debe darte una figura como esta:

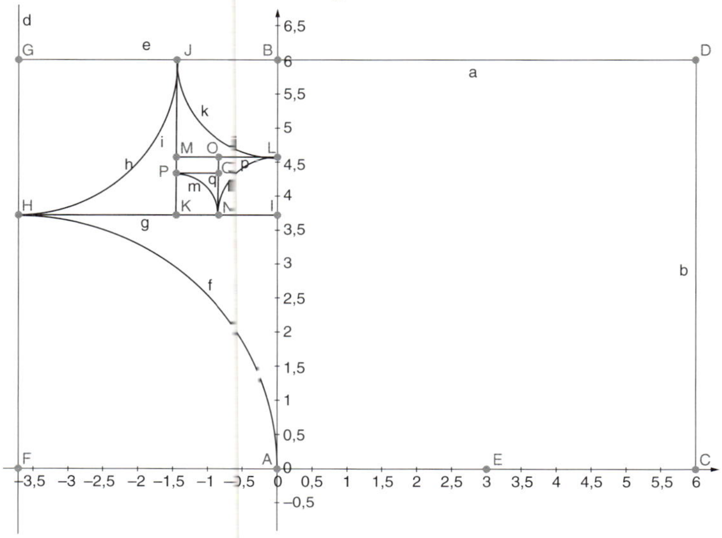

Autoevaluación

1. Observa las siguientes figuras y elige la opción correcta:

a) Los tres polígonos son regulares.
b) Dos polígonos son convexos.
c) Un polígono es convexo.

2. ¿Cuántas diagonales tiene un hexágono?

a) 6 b) 9 c) 15

3. La suma de ángulos interiores de un pentágono es:

a) 72° b) 540° c) 108° d) 360°

4. El ángulo central de un decágono regular mide:

a) 10° b) 72° c) 144° d) 36°

5. Observa la siguiente figura, que muestra las baldosas del suelo de una cocina, que tienen forma de triángulo equilátero. Estas baldosas no dejan ningún hueco porque 360° es un múltiplo (6 × 120°) de su ángulo interior. ¿Qué otros polígonos regulares podrían servir para formar baldosas que cubran el suelo?

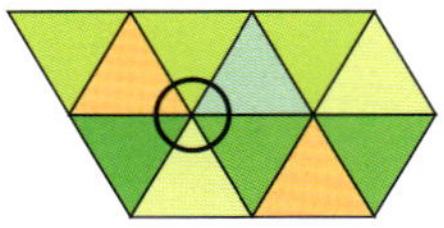

a) El cuadrado.
b) El cuadrado, el pengátono y el hexágono.
c) El cuadrado y el hexágono.

6. La tapa de una mesa tiene forma hexagonal de apotema 0,7 m. ¿Cuánto mide cada uno de los lados del hexágono?

a) 0,8 m b) 0,9 m c) 1 m

7. ¿Cuál es el triángulo simétrico al de color rojo respecto de la recta dibujada?

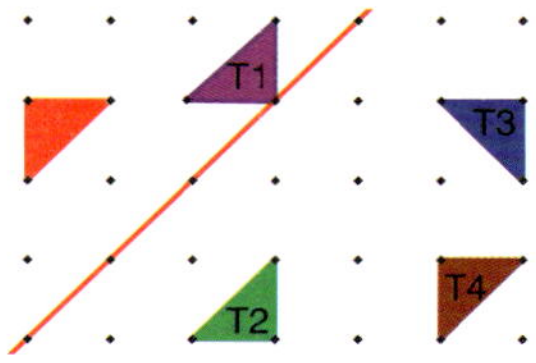

a) T1
b) T2
c) T3
d) T4

8. ¿Cuánto mide el ángulo asociado al vértice D en el siguiente trapecio? Los lados paralelos son AB y DC.

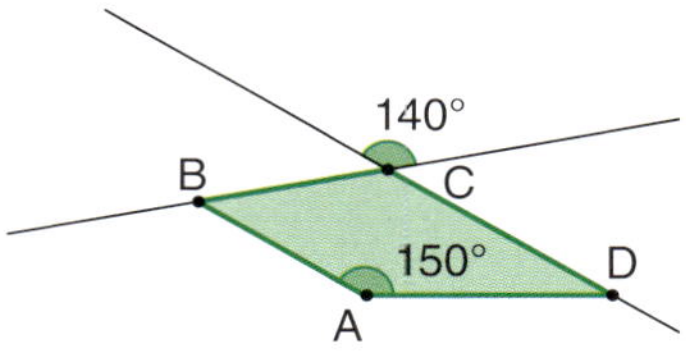

a) 30°
b) 35°
c) 40°
d) 45°

9. ¿Cuánto mide el lado de un rombo cuyas diagonales miden 40 cm y 42 cm, respectivamente?

a) 41 cm b) 30 cm c) 29 cm

10. Clasifica correctamente los cuadriláteros:

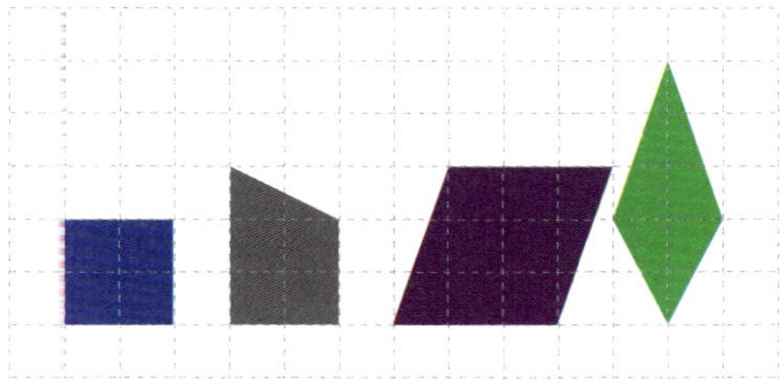

a) Cuadrado-trapezoide-paralelogramo-rombo.
b) Cuadrado-trapecio-rombo-trapezoide.
c) Cuadrado-trapezoide-trapecio-rombo.

Soluciones: 1. b - 2. b - 3. b - 4. d - 5. c - 6. a - 7. b - 8. a - 9. c - 10. b

Mis progresos

Unidad 11	Sobresaliente ¡Soy muy competente!	Bien Soy competente, pero puedo mejorar	Suficiente Soy competente, pero debo mejorar	Insuficiente Me faltan competencias. ¡Debo esforzame mucho más!
¿Sé aplicar lo aprendido?	Clasifico los polígonos regulares, los cuadriláteros y los paralelogramos.	Clasifico los polígonos regulares y los cuadriláteros, pero no los paralelogramos.	Clasifico los polígonos regulares, pero no los cuadriláteros ni los paralelogramos.	No clasifico ningún tipo de polígono.
Sé hacer...	Construyo polígonos regulares.	Construyo triángulos equiláteros, cuadrados y hexágonos.	Construyo triángulos equiláteros y cuadrados.	No soy capaz de construir ningún polígono regular.
La tecnología y yo...	Utilizo las tecnologías de la información para realizar representaciones gráficas.	Utilizo las tecnologías de la información para realizar algunas representaciones gráficas.	Me cuesta utilizar las tecnologías de la información para realizar representaciones gráficas.	No utilizo las tecnologías de la información para realizar representaciones gráficas.
¿Sé trabajar en grupo?	Planteo alternativas y valoro el proceso de discusión e intercambio de opiniones en el grupo.	Planteo alternativas, pero a veces no valoro el proceso de discusión e intercambio de opiniones en el grupo.	Planteo alternativas, pero no valoro el proceso de discusión e intercambio de opiniones en el grupo.	No planteo alternativas y no valoro el proceso de discusión e intercambio de opiniones en el grupo.

12 Circunferencia y círculo

En esta unidad

1. Elementos de la circunferencia
2. Círculo
3. Posiciones de rectas y circunferencias
4. Ángulos en la circunferencia

	Vamos a aprender a...	Competencias
Saberes científicos	–Definir circunferencia y círculo como figuras planas cumpliendo determinados requisitos de distancias a un punto dado. –Construir ángulos en la circunferencia.	CMCT, CPAA
Lectura y comprensión	–Mostrar organización, orden y trabajo sistemático en la resolución de problemas. –Explorar y conjeturar posibles resultados de procesos de cálculo.	CMCT, CCL
Tratamiento de la información y competencia digital	–Realizar búsquedas en la Red de una manera sistematizada y crítica comparando diversas opciones. –Utilizar las tecnologías de la información para realizar representaciones gráficas.	CMCT, CD
Aprende a aprender ciencia	–Aproximar los resultados con la precisión adecuada.	CMCT, CPAA, SIE
La ciencia en la sociedad	–Justificar y exponer, con el rigor acorde al nivel, procesos y resultados.	CMCT, CSC
Proyecto: La espiral áurea	–Construir la espiral áurea.	CMCT, CPAA, SIE, CD

Nota: competencia matemática y competencias básicas en ciencia y tecnología (CMCT), competencia en comunicación lingüística (CCL), competencias sociales y cívicas (CSC), competencia para aprender a aprender (CPAA), competencia digital (CD), sentido de la iniciativa y espíritu emprendedor (SIE), conciencia y expresiones culturales (CEC).

Los caballeros de la Mesa Redonda

La circunferencia es la única figura en la que los puntos más alejados están siempre a la misma distancia. Esto quiere decir que si ponemos un punto en un extremo de un diámetro y otro punto en el otro extremo, esto será lo más lejos que pueden estar dos puntos sobre la circunferencia. Y siempre se mantiene esta distancia.

Este es el criterio que dice la historia que mantuvo el rey Arturo cuando reunió a los caballeros de la Mesa Redonda. De esta manera todos los caballeros estarían a la misma distancia y no habría nadie por encima de nadie.

Pero existen muchas ocasiones en las que se usan circunferencias por motivos prácticos. Por ejemplo, ¿alguna vez te has preguntado por qué las tapas de las alcantarillas son redondas? ¿Qué pasaría si fueran cuadradas y las pusiéramos mal?

La matemática a nuestro alrededor

- Como ya hemos visto en las unidades anteriores, la geometría está a nuestro alrededor. Convivimos con ella y la circunferencia y el círculo no iban a ser menos. Se usan para las señales de tráfico, bicicletas, motocicletas, coches...
  - Busca a tu alrededor al menos otras cinco ocasiones en las que te encuentres con circunferencias o círculos.
  - Busca en Internet la historia de los caballeros de la Mesa Redonda.

1. Elementos de la circunferencia

Una circunferencia es una línea curva cerrada que tiene todos sus puntos a la misma distancia del centro.

Una **circunferencia** es el lugar geométrico de los puntos del plano que están a la misma distancia de un punto interior llamado centro.

Encontramos circunferencias en todas partes: en el contorno de una moneda, en el borde de las *pizzas*, en los anillos, en el aro que sujeta las cestas de una noria, etc.

Los principales elementos de una circunferencia son:

- **Centro**: es el punto interior del que equidistan los puntos de la circunferencia. Desde él construimos las circunferencias con el compás.
- **Radio**: es un segmento que une el centro con cualquier punto de la circunferencia.
- **Diámetro**: es un segmento que une dos puntos de la circunferencia y que pasa por el centro. Su medida es el doble del radio. Divide la circunferencia en dos arcos iguales.
- **Cuerda**: es un segmento que une dos puntos cualesquiera de la circunferencia. A diferencia del diámetro, no necesariamente debe pasar por el centro.
- **Arco**: es la porción de circunferencia limitada por una cuerda. Una cuerda divide la circunferencia en dos arcos.

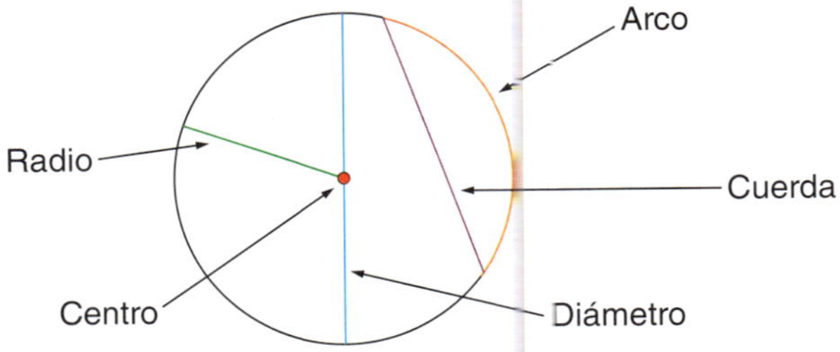

a Ejercicios y actividades

1. Indica en tu cuaderno el nombre de los elementos señalados en el siguiente dibujo:

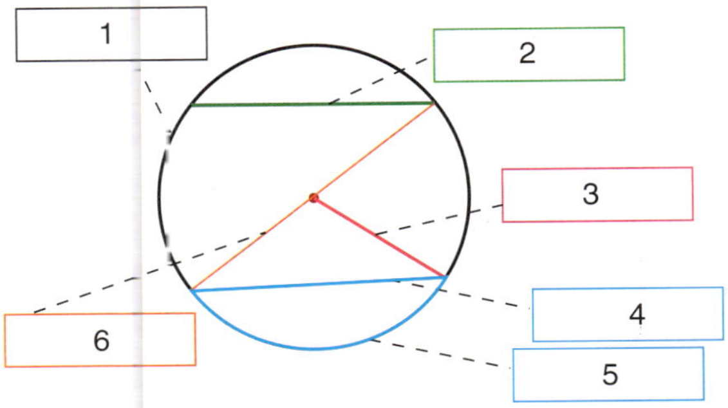

2. Dibuja en tu cuaderno una circunferencia de 5 cm de radio. Traza dos diámetros, uno perpendicular al otro. Traza un segmento uniendo dos puntos en los que la circunferencia interseque los diámetros. ¿Cómo se denomina este segmento? Señala el arco de circunferencia asociado.

2. Círculo

El **círculo** es la superficie interior de una circunferencia.

Para aclarar la diferencia entre el círculo y la circunferencia, podemos decir que la circunferencia tiene longitud y el círculo, superficie. Podemos observarlo en la siguiente figura:

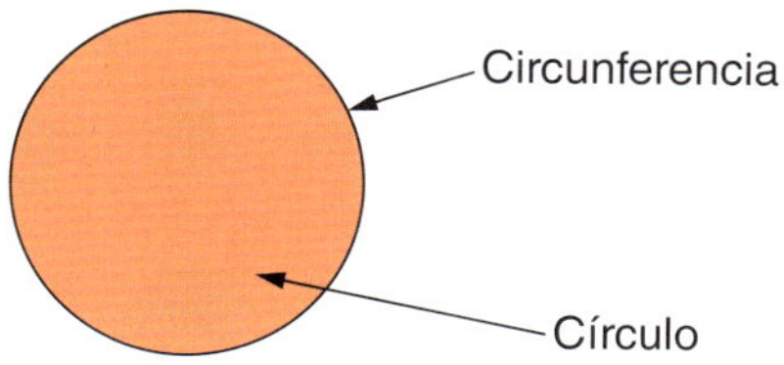

2.1. Regiones dentro del círculo

- **Semicírculo**: es cada una de las partes en que un diámetro divide el círculo.
- **Sector circular**: es la porción de círculo limitada entre dos radios.
- **Segmento circular**: es la parte de círculo que se encuentra entre una cuerda y el arco correspondiente.
- **Corona circular**: es la superficie limitada entre dos círculos concéntricos.
- **Trapecio circular**: es la parte de corona circular que hay entre dos radios.
- **Zona circular**: es el espacio comprendido entre dos cuerdas.

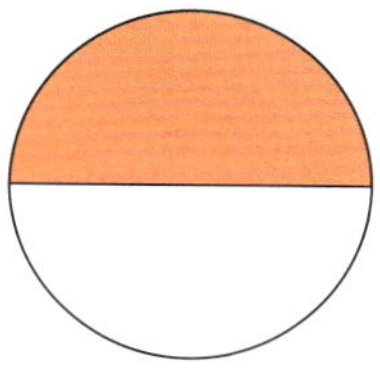
Semicírculo

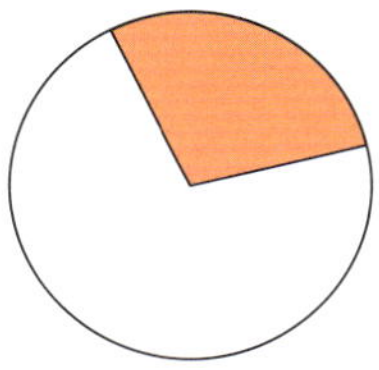
Sector circular

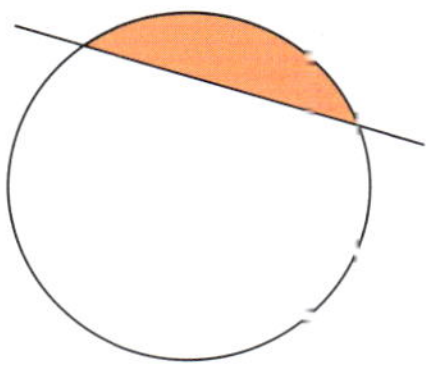
Segmento circular

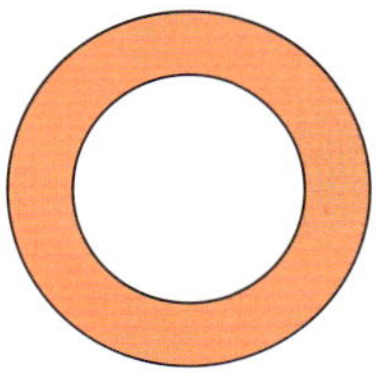
Corona circular

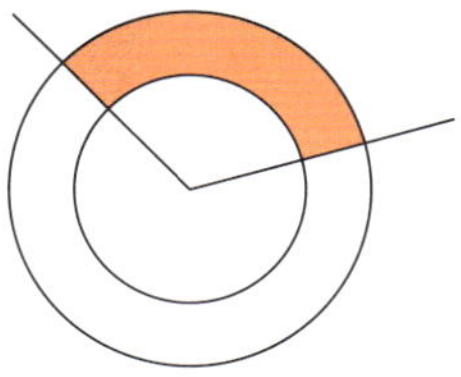
Trapecio circular

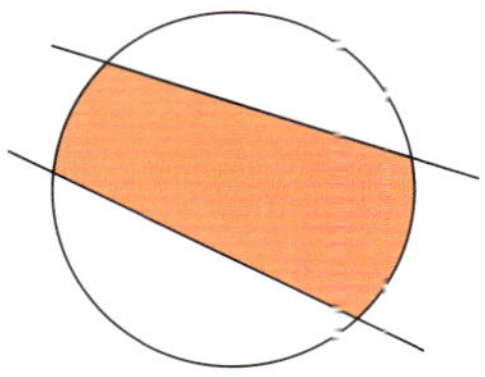
Zona circular

a Ejercicios y actividades

3. Nombra la zona coloreada en los siguientes círculos:

a) 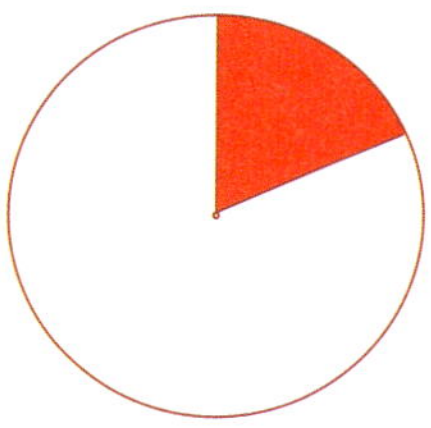

b) 

c) 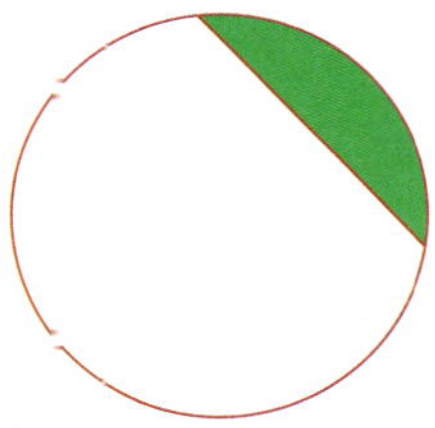

d) 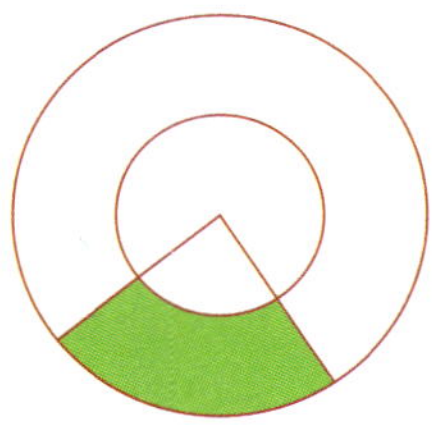

3. Posiciones de rectas y circunferencias

3.1. Posiciones relativas entre rectas y circunferencias

Secante

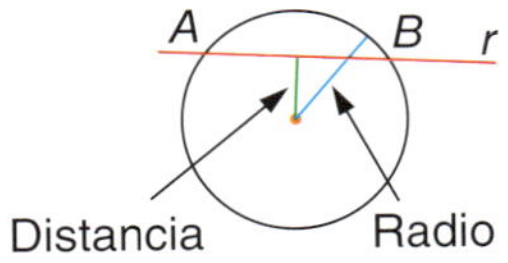

Una recta es secante a una circunferencia si la corta en dos puntos. La distancia del centro de la circunferencia a la recta es menor que un radio (distancia < radio).

Tangente

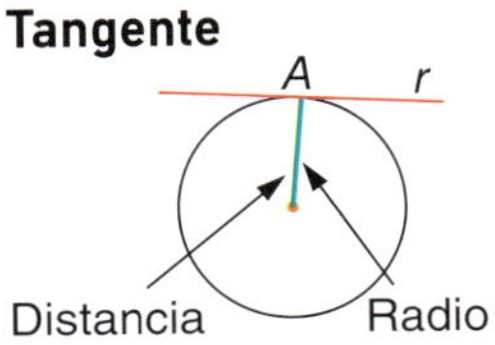

Una recta es tangente a una circunferencia si la corta en un único punto. En este caso la distancia de la recta al centro de la circunferencia es igual al radio (distancia = radio).

Exterior

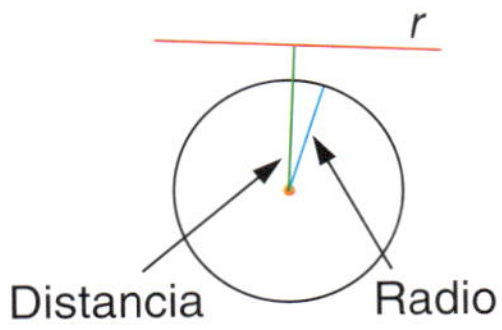

Un recta es exterior a una circunferencia si la recta y la circunferencia no tienen ningún punto en común. La distancia de la recta al centro de la circunferencia es mayor que el radio (distancia > radio).

> **!**
> **Recta secante**
> Las rectas secantes tienen un segmento que es cuerda de la circunferencia.

> **!**
> **Recta tangente**
> Una recta tangente a una circunferencia es perpendicular a uno de sus radios.

3.1.1. Tangentes interiores a dos circunferencias

Teniendo dos circunferencias exteriores, las tangentes interiores son dos rectas tangentes a ambas que se cortan en un punto sobre el segmento que une sus centros.

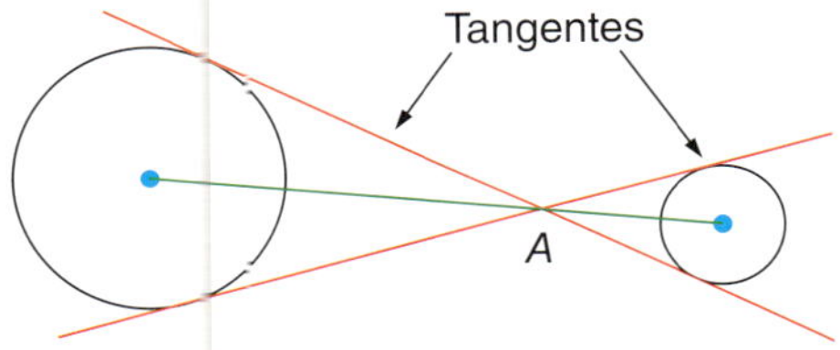

3.1.2. Tangentes exteriores

Teniendo dos circunferencias exteriores, las tangentes exteriores son dos rectas tangentes a ambas que se cortan en un punto sobre la recta que une sus centros.

Mecanismo piñón-cadena de una bicicleta.

a Ejercicios y actividades

4. La recta tangente a una circunferencia forma un ángulo de 90° con el radio que pasa por el punto de tangencia. Teniendo esto en cuenta:
   a) Dibuja en tu cuaderno una circunferencia de 3 cm de radio y elige tres puntos sobre ella.
   b) Traza las rectas tangentes a la circunferencia en los tres puntos anteriores.
   c) Traza una recta secante y otra exterior a la circunferencia.
5. Mide la distancia del centro de la circunferencia adjunta a las tres rectas dibujadas y compara con la medida del radio. ¿Qué conclusión se deduce?

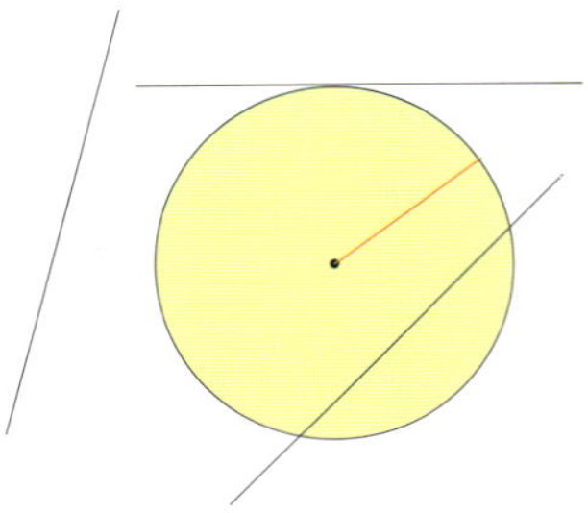

3.2. Posiciones relativas entre circunferencias

3.2.1. Exteriores

Dos circunferencias son exteriores si la distancia entre sus centros es mayor que la suma de sus radios (distancia $> r_1 + r_2$).

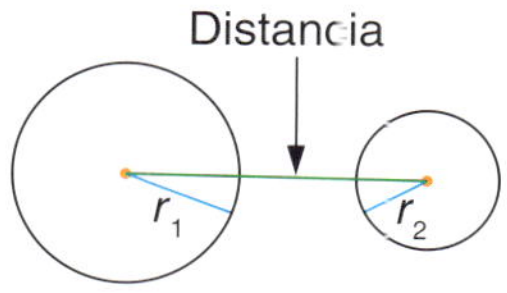

3.2.2. Secantes

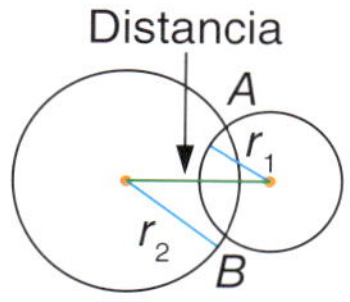

Dos circunferencias son secantes si se cortan en dos puntos. En ese caso tenemos que la distancia entre sus centros es menor que la suma de sus radios (distancia $< r_1 + r_2$).

3.2.3. Tangentes exteriores

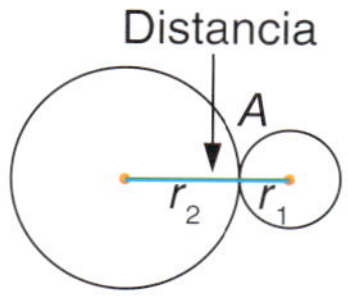

Dos circunferencias son tangentes si tienen un único punto en común y son exteriores si la distancia entre los centros es igual a la suma de los radios respectivos (distancia $= r_2 + r_1$).

3.2.4. Tangentes interiores

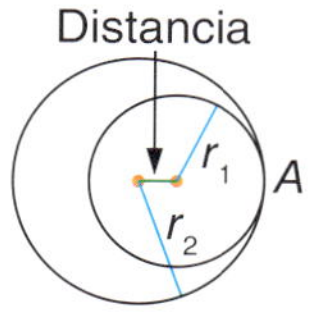

Dos circunferencias son tangentes interiores si una está contenida en la otra y tienen un único punto en común. En este caso la distancia entre los centros es igual a la diferencia de los radios (distancia $= r_2 - r_1$).

3.2.5. Interiores

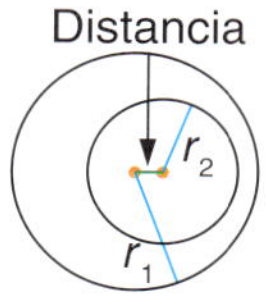

Dos circunferencias son interiores si una contiene a la otra y no tienen ningún punto en común. En este caso la distancia entre los centros es menor que el radio de la circunferencia mayor (distancia $< r_1$).

3.2.6. Concéntricas

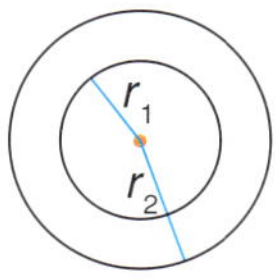

Dos circunferencias son concéntricas cuando tienen el mismo centro. En este caso la distancia entre los centros es 0 (distancia = 0).

!

Tangentes

Si tenemos dos circunferencias tangentes, podemos construir una recta perpendicular al segmento que une sus centros que pase por el punto que tienen en común.

Reloj astronómico.

a Ejercicios y actividades

6. Indica la posición relativa de los siguientes pares de circunferencias:

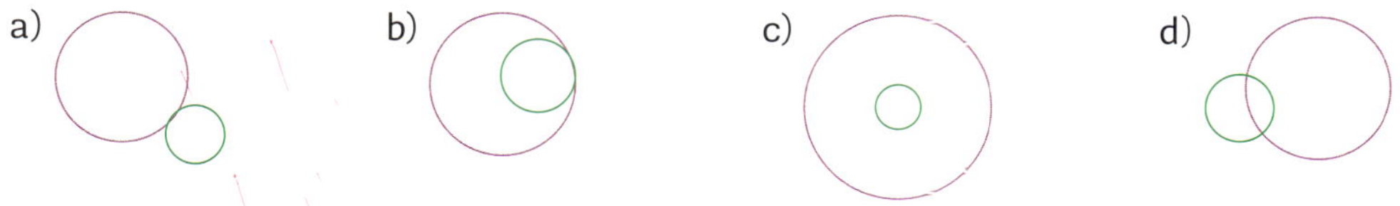

7. Dibuja dos circunferencias de 4 cm y 7 cm de radio, respectivamente, que sean tangentes interiores. ¿A qué distancia se encuentran sus centros?
8. Dibuja dos circunferencias de 3 cm y 5 cm de radio, respectivamente, que sean tangentes exteriores. ¿A qué distancia se encuentran sus centros?
9. Dos circunferencias de radio 5 cm y 6 cm tienen sus centros a una distancia de 10 cm. ¿Podríamos conocer su posición relativa?

4. Ángulos en la circunferencia

Estudiamos los ángulos respecto de la circunferencia en función de dónde se encuentran el vértice y los lados de los ángulos en la circunferencia. Así, clasificamos estos ángulos en seis grupos:

- **Ángulo central:** es aquel cuyo vértice coincide con el centro de la circunferencia.
- **Ángulo inscrito:** es aquel cuyo vértice se encuentra sobre la circunferencia y los lados son cuerdas.
- **Ángulo semiinscrito:** es aquel cuyo vertice se encuentra sobre la circunferencia y un lado es cuerda y el otro es tangente.

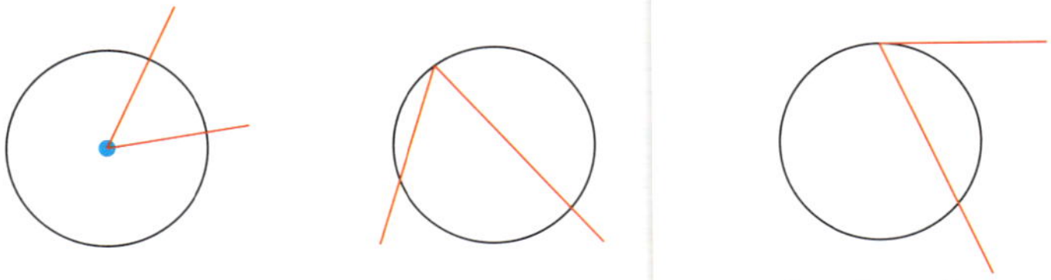

Central — Inscrito — Semiinscrito

- **Ángulo circunscrito:** es aquel cuyo vértice está fuera de la circunferencia y cuyos lados son tangentes a esta.
- **Ángulo exterior:** es aquel cuyo vértice está fuera de la circunferencia y cuyos lados son secantes.
- **Ángulo interior:** es aquel cuyo vértice está dentro de la circunferencia.

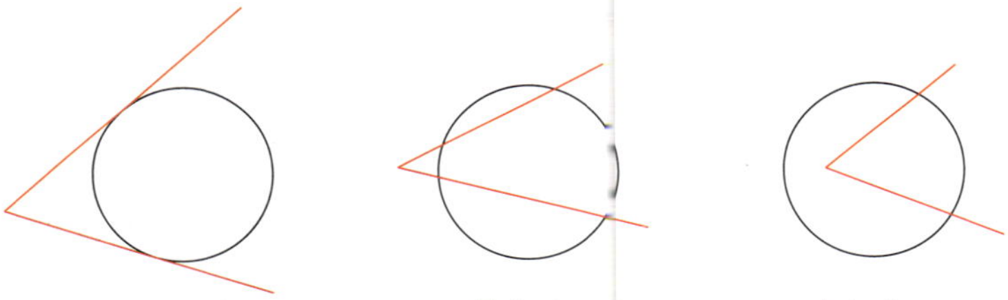

Circunscrito — Exterior — Interior

a Ejercicios y actividades

10. Clasifica cada uno de estos ángulos en relación con su posición respecto de la circunferencia.

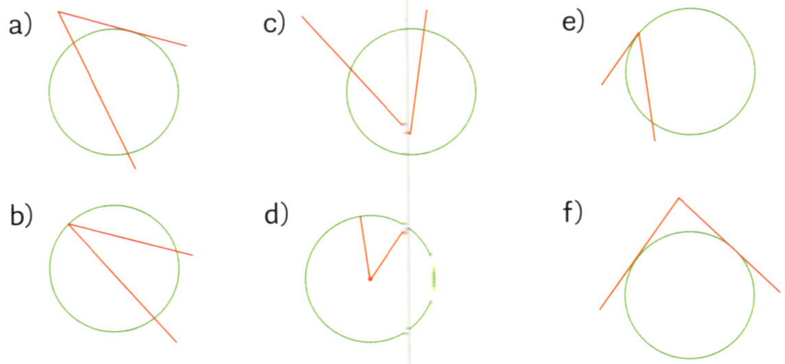

11. Dibuja en tu cuaderno un ángulo central y un ángulo inscrito que abarque el mismo arco. Mide los dos ángulos. ¿Qué relación existe entre sus medidas?

4.1. Medida de los ángulos centrales e inscritos

4.1.1. Ángulos centrales

La medida de un ángulo central es la amplitud del arco de circunferencia que abarca. Sabiendo que una circunferencia abarca 360°, vamos a observar los siguientes ejemplos:

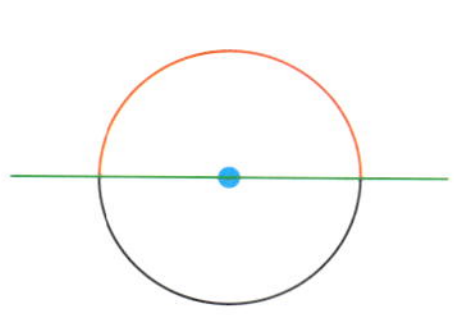

$\frac{1}{2}$ circunferencia

180°

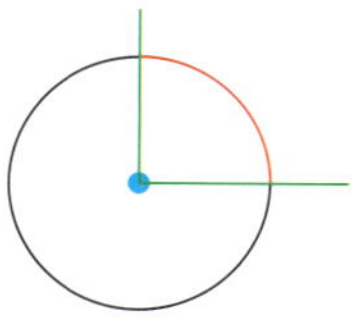

$\frac{1}{4}$ circunferencia

90°

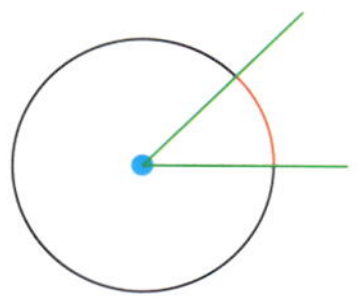

$\frac{1}{8}$ circunferencia

45°

4.1.2. Ángulos inscritos

Un ángulo inscrito mide la mitad del arco de circunferencia que abarca. Veamos por qué:

$$\left.\begin{array}{l} \left.\begin{array}{l} \hat{A}+\hat{E}=180^\circ \\ \hat{A}_1+\hat{A}_2+\hat{E}=180^\circ \\ \hline \hat{A}-(\hat{A}_1+\hat{A}_2)=0 \end{array}\right\} \rightarrow \hat{A}_1+\hat{A}_2=\hat{A} \\ \hat{A}_1=\hat{A}_2 \text{ por ser isósceles } A_1A_2E \end{array}\right\} \rightarrow \hat{A}_1=\frac{\hat{A}}{2}$$

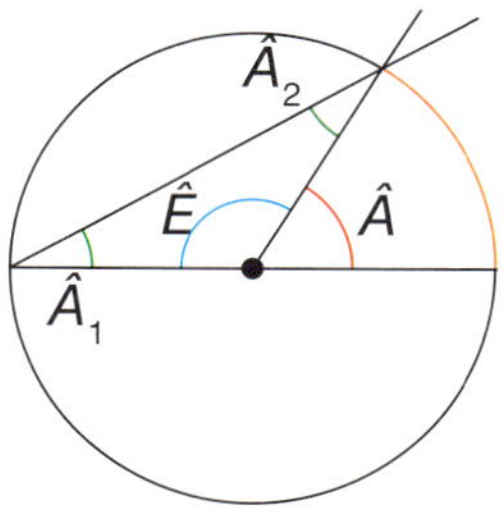

H. Poincaré dijo...

«La geometría es el arte de pensar bien y dibujar mal».

Henri Poincaré fue un matemático que nació en Francia en 1854 y murió en 1912.

Es uno de los matemáticos más completos y brillantes de la historia, ya que hizo grandes aportaciones a todas las áreas de esta ciencia.

También realizó grandes contribuciones teóricas a la óptica y a la teoría de la relatividad.

Poincaré fue el primero en considerar el caos en sus estudios, y un problema que dejó por resolver (conjetura de Poincaré) se convirtió, durante el siglo pasado, en uno de los grandes retos de las matemáticas. Finalmente, el matemático ruso Grigori Perelman (1966-) lo resolvió, por lo que se le otorgó la medalla Fields (premio más importante en matemáticas) en el año 2006.

a Ejercicios y actividades

12. Sin medir con el transportador, indica cuánto mide cada ángulo:

a) 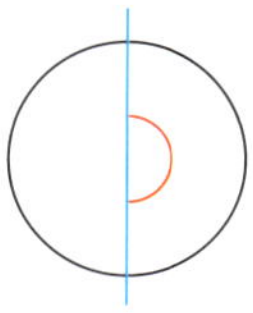

b) 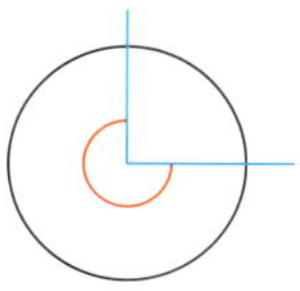

c) 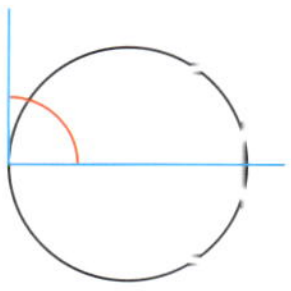

13. Calcula la medida de los siguientes ángulos:

a) 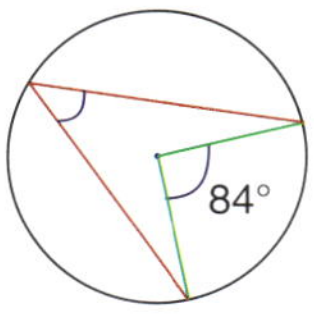

b) 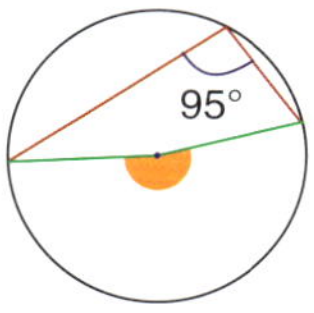

c) 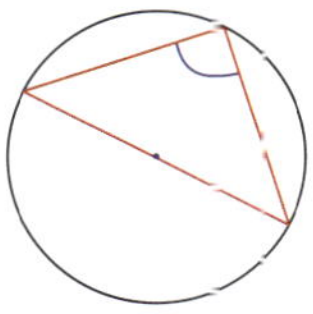

14. Dibuja un ángulo central que mida 60°.

15. Dibuja un ángulo inscrito que mida 45°.

Circunferencias con GeoGebra

Vamos a seguir usando el programa GeoGebra, pero en esta ocasión aprenderemos a dibujar una circunferencia una vez conocidos su centro y su radio. Seguiremos los siguientes pasos:

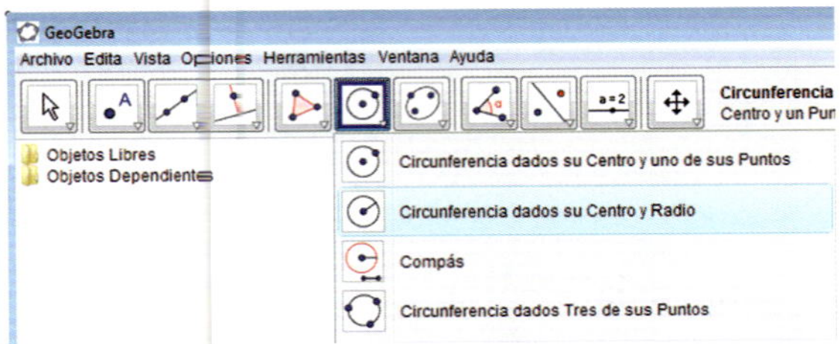

1. Representamos un punto, por ejemplo, en $A(1, 1)$.
2. Desplegamos la ventana según aparece en la primera imagen y hacemos clic en la pestaña Circunferencia dados su Centro y su Radio:

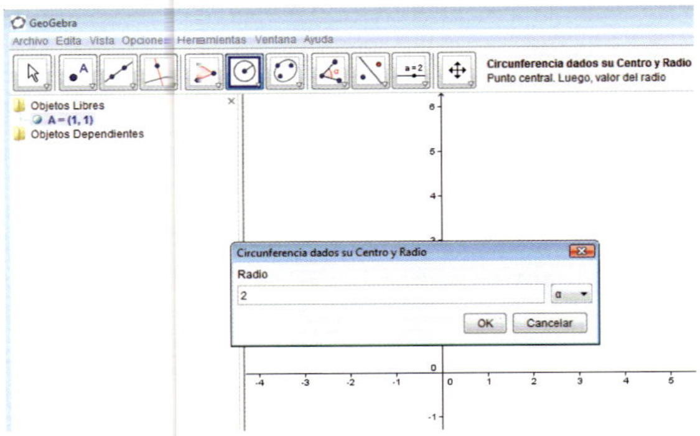

3. Marcamos el punto A y nos pregunta: ¿cuánto mide el radio? Escribimos 2 y pulsamos OK.
4. Aparece la circunferencia de centro $A(1, 1)$ y radio 2 cm según la última figura:

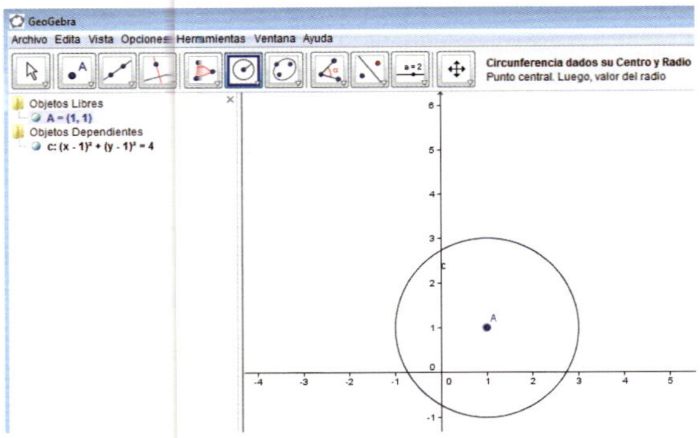

a Ejercicios y actividades

16. Construye con GeoGebra:
    a) Un punto B en las coordenadas (0, 0).
    b) Un punto C en las coordenadas (0, 2).
    c) Un punto D en las coordenadas (0, 2).
    d) Una una circunferencia que pase por los puntos B, C y D. Elige la opción de GeoGebra que lo permite.

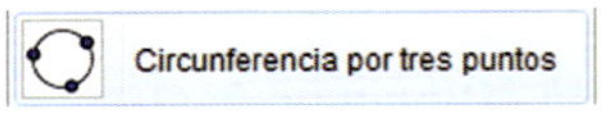

1. ¿Cómo se llama cada uno de los siguientes elementos?

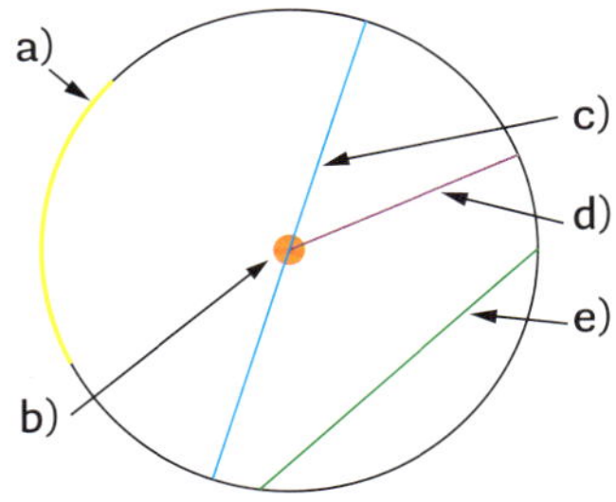

Solución

a) Arco.

b) Centro.

c) Diámetro.

d) Radio.

e) Cuerda.

2. En cada caso define la posición de la recta respecto de la circunferencia:

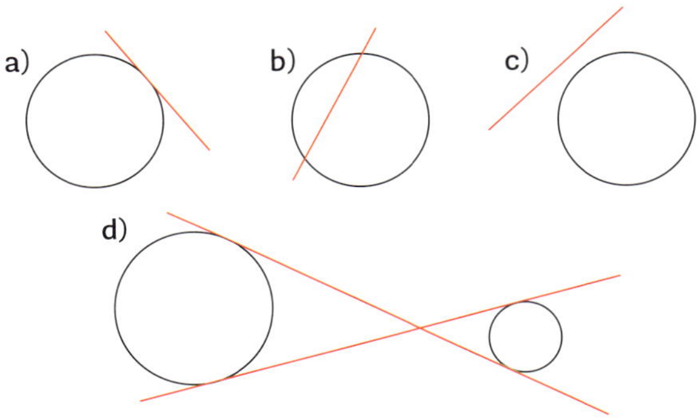

Solución

a) La recta es tangente a la circunferencia.

b) La recta es secante a la circunferencia.

c) La recta es exterior a la circunferencia.

d) Las rectas son tangentes interiores a las dos circunferencias.

3. ¿Cuánto mide el siguiente ángulo?

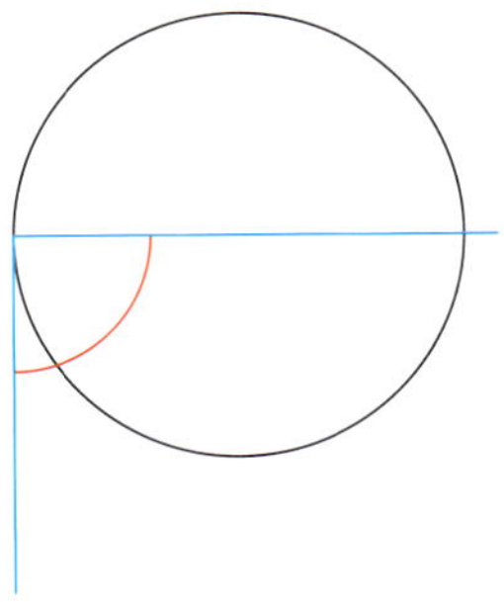

Solución

Al ser un ángulo semiinscrito, mide la mitad del arco que abarca. Por tanto, si el arco mide 180°, el ángulo medirá 90°.

4. Desde un punto exterior trazo una tangente a una circunferencia de 2 cm de radio. Si el punto está a 7 cm del centro de la circunferencia, ¿qué longitud tiene la tangente?

Solución

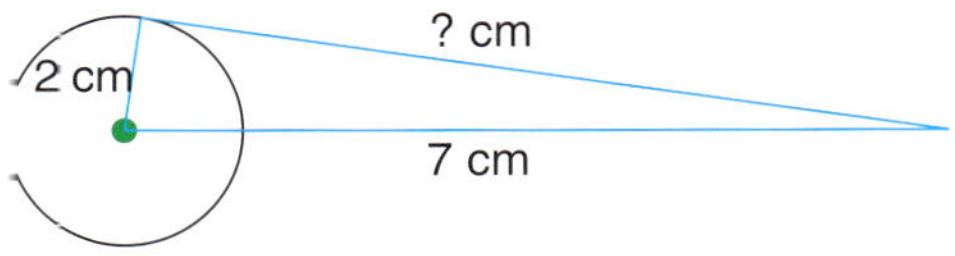

$$? = \sqrt{7^2 - 2^2} = \sqrt{49 - 4} = \sqrt{45} = 6{,}7 \text{ cm}$$

5. Indica la posición de las dos circunferencias:

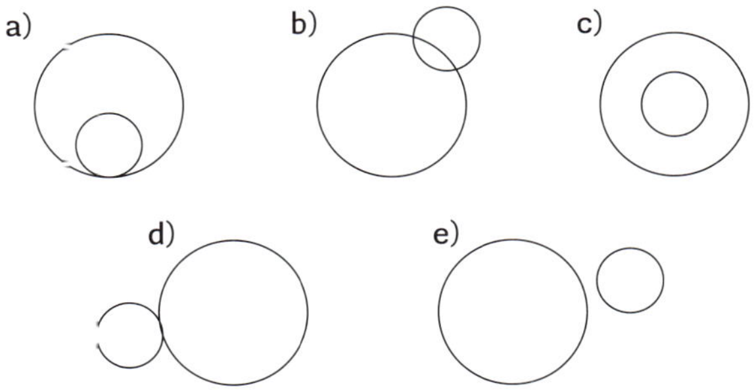

Solución

a) Tangentes interiores.

b) Secantes.

c) Concéntricas.

d) Tangentes exteriores.

e) Exteriores.

6. Identifica las siguientes zonas circulares:

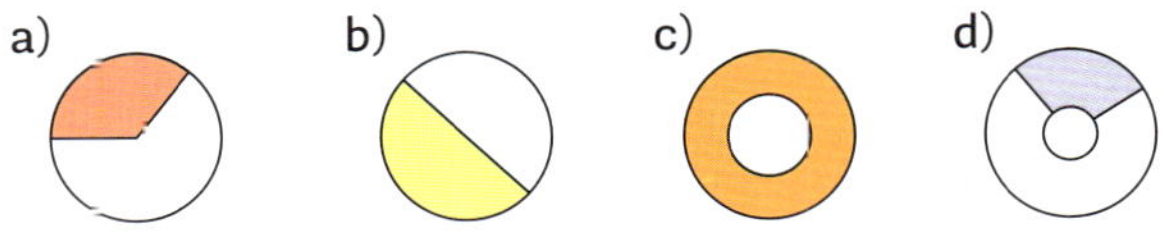

Solución

a) Sector circular.

b) Semicírculo.

c) Corona circular.

d) Trapecio circular.

7. ¿Qué distancia hay entre el centro y la cuerda?

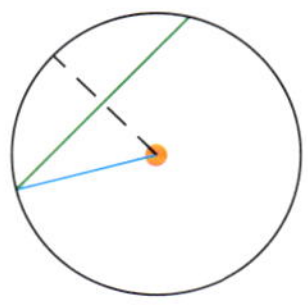

Radio = 4 cm
Cuerda = 6 cm

Solución

$$\text{Distancia} = \sqrt{4^2 - \left(\frac{6}{2}\right)^2} = \sqrt{16 - 9} = \sqrt{7} = 2{,}64 \text{ cm}$$

Elementos de la circunferencia

1. ¿Qué elemento de la circunferencia se representa en cada apartado?

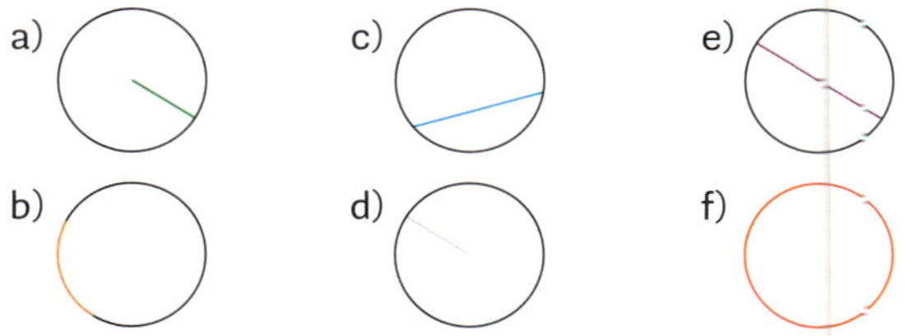

2. Rellena en tu cuaderno los huecos con el término adecuado:

a) Mide la mitad que el diámetro: ●●●.

b) Curva plana cuyos puntos están a igual distancia de un punto fijo: ●●●.

c) Segmento que une dos puntos en una circunferencia: ●●●.

d) Segmento que une el centro y cualquier punto de la circunferencia: ●●●.

e) Mide el doble que el radio: ●●●.

f) Cuerda que pasa por el centro: ●●●.

3. Dibuja una circunferencia de 3 cm de radio. Dibuja sobre ella un diámetro, una cuerda de 5 cm y su arco asociado. ¿Cuál es la longitud máxima de una cuerda de la circunferencia?

4. En la circunferencia del dibujo, de 8 cm de diámetro, se han trazado dos diámetros perpendiculares. ¿Cuánto mide la cuerda que une sus dos extremos?

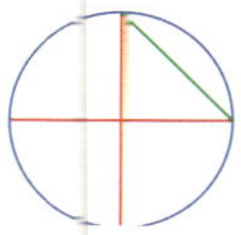

5. En una circunferencia trazamos, a 36 cm de distancia del centro, una cuerda que mide 154 cm. ¿Cuánto mide el radio de la circunferencia?

6. Calcula la longitud de la cuerda trazada en el siguiente dibujo si se sabe que la distancia al centro es de 9 cm y el radio de la circunferencia, de 41 cm.

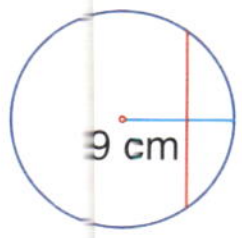

Posiciones de rectas y circunferencias

7. Completa:

La distancia del centro de la circunferencia a una recta exterior es ●●● que el radio.

La distancia del centro de la circunferencia a una recta tangente es ●●● que el radio.

La distancia del centro de la circunferencia a una recta secante es ●●● que el radio.

8. Dos circunferencias son tangentes exteriores y sus radios miden 7 cm y 8 cm, respectivamente. ¿A qué distancia se encuentran sus centros? Generaliza el resultado a dos circunferencias cuyos radios miden r_1 y r_2.

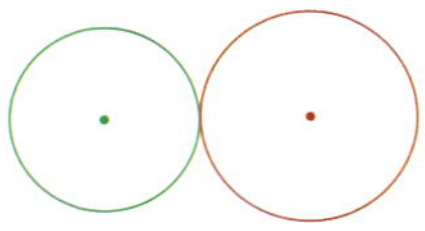

9. Resuelve el ejercicio anterior si las circunferencias son tangentes interiores.

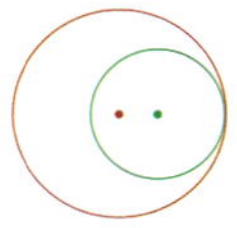

10. Calcula la distancia entre C_1 y C_2, es decir, entre los centros de las circunferencias, conociendo los siguientes datos:

$\hat{B} = \hat{D} = 90^\circ$

$\overline{AB} = 15$ cm

$\overline{AD} = 12$ cm

$r_1 = 8$ cm

$r_2 = 5$ cm

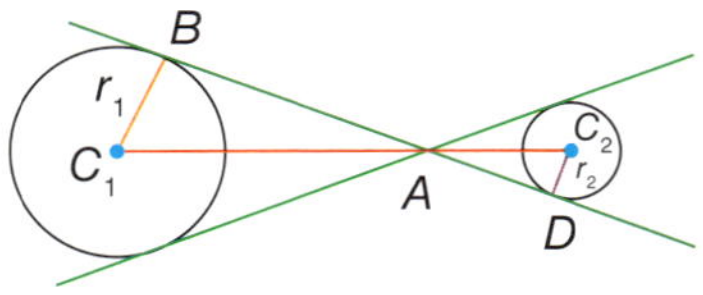

11. Construcción de una circunferencia tangente a dos rectas que se cortan.

a) Dibuja dos rectas secantes *r* y *s* y traza la bisectriz del ángulo que forman.

b) Fija un punto en la bisectriz (O) a 5 cm de distancia del punto en el que se cortan las dos rectas.

c) Construye una recta *t* perpendicular a *s* pasando por O. Llama P al punto de corte de *s* y *t*.

d) Traza la circunferencia con centro en O y radio OP.

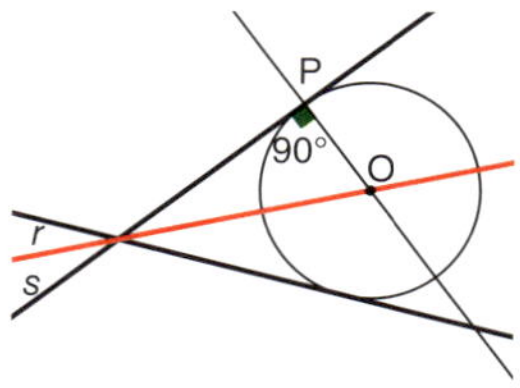

Repite el procedimiento anterior con otras dos rectas.

12. ¿Dónde se encontrará el centro de la circunferencia tangente a dos rectas paralelas y cuánto medirá su radio?

13. Las dos rectas tangentes a una circunferencia se cortan en un punto P, a 37 cm de distancia de su centro. Si la circunferencia tiene 12 cm de radio, ¿cuál es la distancia desde el punto P al punto de tangencia?

14. Aplica las construcciones de los ejercicios 11 y 12 para construir la circunferencia tangente a las tres rectas de cada uno de los siguientes conjuntos:

a)

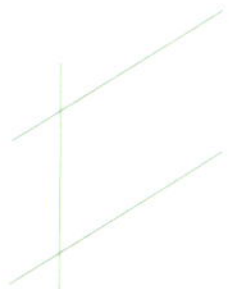

b)

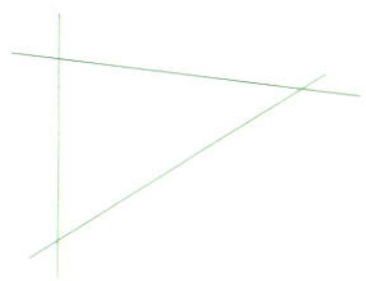

15. Calcula la distancia entre los centros de las circunferencias conociendo los siguientes datos:

$\overline{AB} = 24$ cm $\quad \overline{AD} = 12$ cm $\quad r_1 = 7$ cm $\quad r_2 = 5$ cm

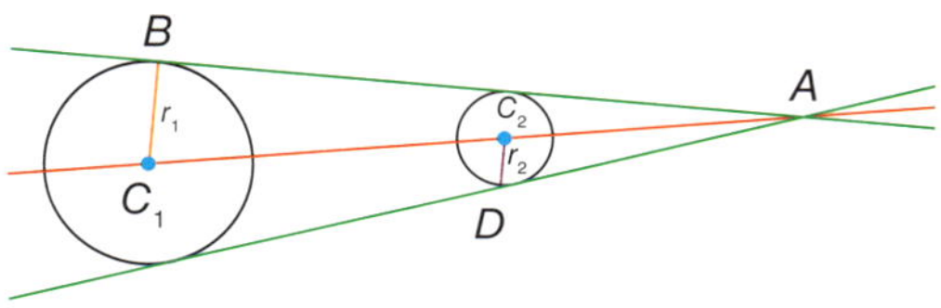

16. Completa el siguiente cuadro con la posición relativa de dos circunferencias sabiendo que tienen 9 cm y 4 cm de radio, respectivamente. Dibuja cada caso en tu cuaderno:

Distancia entre sus centros	Posición relativa
0 cm	●●●
2 cm	●●●
5 cm	●●●
6 cm	●●●
9 cm	●●●
13 cm	●●●
14 cm	●●●

Ángulos en la circunferencia

17. Dibuja una circunferencia de 5 cm de radio y sobre ella, un ángulo central de 80°. Dibuja dos ángulos inscritos que abarquen el mismo arco que el ángulo anterior. ¿Cuánto mide cada uno? Comprueba el resultado midiendo con el transportador.

18. Dibuja una circunferencia de 6 cm de radio y sobre ella:

a) Un ángulo interior de 40°.

b) Un ángulo exterior de 50°.

c) Un ángulo circunscrito de 80°.

d) Un ángulo semiinscrito de 60°.

19. Calcula la medida de los ángulos desconocidos:

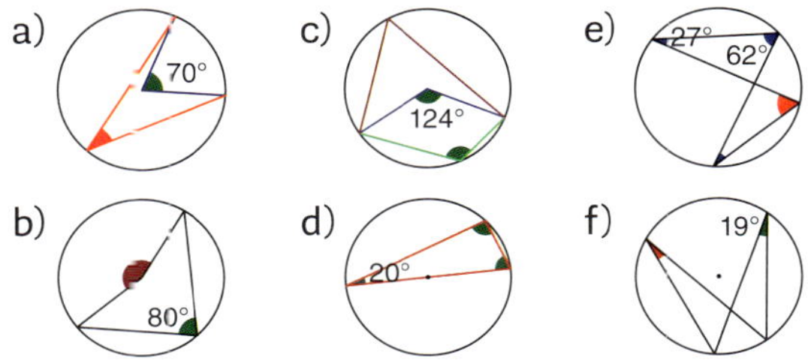

Círculo

20. Dibuja una circunferencia y sobre ella señala un sector circular, un segmento circular, una corona circular y un trapecio circular.

21. ¿Qué forma geométrica tienen las partes de distintos colores en las siguientes señales de tráfico?

Zona azul	Zona roja	Zona blanca

22. ¿Qué forma geométrica tienen las siguientes figuras?

Arcoíris	Parte graduada del transportador	Partes de distintos colores de esta chapa
	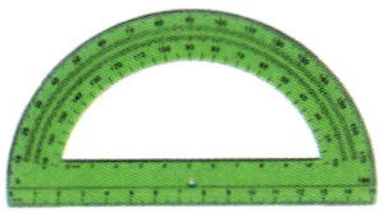	

Problemas

23. Calcula cada uno de los ángulos centrales en los que se ha dividido la siguiente circunferencia:

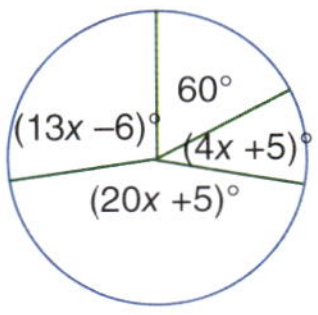

24. Calcula el diámetro de una pista de aterrizaje de un helipuerto sabiendo que tiene dibujada una H en el centro. Mide 24 m de alto y la distancia entre las dos «patas» es de 14 m.

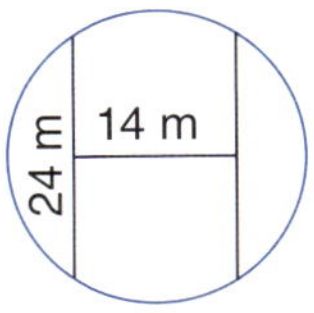

25. Las monedas de 0,5 €, 1 € y 2 € miden 24,25 mm, 23,25 mm y 25,75 mm de diámetro, respectivamente. Si se colocan tres monedas como en la imagen, ¿cuánto mide cada uno de los lados del triángulo que une sus centros. Justifica tu respuesta.

26. Una *pizza* redonda se ha dividido en sectores de 36°. Si María se come dos de ellos, ¿qué fracción de *pizza* se ha comido?

27. Una noria tiene 40 cabinas numeradas desde el número 1 al 40. La subida de los pasajeros se realiza por la cabina situada en la parte inferior y en este orden:

El público sube primero en las cabinas impares. Cuando están llenas, la noria gira desde la cabina 39 hasta la 2 y el público continúa subiendo en las cabinas pares.

¿Qué amplitud tienen los distintos giros que efectúa la noria?

La edad de los árboles

Se puede calcular la edad de los árboles a través del número de anillos que tenga su tronco. La ciencia que estudia el crecimiento de los árboles en función de estos anillos se llama dendrología. Esta ciencia no solo cuenta el número de anillos para conocer la edad, sino que también estudia la amplitud de la corona y el color para saber si el año ha sido favorable o no para el crecimiento. El procedimiento para conocer la edad del árbol depende si este está muerto o sigue vivo. Si el árbol está muerto, se hace un corte transversal y se obtiene una porción como la que aparece en la imagen. Si el árbol está vivo, evidentemente no podemos hacer un corte transversal, sino que tomamos como muestra un cilindro muy fino que introducimos en el tronco y luego observamos el resultado como si tuviéramos el corte.

Tenemos interés en conocer tanto la edad como lo favorables que fueron los años en el crecimiento de un árbol que tiene una estructura como la de la figura siguiente.

Actividades

Actividad 1: Si suponemos que cada anillo corresponde con un año, ¿cuántos años tiene el árbol que estamos estudiando?

A	1
B	3
C	4
D	5

Actividad 2: Vemos 5 secciones marcadas en la figura, ¿podrías decir cuál de ellas corresponde con el año de nacimiento del árbol?

A	1
B	2
C	4
D	5

¿Por qué?

Actividad 3: ¿Qué figura geométrica corresponde con la sección marcada con el 1?

A	Circunferencia
B	Círculo
C	Sector circular
D	Corona circular

Actividad 4: ¿Qué figura geométrica corresponde con la sección marcada con el 3?

A	Circunferencia
B	Círculo
C	Sector circular
D	Corona circular

Actividad 5: Entre las secciones 1 y 2 aparece una línea, ¿qué figura geométrica representa?

A	Circunferencia
B	Círculo
C	Sector circular
D	Corona circular

Actividad 6: Completa en tu cuaderno la siguiente frase:

El año más favorable en el crecimiento de este árbol fue ••• y el más desfavorable fue •••, porque •••••••••.

La espiral áurea

Paso 4. Construcción de la espiral áurea

En esta unidad construiremos la espiral áurea como elemento final de todo el proceso que hemos llevado a cabo en las unidades anteriores. Ya tenemos construida la sucesión de cuadrados:

1. Lo primero es situarnos ante esta sucesión que construimos en la unidad anterior e identificar los elementos que aparecen.

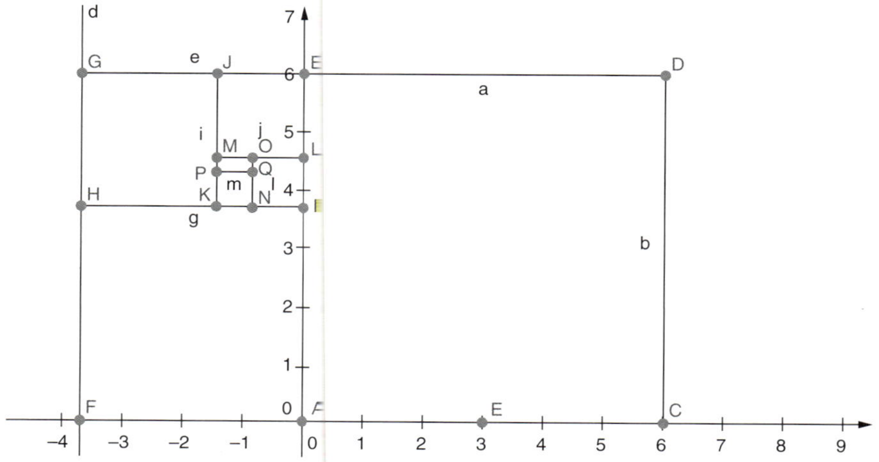

2. Construimos el arco DA de centro B.
3. Construimos el arco AH de centro I.
4. Construimos el arco HJ de centro K.
5. Construimos el arco JL de centro M.
6. Construimos el arco LN de centro O.
7. Construimos el arco NP de centro Q.
8. Hemos construido la espiral DAHJLNP.
9. Si puedes seguir construyendo arcos de esta sucesión, hazlo.
10. El resultado es como el aparece en la siguiente imagen.

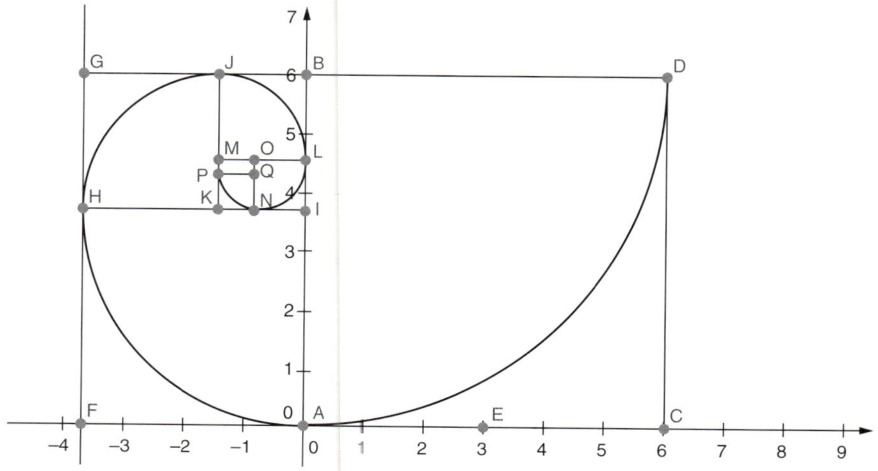

Autoevaluación

1. Una circunferencia mide 89 m de radio. Se dibuja una cuerda que dista del centro 39 m. ¿Qué longitud tiene la cuerda?

   a) 80 m b) 160 m c) 50 m d) 100 m

2. Los diámetros de dos circunferencias miden 10 cm y 14 cm, respectivamente. Si sus centros distan 24 cm, ¿cuál es su posición relativa?

   a) Tangentes interiores. c) Secantes.
   b) Tangentes exteriores. d) Exteriores.

3. Se tiene una circunferencia de 5 cm de radio y tres rectas a una distancia de 3 cm, 5 cm y 7 cm, respectivamente, del centro de la circunferencia. ¿Cuál es la posición de las rectas respecto de la circunferencia?

   a) Tangente, secante y exterior respectivamente.
   b) Secante, exterior y tangente respectivamente.
   c) Secante, tangente y exterior respectivamente.

4. ¿Qué tipo de triángulo es aquel cuyos vértices son los extremos del diámetro de una circunferencia y el tercer vértice es cualquier otro punto de la circunferencia?

   a) Isósceles. c) Acutángulo.
   b) Equilátero. d) Rectángulo.

5. ¿Cuánto mide el ángulo desconocido en el siguiente dibujo?

   a) 217,5° c) 37,5°
   b) 285° d) 75°

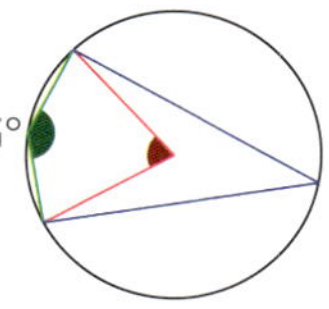

6. En el siguiente dibujo, el radio de la circunferencia grande es de 1,5 cm y las cinco circunferencias interiores son iguales. ¿Cuál es el lado del cuadrado que une los centros de las circunferencias tangentes interiores?

   a) 2 cm c) $\sqrt{2}$ cm
   b) 1,5 cm d) 1,75 cm

7. Una tortilla de patata se ha partido en sectores circulares de 30° cada uno. ¿En cuántos trozos se ha dividido?

   a) 10 b) 12 c) 6 d) 10

8. Se desea instalar una valla cuadrada alrededor de una piscina redonda de 4 m de radio, dejando un pequeño paso, en forma de corona circular, alrededor de ella. Se dispone de 36 m de valla. ¿Cuál será la anchura máxima que podrá tener la corona circular?

   a) 0,5 m b) 5 m c) 0,25 m

Soluciones: 1. b - 2. b - 3. c - 4. d - 5. d - 6. c - 7. - 8. a

Mis progresos

Unidad 12	Sobresaliente ¡Soy muy competente!	Bien Soy competente, pero puedo mejorar	Suficiente Soy competente, pero debo mejorar	Insuficiente Me faltan competencias. ¡Debo esforzame mucho más!
¿Sé aplicar lo aprendido?	Defino circunferencia y círculo como figuras planas cumpliendo determinados requisitos de distancias a un punto dado.	Defino circunferencia y círculo como figuras planas.	Me cuesta definir circunferencia y círculo como figuras planas.	No defino circunferencia y círculo como figuras planas.
Sé hacer...	Construyo ángulos de cualquier tipo en la circunferencia.	Solo construyo algunos ángulos en la circunferencia.	Solo construyo algunos ángulos centrales e inscritos en la circunferencia.	No construyo ángulos de ningún tipo en la circunferencia.
La tecnología y yo...	Utilizo las tecnologías de la información para realizar representaciones gráficas.	Utilizo las tecnologías de la información para realizar algunas representaciones gráficas.	Me cuesta utilizar las tecnologías de la información para realizar representaciones gráficas.	No utilizo las tecnologías de la información para realizar representaciones gráficas.
¿Sé trabajar en grupo?	Defiendo mis ideas y acepto otras diferentes justificadas.	Defiendo mis ideas, pero me cuesta aceptar otras diferentes justificadas.	Defiendo mis ideas, pero no acepto otras diferentes justificadas.	No soy capaz de defender mis ideas ni de aceptar otras diferentes justificadas.

13 Longitudes y áreas

En esta unidad

1. Medidas del rectángulo
2. Medidas del paralelogramo
3. Medidas del triángulo
4. Medidas del rombo
5. Medidas del trapecio
6. Medidas de los polígonos regulares
7. Longitud de la circunferencia y el arco
8. Área del círculo y de las figuras circulares

	Vamos a aprender a...	Competencias
Saberes científicos	- Conocer la fórmula del área de un triángulo y aplicarla midiendo o conociendo alturas y lados. - Calcular áreas de polígonos por descomposición en figuras simples: triángulos, rectángulos, paralelogramos, etcétera. - Calcular perímetros de polígonos. - Calcular longitudes de circunferencia y áreas de círculos y aplicarlos a ejemplos sacados del entorno. - Calcular la longitud de un arco y el área de un sector circular conociendo en cada caso el ángulo central correspondiente.	CMCT, CPAA
Lectura y comprensión	- Realizar una lectura comprensiva del enunciado del problema e identificar los datos y las incógnitas de los problemas propuestos. - Conocer y aplicar distintas estrategias heurísticas para resolver el problema. - Revisar la coherencia de las soluciones obtenidas en el contexto del problema y resolver algún problema de varias maneras.	CMCT, CCL
Tratamiento de la información y competencia digital	- Realizar cálculos numéricos, geométricos y algebraicos utilizando las tecnologías de la información. - Presentar adecuadamente los resultados de manera estructurada utilizando las herramientas apropiadas.	CMCT, CD
Aprende a aprender ciencia	- Comunicar los resultados obtenidos y explicar, mediante un lenguaje preciso y claro, las ideas y el proceso seguido. - Manejar órdenes de magnitudes adecuadas al contexto. - Aproximar los resultados con la precisión adecuada.	CMCT, CPAA, SIE
La ciencia en la sociedad	- Justificar y exponer, con el rigor acorde al nivel, procesos y resultados.	CMCT, CSC
Proyecto: La espiral áurea	- Calcular el área de la espiral áurea.	CMCT, CPAA, CD

Nota: competencia matemática y competencias básicas en ciencia y tecnología (CMCT), competencia en comunicación lingüística (CCL), competencias sociales y cívicas (CSC), competencia para aprender a aprender (CPAA), competencia digital (CD), sentido de la iniciativa y espíritu emprendedor (SIE), conciencia y expresiones culturales (CEC).

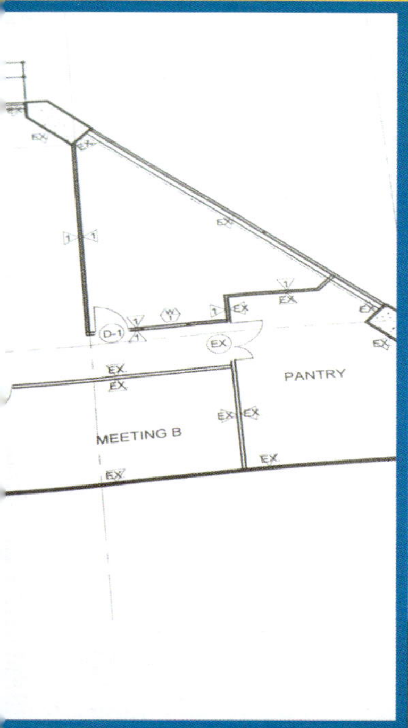

Distancias y áreas, ¿para qué?

Necesitamos conocer las medidas de las cosas para nuestro quehacer diario. Imagina qué pasaría si quisiera pintar mi casa y no sé qué área de paredes tengo. ¿Cuánta pintura compro? O imagina que quiero ir de Zamora a Teruel en coche. ¿Qué distancia hay?, ¿cuánta gasolina consumirá mi coche?

Hay multitud de ocasiones en las que necesito saber cuánto miden las cosas, ya sea longitud o superficie o volumen. De ello dependerán en muchos momentos nuestras decisiones.

La matemática a nuestro alrededor

- En muchas ocasiones nos es necesario calcular longitudes y superficies como, por ejemplo:
  - Distancias entre dos ciudades.
  - Número de pie que uso.
  - El área que ocupa un terreno para comprar la semilla de la siembra.
  - La superficie que tiene un piso para comprar la tarima necesaria para el suelo.

Busca a tu alrededor situaciones en las que necesites conocer longitudes o superficies para tomar decisiones.

1. Medidas del rectángulo

Marta quiere saber cuántas baldosas de 1 m de lado necesitará para solar el suelo de su habitación, que tiene 5 m de largo por 6 m de ancho.

Cada cuadrado tiene 1 m de lado. Vemos que podemos colocar 5 filas de baldosas con 6 baldosas cada una. Por tanto, necesitaremos:

$$5 \cdot 6 = 30 \text{ baldosas}$$

Además, si cada baldosa tiene 1 m de lado, cada una cubrirá una superficie de 1 m². Por tanto, el suelo de Marta tiene una superficie de 30 m².

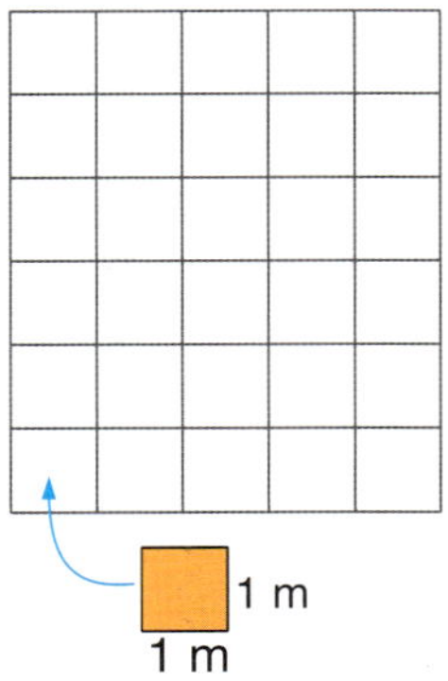

Y si Marta quisiera poner rodapié con baldosas de 1 m de longitud, ¿cuántas necesitaría?

Tendrá que poner 2 tiras de 6 y otras dos tiras de 5; en total necesita:

$$6 + 6 + 5 + 5 = 2 \cdot 6 + 2 \cdot 5 = 12 + 10 = 22 \text{ baldosas}$$

Necesita 22 baldosas de 1 m de longitud para cubrir todo el contorno de la habitación. Por tanto, la habitación tiene 22 m de contorno.

Las dimensiones de la habitación son 22 m de perímetro y 30 m² de área.

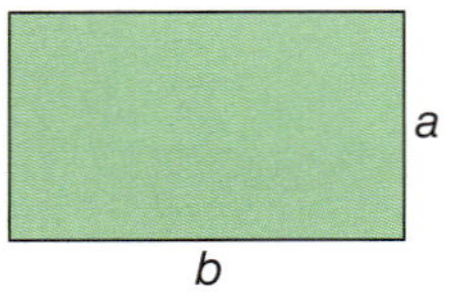

El **área de un rectángulo** es el producto de la base por la altura.

$$A_{\text{rectángulo}} = b \cdot a$$

El **perímetro de un rectángulo** se calcula sumando el doble de la base más el doble de la altura.

$$P_{\text{rectángulo}} = 2b + 2a$$

1.1. Cuadrado

Sabemos que un cuadrado es un rectángulo que tiene los cuatro lados iguales.

El **área de un cuadrado** de lado l se calcula multiplicando los lados.

$$A_{\text{cuadrado}} = l \cdot l = l^2$$

El **perímetro de un cuadrado** es el cuádruple del lado.

$$P_{\text{cuadrado}} = l + l + l + l = 4l$$

e Ejercicios y actividades resueltos

Calcula el área y el perímetro del rectángulo:

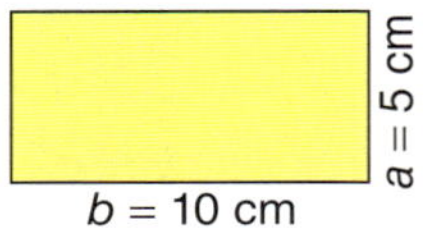

$a = 5$ cm $b = 10$ cm

$P = 2b + 2a =$
$= 2 \cdot 10 + 2 \cdot 5 =$
$= 20 + 10 = 30$ cm

$A = b \cdot a = 10 \cdot 5 =$
$= 50$ cm²

a Ejercicios y actividades

1. Calcula el área y el perímetro de los siguientes rectángulos:

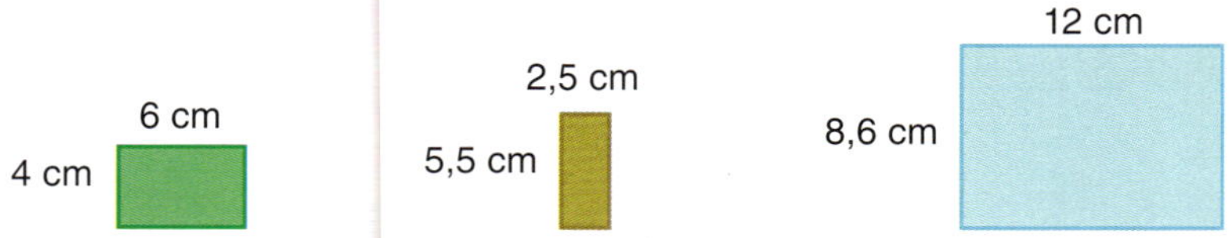

2. Calcula el área y el perímetro de las figuras coloreadas:

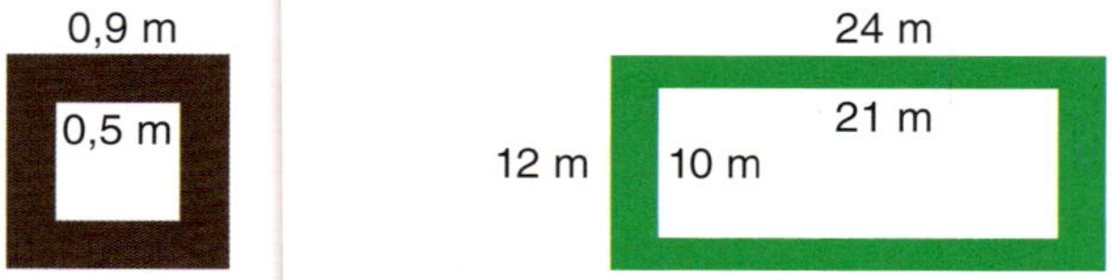

2. Medidas del paralelogramo

Vamos a calcular el área de un paralelogramo:

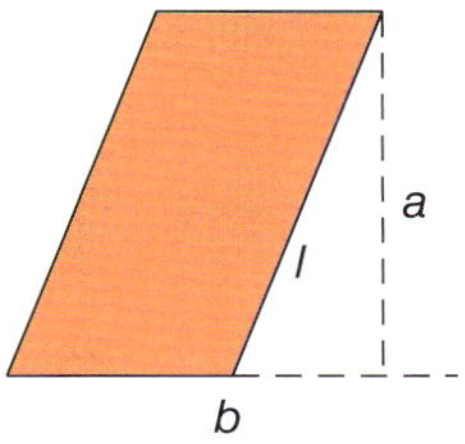

1. El triángulo rectángulo formado por b'', a' y l' es igual al formado por b', a y l. Por tanto, si los superponemos, nos queda la última figura.

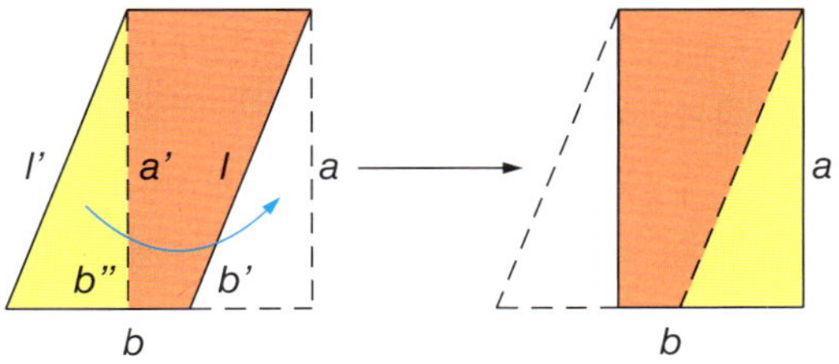

2. En la última figura tenemos un rectángulo de base b y altura a que ha sido construido superponiendo los dos triángulos rectángulos. Por tanto, el área del paralelogramo original coincide con el área del rectángulo final.

El área de un paralelogramo se calcula multiplicando la base por la altura.

$$A_{\text{paralelogramo}} = b \cdot a$$

El perímetro de un paralelogramo se calcula sumando el doble de la base y el doble del lado.

$$P_{\text{paralelogramo}} = 2b + 2l$$

2.1. Relación entre la altura y el lado

Aplicando el teorema de Pitágoras, tenemos que:

$$l^2 = (b')^2 + a^2$$

De esta manera, conocidos el lado l y la sombra b', podremos calcular la altura a. O conocidas la sombra y la altura, calcularemos el lado.

$$l = \sqrt{b'^2 + a^2}\,;\; a = \sqrt{l^2 - b'^2}$$

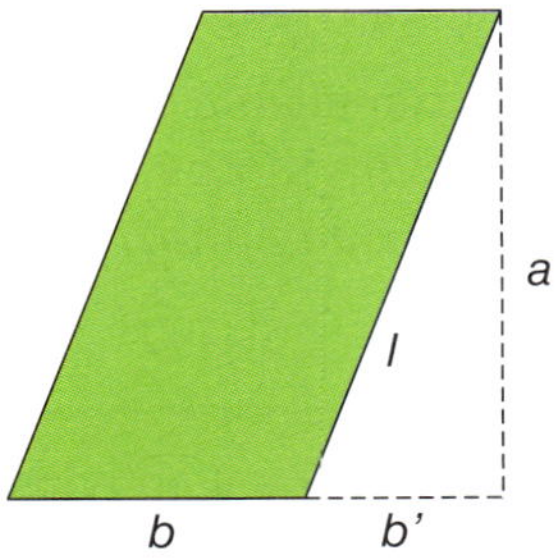

! Recuerda

- El **área** de una figura es el tamaño de su superficie.
- El **perímetro** de una figura es la longitud de la línea que la limita. En el caso de los polígonos, el perímetro es la suma de sus lados.

e Ejercicios y actividades resueltos

Calcula el área y el perímetro del paralelogramo:

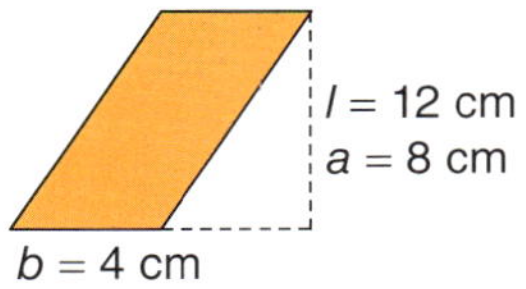

$$A = b \cdot a = 4 \cdot 8 = 32\ \text{cm}^2$$

$$P = 2b + 2l = 2 \cdot 4 + 2 \cdot 12 = 8 + 24 = 32\ \text{cm}$$

a Ejercicios y actividades

3. Calcula el área y el perímetro de los siguientes paralelogramos:

a)

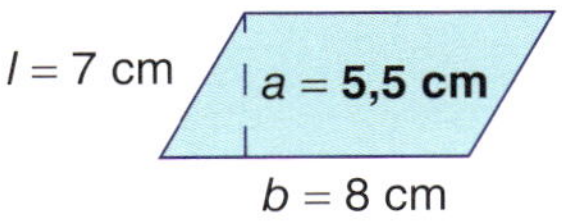

b)

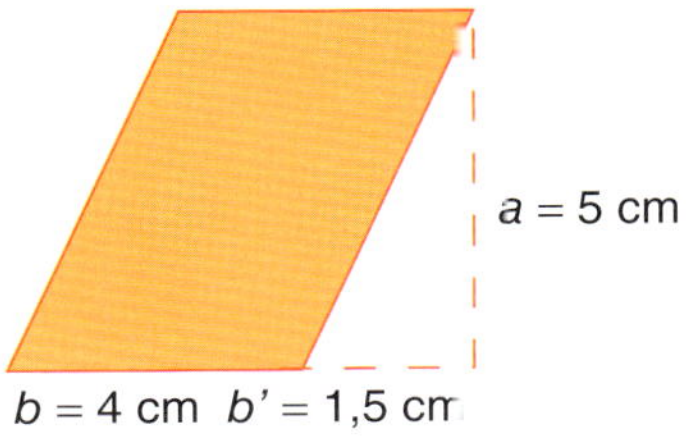

c)

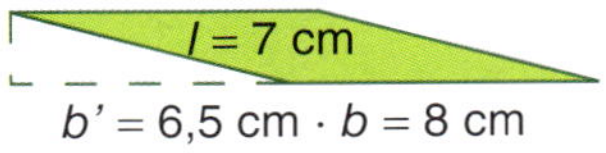

3. Medidas del triángulo

Para calcular el área del triángulo, vamos a utilizar un procedimiento similar al caso del paralelogramo. Guiados por la composición de las siguientes figuras, vemos que:

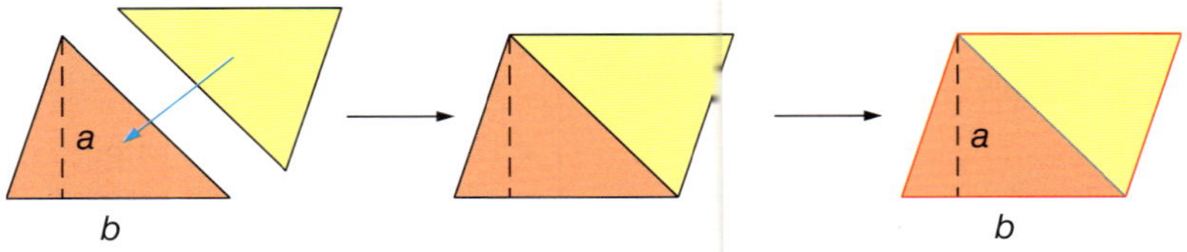

1. En la primera figura tenemos un triángulo de base *b* y altura *a* del que queremos calcular el área.
2. Construimos un triángulo igual al original, pero girado 180°.
3. Evidentemente, el triángulo original y el girado encajan perfectamente.
4. Al encajar los dos triángulos, obtenemos un paralelogramo con base *b* y altura *a*, medidas iguales a las del triángulo.
5. Como ya sabemos, el área del paralelogramo es el producto de la base por la altura. Como consecuencia, el área del triángulo será la mitad del paralelogramo obtenido, es decir, la mitad de la base por la altura.

Para calcular el **área de un triángulo**, multiplicamos la base por la altura y dividimos entre dos.

$$A_{\text{triángulo}} = \frac{b \cdot a}{2}$$

3.1. Cálculo de áreas por triangulación y cuadriculación

Cuando tenemos una figura poligonal que no es regular, no tenemos fórmula para calcular el área, es decir, no existe manera directa de hacer este cálculo. Para resolver el problema, utilizamos una técnica que se llama triangulación y cuadriculación.

Para calcular el área de las figuras poligonales no regulares, dividimos el polígono en tantos triángulos o cuadrados como sean necesarios, de manera que conozcamos las medidas de cada triángulo y cada cuadrado.

!

Triángulo equilátero

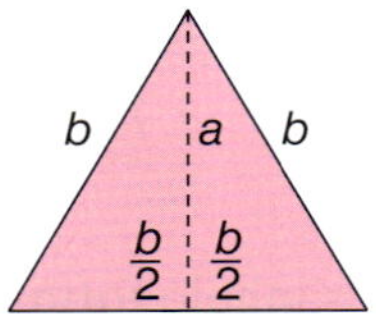

$$a = \sqrt{b^2 - \left(\frac{b}{2}\right)^2}$$

$$A = \frac{b \cdot a}{2}$$

$$P = 3b$$

e Ejercicios y actividades resueltos

Calcula el área y el perímetro del triángulo:

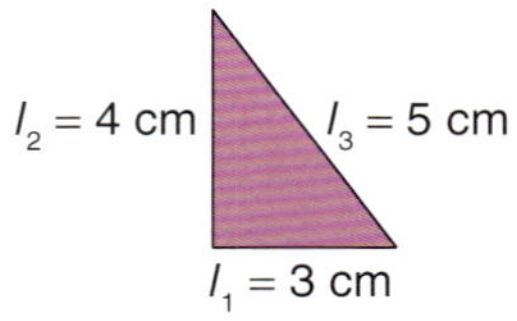

$$A = \frac{b \cdot a}{2} = \frac{3 \cdot 4}{2} = 6 \text{ cm}^2$$

$$P = l_1 + l_2 + l_3 = 3 + 4 + 5 = 12 \text{ cm}$$

Calcula el área de la siguiente figura:

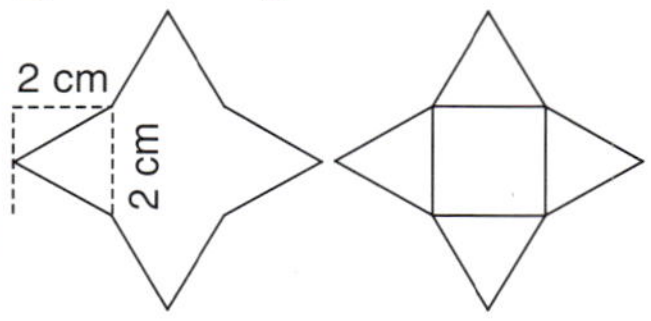

$$A_{\text{total}} = 4 \cdot \text{triángulo} + \text{cuadrado} =$$

$$= 4 \cdot \frac{2 \cdot 2}{2} + 2 \cdot 2 = 8 + 4 = 12 \text{ cm}^2$$

a Ejercicios y actividades

4. Calcula el área de los triángulos
   a) Rectángulo. Sus catetos miden 3 cm y 4 cm, respectivamente.
   b) Rectángulo. Su hipotenusa mide 10 cm y uno de sus catetos, 6 cm.
   c) Equilátero de lado 6 m.
5. Calcula el área de las siguientes figuras:

a)

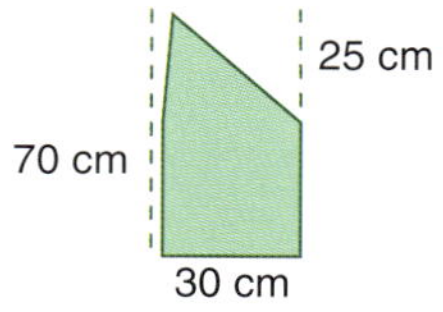

b)

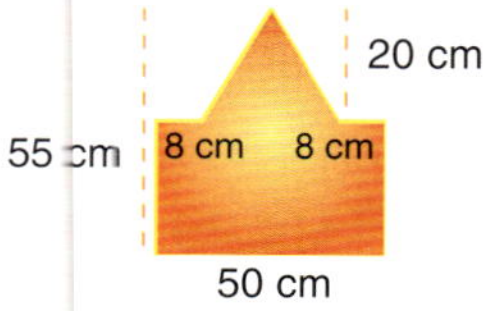

4. Medidas del rombo

Vamos a recordar los elementos básicos del rombo:

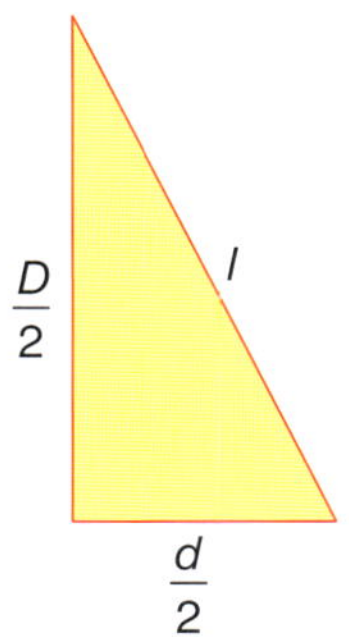

Vemos que el rombo se descompone en cuatro triángulos rectángulos iguales cuyas dimensiones son las señaladas al margen. El área de cada uno de estos triángulos sería:

$$A_{\text{triángulo}} = \frac{\frac{D}{2} \cdot \frac{d}{2}}{2} = \frac{\frac{D \cdot d}{4}}{2} = \frac{D \cdot d}{8}$$

El área del rombo será el área del triángulo multiplicado por cuatro:

$$A_{\text{rombo}} = 4 \cdot \frac{D \cdot d}{8} = \frac{D \cdot d}{2}$$

Para calcular el **área de un rombo**, multiplicamos sus dos diagonales y dividimos entre 2.

$$A_{\text{rombo}} = \frac{D \cdot d}{2}$$

Para calcular el **perímetro de un rombo**, hay que sumar sus cuatro lados.

$$P_{\text{rombo}} = 4 \cdot l$$

4.1. Relación entre las diagonales y el lado

Aplicando el teorema de Pitágoras, tenemos:

$$l^2 = \left(\frac{D}{2}\right)^2 + \left(\frac{d}{2}\right)^2 \rightarrow l = \sqrt{\left(\frac{D}{2}\right)^2 + \left(\frac{d}{2}\right)^2}$$

De esta forma, el perímetro del rombo será:

$$P_{\text{rombo}} = 4 \cdot \sqrt{\left(\frac{D}{2}\right)^2 + \left(\frac{d}{2}\right)^2}$$

e Ejercicios y actividades resueltos

Calcula el área y el perímetro del rombo:

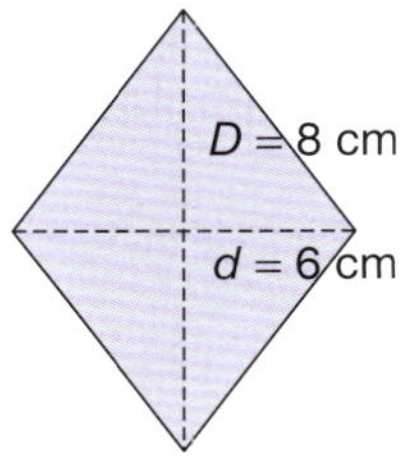

$$A = \frac{D \cdot d}{2} = \frac{8 \cdot 6}{2} = 24 \text{ cm}^2$$

$$P = 4 \cdot \sqrt{\left(\frac{D}{2}\right)^2 + \left(\frac{d}{2}\right)^2} =$$

$$= 4 \cdot \sqrt{\left(\frac{8}{2}\right)^2 + \left(\frac{6}{2}\right)^2} =$$

$$= 4 \cdot \sqrt{4^2 + 3^2} = 4 \cdot \sqrt{25} =$$

$$= 4 \cdot 5 = 20 \text{ cm}$$

a Ejercicios y actividades

6. Las diagonales mayor y menor de un rombo miden 16 cm y 30 cm, respectivamente. Calcula:
   a) El lado del rombo
   b) El perímetro del rombo
   c) El área del rombo
7. Calcula el área y el perímetro de los siguientes rombos:
   a)

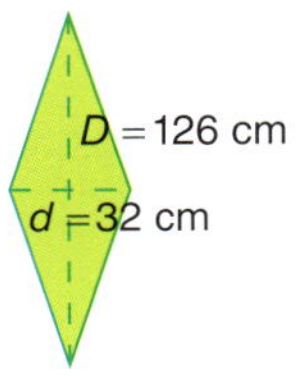

   b)

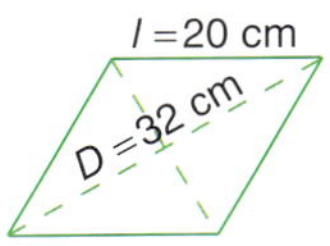

5. Medidas del trapecio

Para calcular el área del trapecio, vamos a utilizar el procedimiento que ya hemos utilizado en los anteriores casos:

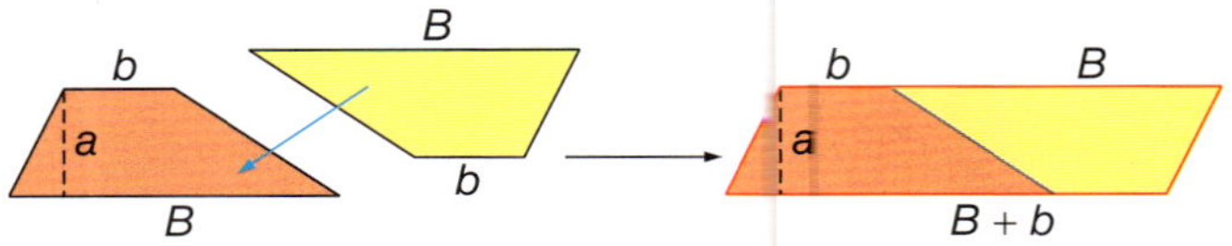

1. Tenemos un trapecio de dimensiones base mayor B, base menor b y altura a del cual queremos calcular el área.
2. Construimos un trapecio igual al original, pero girado 180°.
3. Al juntar los dos trapecios, obtenemos un paralelogramo con base igual a la suma de las dos bases del trapecio, $B + b$, y la misma altura a.
4. Como ya sabemos, el área del paralelogramo es el producto de la base por la altura. Como consecuencia, el área del trapecio será la mitad de la del paralelogramo que hemos construido, es decir:

$$A_{\text{trapecio}} = \frac{(B+b)\cdot a}{2}$$

Para calcular el **área de un trapecio**, multiplicamos la suma de las dos bases por la altura y dividimos entre dos.

$$A_{\text{trapecio}} = \frac{(B+b)\cdot a}{2}$$

Para calcular el **perímetro de un trapecio**, hay que sumar sus cuatro lados.

$$P_{\text{trapecio}} = B + b + l_1 + l_2$$

5.1. Casos particulares de trapecios

- Trapecio rectángulo:

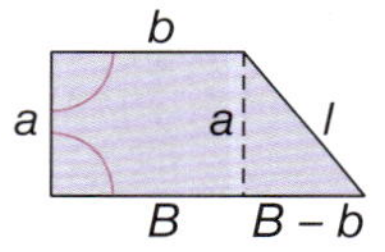

$$l^2 = a^2 + (B - b)^2$$

- Trapecio isósceles:

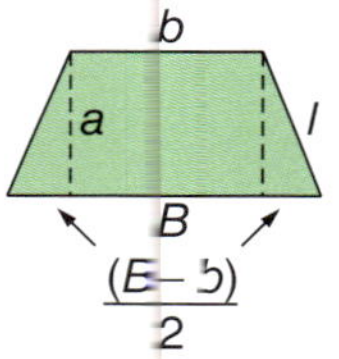

$$l^2 = a^2 + \left(\frac{B-b}{2}\right)^2$$

e Ejercicios y actividades resueltos

Calcula el área y el perímetro del trapecio:

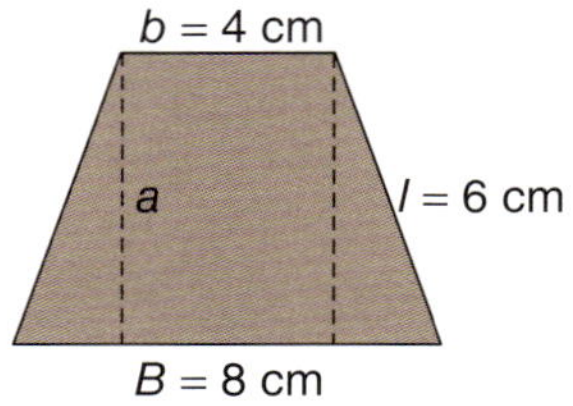

$$P_{\text{trapecio}} = B + b + l_1 + l_2 =$$
$$= 8 + 4 + 6 + 6 = 24 \text{ cm}$$
$$a = \sqrt{6^2 - 2^2} = \sqrt{36 - 4} =$$
$$= \sqrt{32} = 5{,}6 \text{ cm}$$

$$A_{\text{trapecio}} = \frac{a\cdot(B+b)}{2} =$$
$$= \frac{5{,}6\cdot(8+4)}{2} = \frac{5{,}6\cdot 12}{2} =$$
$$= 33{,}6 \text{ cm}^2$$

a Ejercicios y actividades

8. ¿Cuál de los siguientes trapecios tiene mayor área?

a) 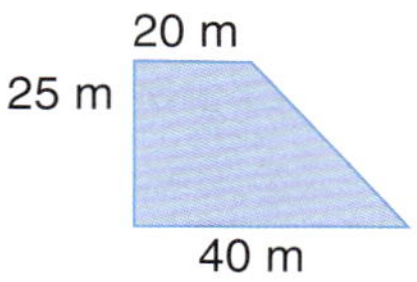

b) 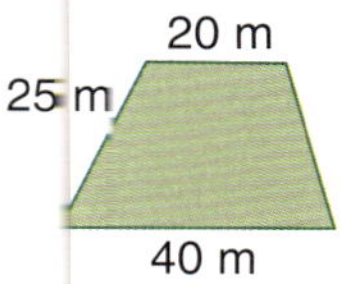

c) 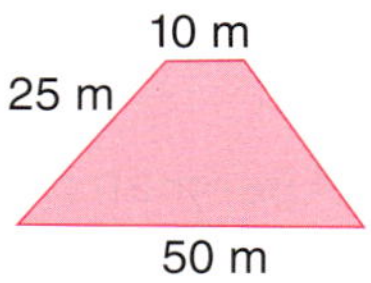

d) 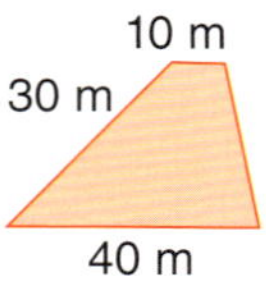

9. Calcula el área y el perímetro del trapecio de la figura:

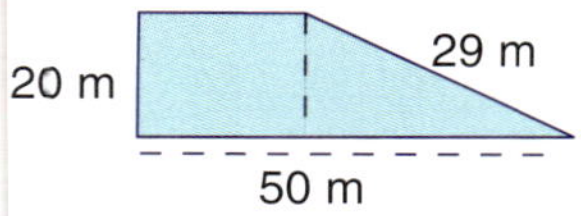

6. Medidas de los polígonos regulares

Vamos a tomar como ejemplo el hexágono regular y el octógono regular. Comprobamos que ambas figuras se pueden dividir en tantos triángulos como lados tenga el polígono:

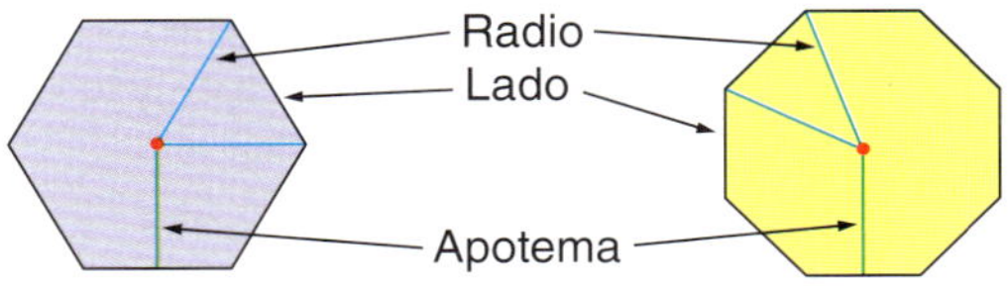

Estos triángulos son isósceles, sus lados iguales son los radios de la circunferencia circunscrita y la base es el lado del polígono. De esta forma, el área del polígono regular será el de este triángulo multiplicado por el número de lados:

$$A_{\text{triángulo}} = \frac{b \cdot a}{2} \qquad A_{\text{polígono}} = \text{n.º de lados} \cdot \frac{l \cdot a}{2}$$

Para calcular el **perímetro de un polígono regular**, tenemos que multiplicar el número de lados por la longitud del lado.

$$P_{\text{polígono}} = \text{n.º de lados} \cdot l$$

Conociendo las fórmulas del área y el perímetro del polígono, podemos deducir la fórmula general del área de los polígonos regulares.

Para calcular el **área de un polígono regular**, tenemos que multiplicar el perímetro por la apotema y dividir el resultado entre 2.

$$A_{\text{polígono}} = \text{n.º de lados} \cdot \frac{l \cdot a}{2} = \frac{\text{perímetro} \cdot a}{2}$$

6.1. Relación entre el lado, el radio y la apotema

La apotema corta la base en su punto medio; por tanto, por el teorema de Pitágoras obtenemos:

$$r^2 = \left(\frac{l}{2}\right)^2 + a^2 \rightarrow a = \sqrt{r^2 - \left(\frac{l}{2}\right)^2}$$

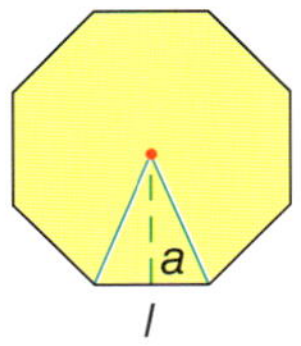

!

El hexágono regular

En el caso excepcional del hexágono regular, los triángulos en los que se divide son equiláteros. Esto es debido a que el lado mide lo mismo que el radio.

e Ejercicios y actividades resueltos

Calcula el área y el perímetro del polígono:

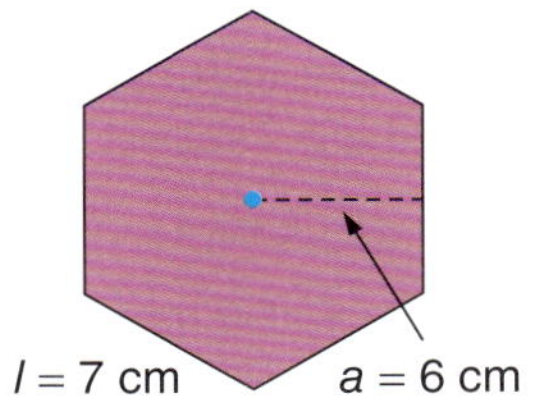

$$P = 6 \cdot l = 6 \cdot 7 = 42 \text{ cm}$$

$$A = \frac{P \cdot a}{2} = \frac{42 \cdot 6}{2} = 126 \text{ cm}^2$$

a Ejercicios y actividades

10. Calcula el área de un pentágono cuyo perímetro es 40 cm y cuya apotema es 5,5 cm.
11. En una circunferencia de radio 10 cm se inscribe un heptágono cuyo lado mide 8,7 cm. Calcula:
    a) Su apotema b) Su perímetro c) Su área
12. Calcula el área de la región coloreada:

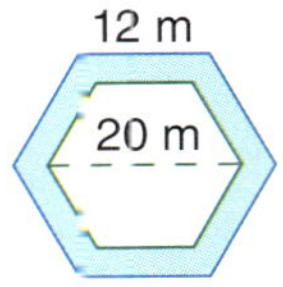

7. Longitud de la circunferencia y el arco

Calcular la longitud de la circunferencia es estirar el contorno hasta conseguir una línea recta como la de la figura.

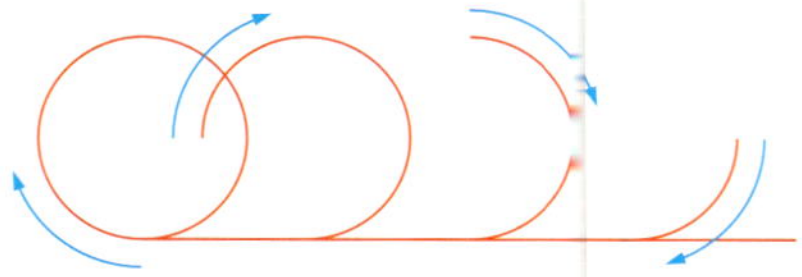

Puedes utilizar la aplicación **Áreas y volúmenes** de Editex para realizar los ejercicios de esta unidad didáctica.

La **longitud de la circunferencia** es el valor correspondiente al producto del diámetro ($2 \cdot r$) por el número pi ($\pi = 3{,}14...$).

$$L_{circunferencia} = 2 \cdot \pi \cdot r$$

7.1. Cálculo de la longitud del arco

La longitud de la circunferencia completa, que es $2 \cdot \pi \cdot r$, equivale a un arco de 360°. Para conocer la longitud de un arco cualquiera, necesitaremos conocer la amplitud del ángulo interior con que se corresponde.

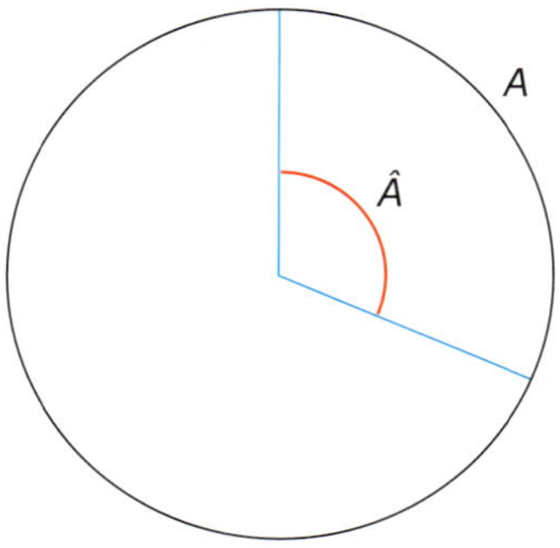

La **longitud del arco** *A* será proporcional a la amplitud del ángulo $\hat{A}$ respecto del total de la circunferencia.

$$L_{arco} = 2 \cdot \pi \cdot r \cdot \frac{\hat{A}}{360°}$$

EJEMPLO

- Calcula la longitud de la circunferencia y del arco siguientes:

  Longitud de la circunferencia de 3 cm de radio:

  $L = 2 \cdot \pi \cdot r = 2 \cdot 3{,}14 \cdot 3 = 18{,}84\ cm^2$

  Longitud del arco *A* con amplitud de ángulo $\hat{A} = 120°$:

  $L = 2 \cdot \pi \cdot 3 \cdot \frac{120°}{360°} = \frac{2 \cdot 3{,}14 \cdot 3 \cdot 120}{360°} = 6{,}28\ cm^2$

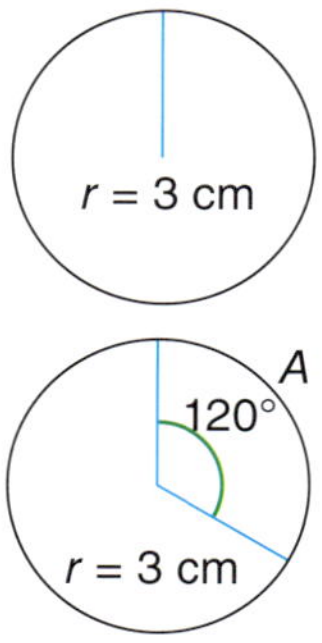

Ejercicios y actividades

13. Calcula la longitud de la siguientes circunferencias:

    a) Radio = 3 cm b) Radio = 10 cm c) Diámetro = 15 cm

14. Una bicicleta avanza 1 m por cada vuelta completa de sus ruedas. ¿Cuál es el diámetro de cada rueda?

15. Calcula el perímetro de las figuras encerradas en las líneas continuas:

    a)

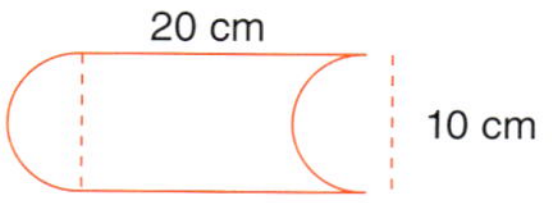

    b)

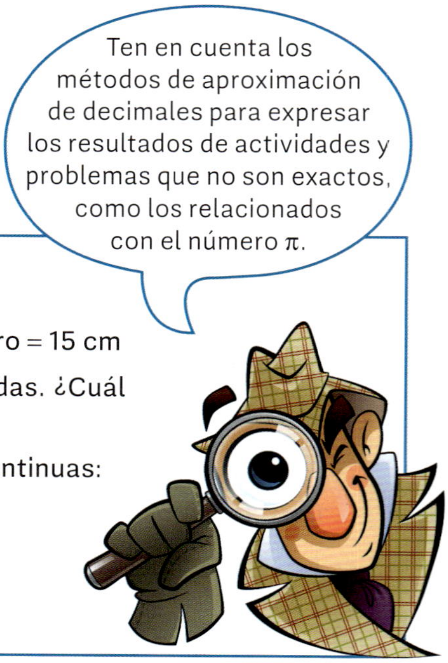

8. Área del círculo y de las figuras circulares

Para calcular el **área del círculo**, tenemos que multiplicar el valor del número pi (π) por el cuadrado del radio.

$$A_{\text{círculo}} = \pi \cdot r^2$$

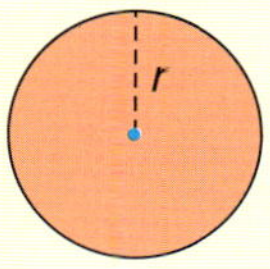

8.1. Cálculo del área del sector circular

El **área del sector circular** será proporcional a la amplitud del ángulo $\hat{A}$ respecto del total del círculo.

$$A_{\text{sector}} = \pi \cdot r^2 \cdot \frac{\hat{A}}{360^\circ}$$

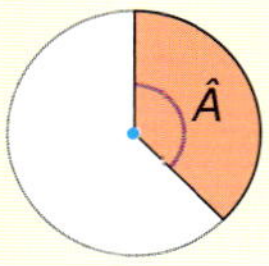

8.2. Cálculo del área de la corona circular

El **área de la corona circular** será el área del círculo de radio mayor menos el área del círculo de radio menor.

$$A_{\text{corona}} = \pi \cdot r_2^2 - \pi \cdot r_1^2 = \pi \cdot (r_2^2 - r_1^2)$$

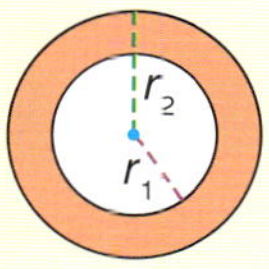

8.3. Cálculo del área del trapecio circular

El **área del trapecio circular** es proporcional a la parte de corona circular correspondiente al ángulo que abarca.

$$A_{\text{trapecio circular}} = \pi \cdot (r_2^2 - r_1^2) \cdot \frac{\hat{A}}{360^\circ}$$

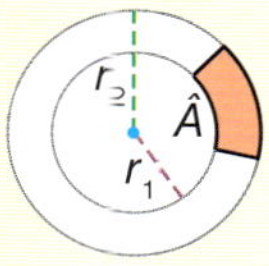

EJEMPLO

a)

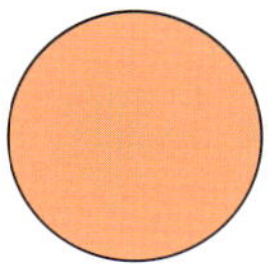

$r = 2$ cm

b)

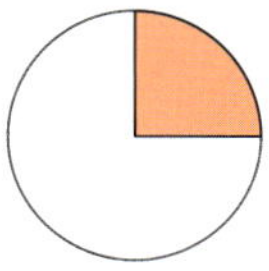

$r = 2$ cm
$\hat{A} = 90^\circ$

c)

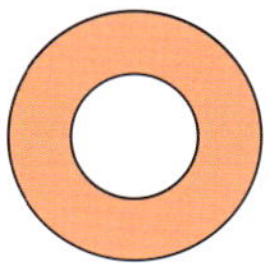

$r_2 = 2$ cm
$r_1 = 1$ cm

d)

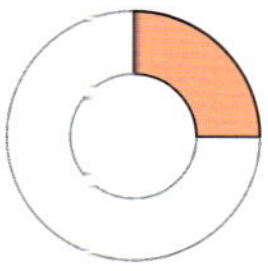

$r_2 = 2$ cm $\hat{A} = 90^\circ$
$r_1 = 1$ cm

a) $A = \pi \cdot 2^2 = 3{,}14 \cdot 4 = 12{,}56\ \text{cm}^2$

b) $A = \pi \cdot 2^2 \cdot \dfrac{90^\circ}{360^\circ} = 3{,}14 \cdot 4 \cdot \dfrac{90^\circ}{360^\circ} = 12{,}56 \cdot 0{,}25 = 3{,}14\ \text{cm}^2$

c) $A = \pi \cdot (2^2 - 1^2) = 3{,}14 \cdot (4 - 1) = 3{,}14 \cdot 3 = 9{,}42\ \text{cm}^2$

d) $A = \pi \cdot (2^2 - 1^2) \cdot \dfrac{90^\circ}{360^\circ} = 3{,}14 \cdot 3 \cdot 0{,}25 = 2{,}355\ \text{cm}^2$

!

B. Pascal dijo…

«La naturaleza es una esfera infinita cuyo centro está en todas partes y la circunferencia, en ninguna».

Blaise Pascal fue un matemático y físico que nació en Francia en 1623 y murió en 1662.

Se le considera, junto con Fermat, el creador de la teoría de la probabilidad. También hizo importantes aportaciones en física, sobre todo en el estudio del comportamiento de los líquidos.

Pascal fue el inventor de la llamada pascalina, la primera máquina calculadora de la historia.

a Ejercicios y actividades

16. Calcula el área de las zonas coloreadas: a)

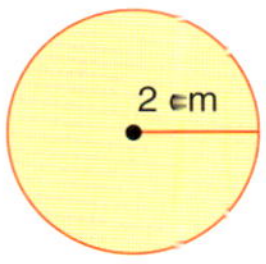

b)

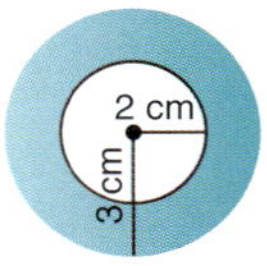

c)

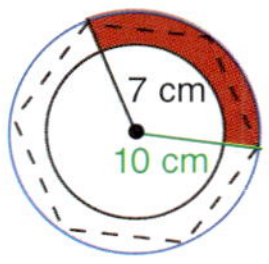

Fórmulas con Calc

En esta ocasión vamos a usar Calc para construir una fórmula que nos calcule el perímetro y el área de un círculo sin más que darle el radio. Para ello:

1. Escribe los textos igual que aparecen en la figura.

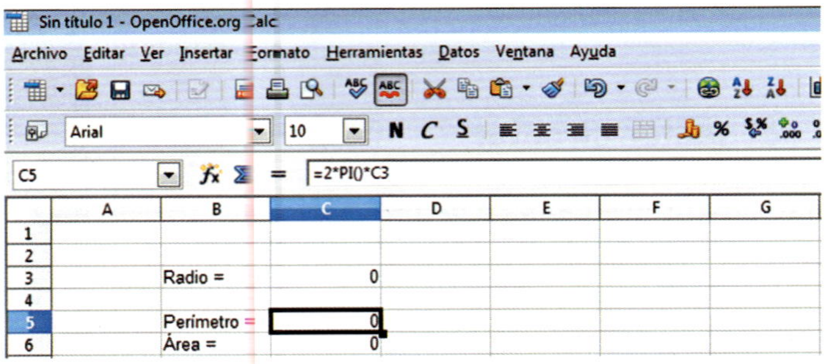

2. En C3 teclea **0**, pero luego el radio que necesitemos.
3. En C5 escribe = **2*PI()*C3**.
4. En C6 teclea = **PI()*C3^2**.

   Al escribir **PI()**, indicamos que estamos multiplicando por el número PI = 3,1415926536.
5. Para calcular el perímetro y el área de una circunferencia y de un círculo, respectivamente, de 5 cm de radio, tienes que escribir 5 en la celda C3 y pulsar INTRO. Tras ello aparecerá el resultado siguiente:

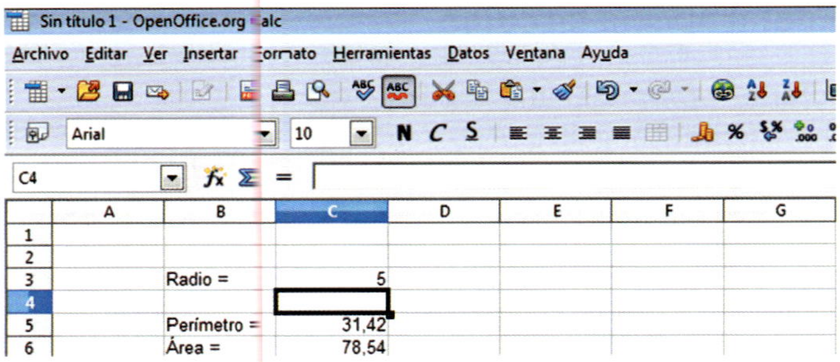

a Ejercicios y actividades

17. Calcula usando Calc:

   a) La longitud de una circunferencia de radio 6 cm.

   b) La longitud de una circunferencia de radio 3,5 cm.

   c) El área de un círculo de radio 6 cm.

   d) El área de un círculo de radio 3,5 cm.

   e) Las ruedas de la bicicleta de Diana tienen 30 cm de radio. ¿Cuántas vueltas dará cada rueda por kilómetro recorrido? Realiza las operaciones necesarias con Calc.

   f) Calcula el área de la zona coloreada. Realiza las operaciones necesarias con Calc.

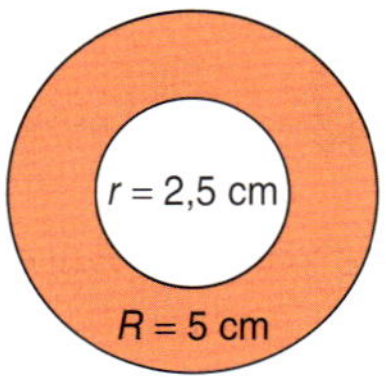

1. **Calcula el perímetro y el área de las siguientes figuras:**

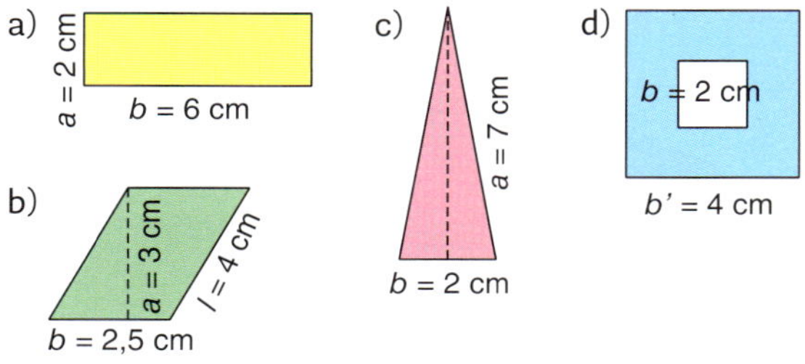

Solución

a) Es un rectángulo de 6 cm de base y 2 cm de altura. Por tanto:

- Perímetro $= 2 \cdot a + 2 \cdot b = 2 \cdot 2 + 2 \cdot 6 = 4 + 12 = 16$ cm
- Área $= a \cdot b = 2 \cdot 6 = 12$ cm^2

b) La figura es un paralelogramo de lados $b = 2{,}5$ cm, $l = 4$ cm y altura $a = 3$ cm. Entonces:

- Perímetro $= 2 \cdot b + 2 \cdot l = 2 \cdot 2{,}5 + 2 \cdot 4 = 5 + 8 = 13$ cm
- Área $= b \cdot a = 2{,}5 \cdot 3 = 7{,}5$ cm^2

c) Aquí tenemos un triángulo isósceles de base $b = 2$ cm y altura $h = 7$ cm.

Para calcular el perímetro, necesitamos conocer uno de los lados iguales (l). Al ser un triángulo isósceles, la altura corta a la base en su punto medio. Aplicamos el teorema de Pitágoras:

$$l^2 = 7^2 + 1^2 \rightarrow l = \sqrt{49+1} = \sqrt{50} = 7{,}07 \text{ cm}$$

- Perímetro $= b + 2 \cdot l = 2 + 2 \cdot 7{,}07 = 2 + 14{,}14 = 16{,}14$ cm
- Área $= \dfrac{a \cdot b}{2} = \dfrac{2 \cdot 7}{2} = 7$ cm^2

d) Tenemos lo que podríamos llamar una corona cuadrada:

- El perímetro de la figura es el perímetro de los dos cuadrados:

perímetro $= 4 \cdot b' + 4 \cdot b = 4 \cdot 4 + 4 \cdot 2 = 16 + 8 = 24$ cm

- El área se mide calculando el área del cuadrado grande y restándole la del cuadrado pequeño:

Área $= b'^2 - b^2 = 4^2 - 2^2 = 16 - 4 = 12$ cm^2

2. **Calcula el área de los siguientes trapecios:**

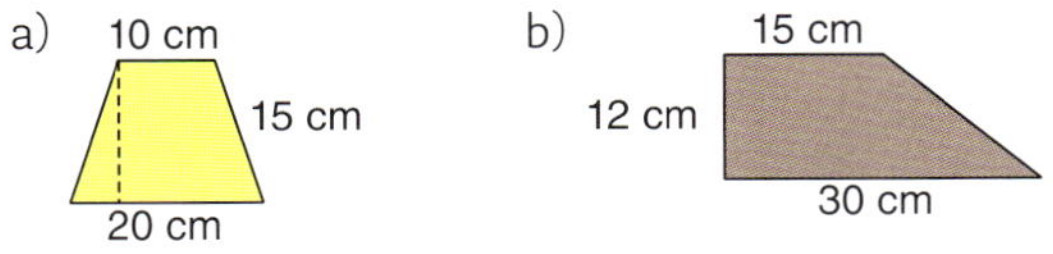

Solución

a) Altura $= \sqrt{15^2 - 5^2} = \sqrt{225 - 25} = \sqrt{200} = 14{,}1$ cm

$$A = \frac{(20+10) \cdot 14{,}1}{2} = 211{,}5 \text{ cm}^2$$

b) $A = \dfrac{(30+15) \cdot 12}{2} = 270$ cm^2

3. **Los padres de Luis tienen un terreno de 150 m de largo y 100 m de ancho en el pueblo. Si en el centro tiene una casa de base cuadrada de 25 m de lado, ¿qué superficie le queda como jardín?**

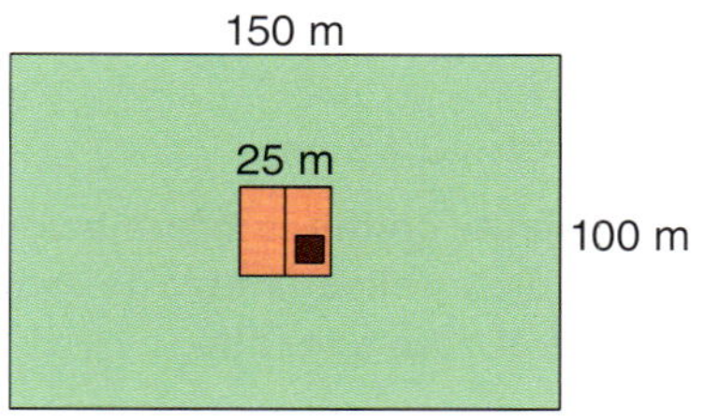

Solución

Área total de la parcela $= 100 \cdot 150 = 15\,000$ m^2

Área de la casa $= 25 \cdot 25 = 625$ m^2

Área como jardín $= 15\,000 - 625 = 14\,375$ m^2

4. **Calcula el área de las figuras sombreadas:**

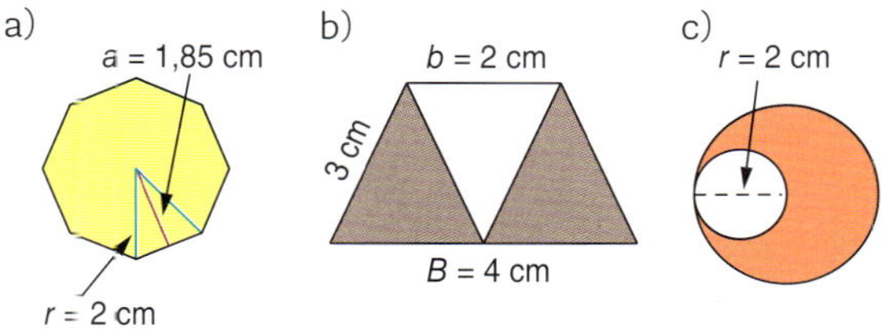

Solución

a) Por el teorema de Pitágoras calculamos b, la mitad del lado l:

$$a^2 + b^2 = r^2 \rightarrow b = \sqrt{r^2 - a^2} = \sqrt{2^2 - 1{,}85^2} = 0{,}76 \text{ cm} \rightarrow l = 2 \cdot 0{,}76 = 1{,}52 \text{ cm}$$

- Perímetro $= 8 \cdot l = 8 \cdot 1{,}52 = 12{,}16$ cm
- Área $= \dfrac{\text{perímetro} \cdot \text{apotema}}{2} = \dfrac{12{,}16 \cdot 1{,}85}{2} = 11{,}248$ cm^2

b) Aplicando el teorema de Pitágoras, calculamos la altura:

$$a = \sqrt{3^2 - 1^2} = \sqrt{8} = 2{,}83 \text{ cm}$$

- Perímetro $= 2 \cdot 6 + 4 = 16$ cm
- Área = área del trapecio − área del triángulo $= \dfrac{a \cdot (B+b)}{2} - \dfrac{b \cdot a}{2} = \dfrac{2{,}83 \cdot (4+2)}{2} - \dfrac{2 \cdot 2{,}83}{2} = 5{,}66$ cm^2

c) Son dos círculos, el mayor de 2 cm de radio y el interior de 1 cm de radio:

- Perímetro = perímetro mayor + perímetro menor $= 2 \cdot \pi \cdot R + 2 \cdot \pi \cdot r = 2 \cdot \pi \cdot 2 + 2 \cdot \pi \cdot 1 = 18{,}84$ cm
- Área = área mayor − área menor $= \pi \cdot R^2 - \pi \cdot r^2 = \pi \cdot 2^2 - \pi \cdot 1^2 = 9{,}42$ cm^2

Medidas del rectángulo

1. Calcula el perímetro y el área de los rectángulos de dimensiones a y b:

a) $a = 50$ cm, $b = 40$ cm

b) $a = \frac{2}{5}$ cm, $b = \frac{10}{7}$ cm

c) $a = 2\,000$ mm, $b = 0{,}4$ dam

2. La tabla siguiente contiene información sobre las dimensiones, el área y el perímetro de varios rectángulos. Completa el dato que falta:

Base	Altura	Perímetro	Área
7 cm	4 cm	●●●	●●●
18 m	●●●	●●●	90 m²
●●●	25 m	120 m	●●●

3. Calcula el área de la siguiente parcela de terreno. Si quisiéramos poner una valla alrededor, ¿cuántos metros de valla necesitaríamos?

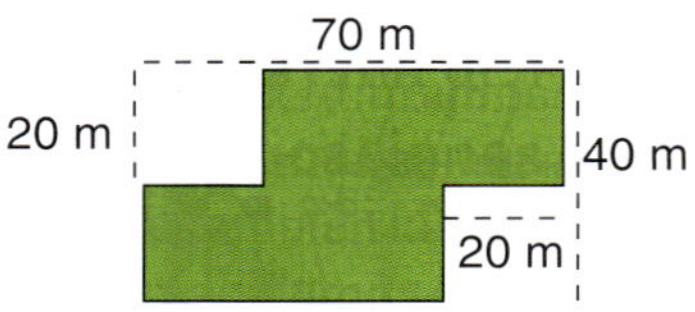

Medidas del paralelogramo y el trapecio

4. Calcula el área de las siguientes figuras:

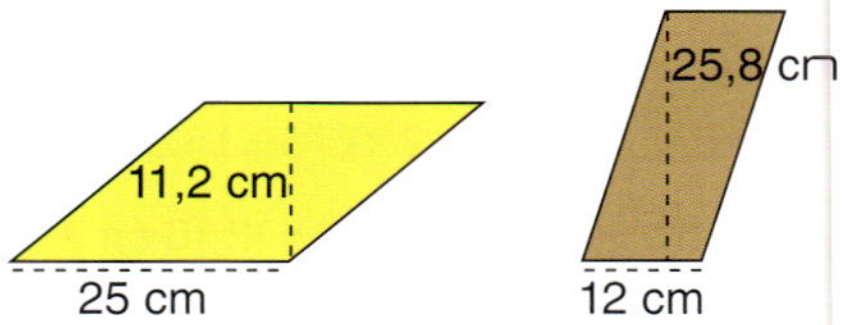

5. Calcula el área y el perímetro de los siguientes trapecios, rectángulo e isósceles, respectivamente:

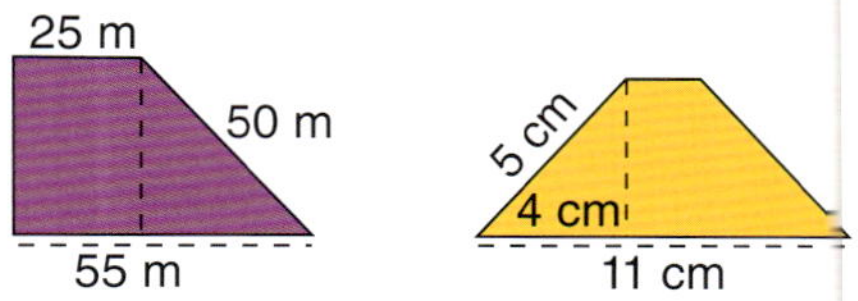

6. Calcula el perímetro de los siguientes paralelogramos:

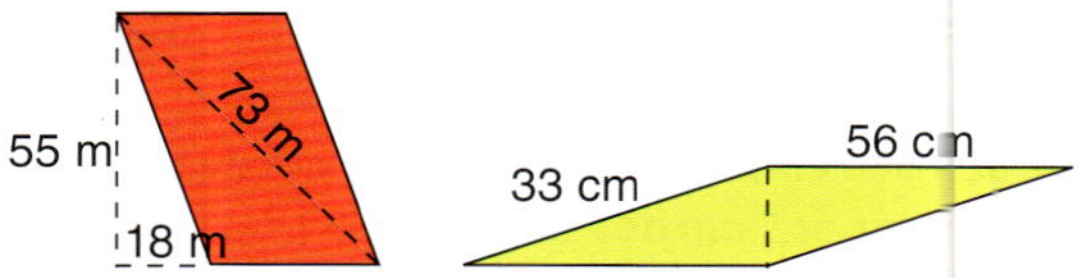

7. Calcula el área de los siguientes trapecios si B representa su base mayor, b su base menor y h su altura:

a) $B = 62$ cm $b = 45$ cm $h = 30$ cm

b) $B = 1$ m $b = 50$ cm $h = 300$ mm

c) $B = 8$ dm $b = 0{,}4$ m $h = 1\,000$ mm

Medidas del triángulo

8. Calcula el área de los siguientes triángulos:

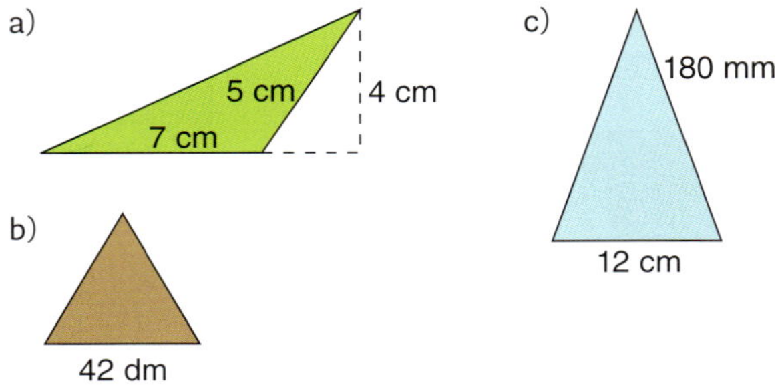

9. Calcula el área de los siguientes triángulos sabiendo que cada cuadrito tiene 1 cm de lado:

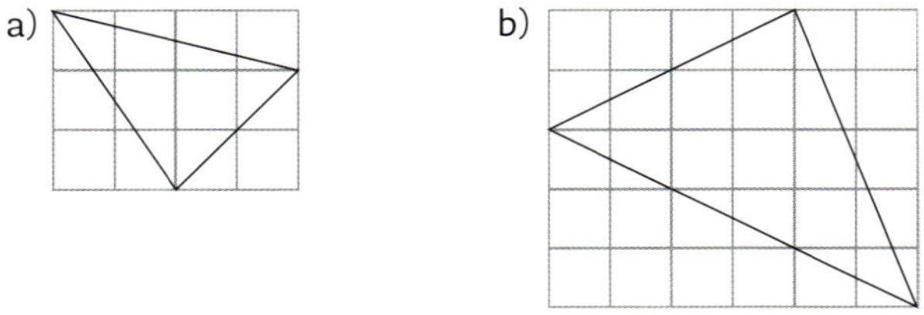

10. Calcula el área del siguiente triángulo rectángulo de dos formas distintas:

- Tomando como base la hipotenusa.
- Tomando como base uno de los catetos.

(Mide con la regla las longitudes necesarias).

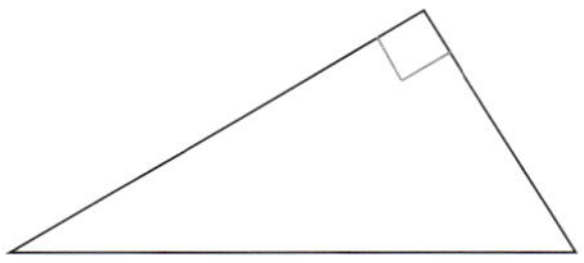

Comprueba que los dos cálculos dan el mismo resultado. ¿Puedes proponer una fórmula para calcular el área en triángulos rectángulos?

Medidas del rombo

11. Si D y d son las diagonales mayor y menor de un rombo, calcula el lado, el perímetro y el área de los siguientes rombos:

a) $D = 10$ cm $d = 4$ cm

b) $D = 226$ mm $d = 16{,}7$ cm

c) $D = 3{,}1$ dm $d = 1{,}8$ cm

d) $D = 42$ cm $d = 315$ mm

12. Calcula el área de la siguiente figura:

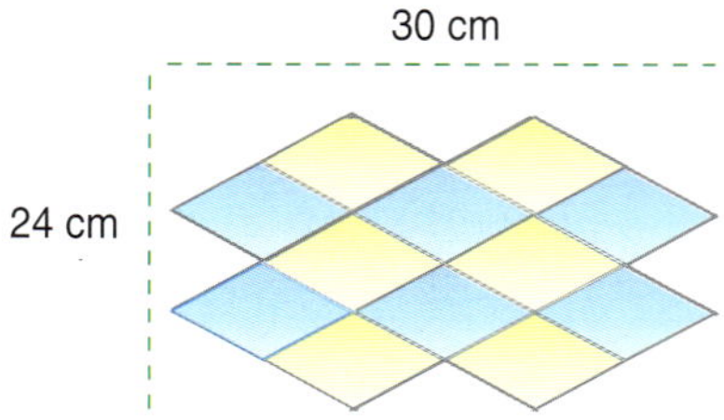

13. ¿Se puede averiguar el área de un rombo si se conoce solo su lado? Puedes ayudarte comparando el área de los siguientes rombos:

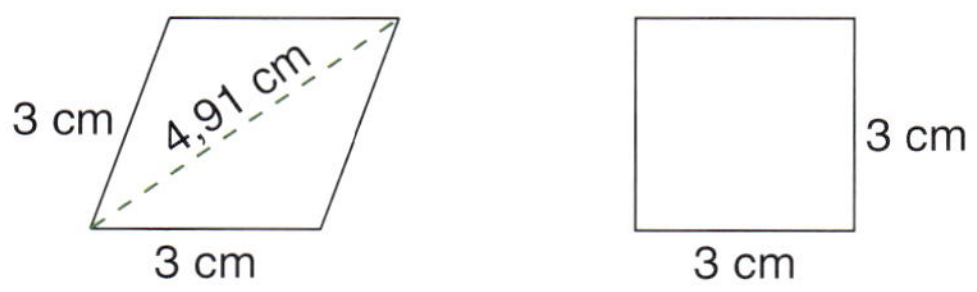

Medidas de los polígonos regulares

14. Sabiendo el área de la zona coloreada, calcula la superficie de los polígonos siguientes. Expresa el resultado redondeado a la décima:

a) $\sqrt{3}$ cm²	b) $3 \cdot \sqrt{5}$ cm²	c) $18 \cdot \sqrt{2}$ cm²
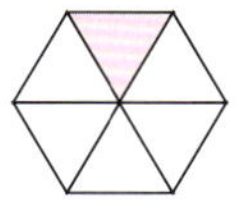	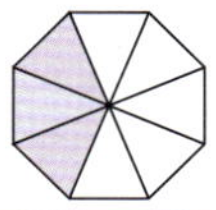	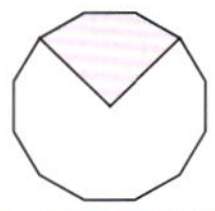

15. Calcula el perímetro y el área de las siguientes figuras:

a) 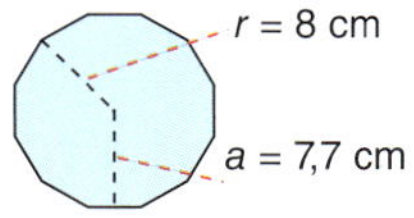

c) 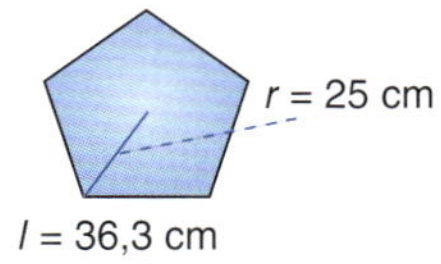

b) 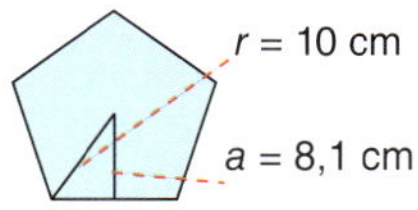

d) 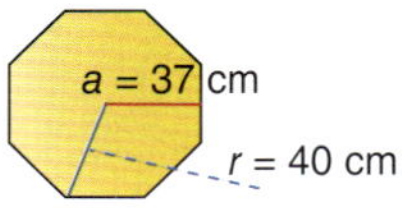

16. En una circunferencia de diámetro 22 cm se inscribe un decágono regular. El perímetro del decágono es 68 cm. Calcula:

a) El lado b) La apotema c) El área

17. Indica si son verdaderas o falsas las siguientes afirmaciones. Razona la respuesta:

a) El área de un polígono regular de radio r es mayor si aumenta el número de lados.

b) La apotema de un polígono regular es siempre menor que su radio.

c) El radio de un polígono regular es siempre menor que su lado.

Círculo y circunferencia

18. Si r y d representan el radio y el diámetro de una circunferencia, calcula la longitud de las siguientes circunferencias y el área del círculo encerrado:

a) $r = 10$ cm c) $r = 7,8$ cm d) $d = 14,8$ cm

b) $d = 9,4$ m e) $d = 10$ cm f) $r = 1,1$ m

19. Si el radio mide 3 cm, calcula la longitud de:

a) 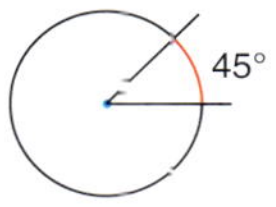

c) 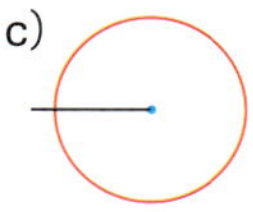

b) 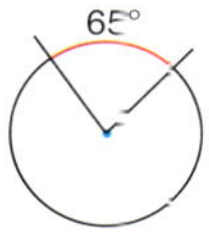

d) 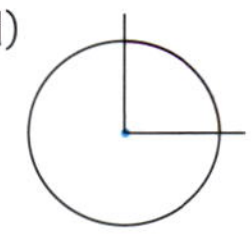

20. Calcula la superficie de las figuras coloreadas.

a) 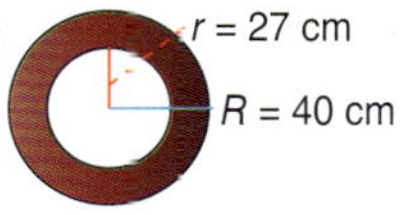

c) 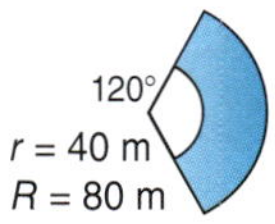

b) 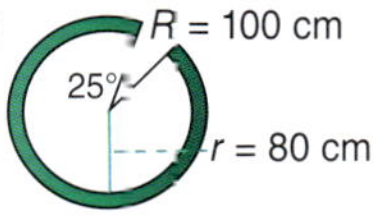

d) 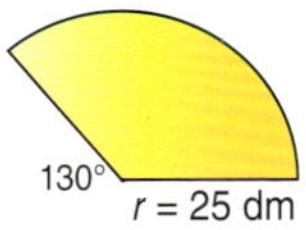

Problemas

21. Un coche entra en la siguiente glorieta por el lugar que indica la flecha, circula por el carril exterior y sale de nuevo. Si el diámetro de la glorieta es 12 m, ¿qué distancia recorre?.

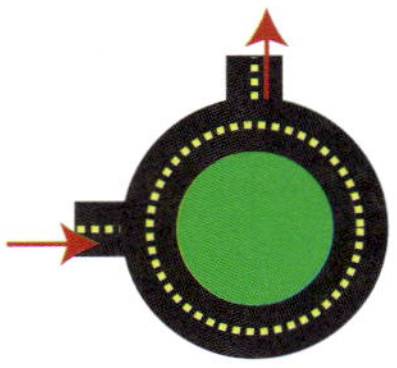

22. Una piscina tiene forma circular con un diámetro de 10 m. Se desea pintar el fondo con pintura que cuesta a 24 € el bote de cuatro litros. Un litro sirve para pintar 8 m². ¿Cuántos botes de pintura necesitaremos comprar y cuánto costarán?

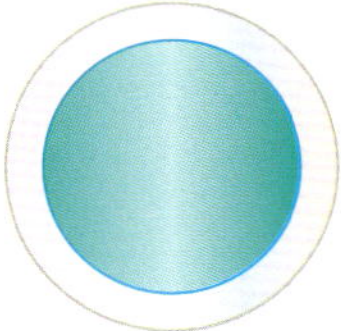

23. Calcula la cantidad de chapa metálica que necesitaremos para elaborar estas dos señales de tráfico:

	Altura: 72 cm Perímetro: 2,4 m		Lado: 0,9 m

24. Se desea poner baldosas hexagonales en una terraza de forma que no haya dos del mismo color juntas.

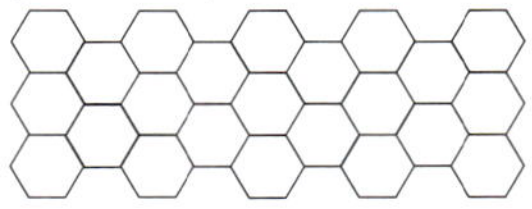

a) ¿Cuántos colores se necesitarán como mínimo?

b) Si el lado de cada baldosa es de 10,5 cm, ¿cuál es su área?

c) La terraza tiene forma rectangular de 2 × 3 m. ¿Cuántas baldosas necesitaremos de cada color aproximadamente?

La cometa

María y Andrés son dos grandes aficionados a las cometas y aunque ya tiene una cada uno quieren construir otra para jugar los dos. Los materiales que necesitan son:

- Varillas de plástico para el armazón.
- Plástico fino para la vela.
- Plástico para la cola.
- Hilo para manejar la cometa. La cometa tendrá dos hilos para manejarla.

Como la mayor parte de las cometas, tendrá forma rombo, de 60 × 50 cm, y la cola de 5 × 110 cm.

Actividades

Actividad 1: El armazón de la cometa estará formado por las diagonales del rombo. ¿Cuántos centímetros de varilla necesitarán para fabricar la cometa?

A	50
B	60
C	110
D	220

Actividad 2: El plástico fino de vela se vende por piezas de 70 × 70 cm. ¿Qué superficie tiene el plástico que tengo que comprar para la vela?

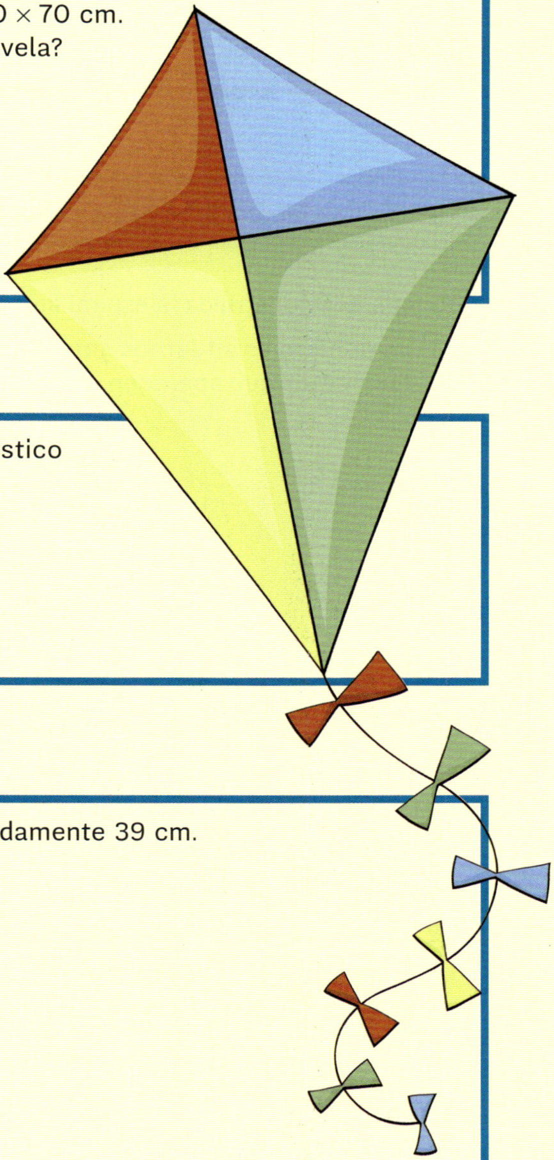

A	3 000 cm^2
B	1 500 cm^2
C	4 900 cm^2
D	2 450 cm^2

Actividad 3: María y Andrés se preguntan si con esa pieza de plástico tendrán suficiente para la vela de la cometa:

A	Sí
B	No

Razona la respuesta.

Actividad 4: Sabemos que cada lado del rombo mide aproximadamente 39 cm. Pero ¿cómo se podría calcular?

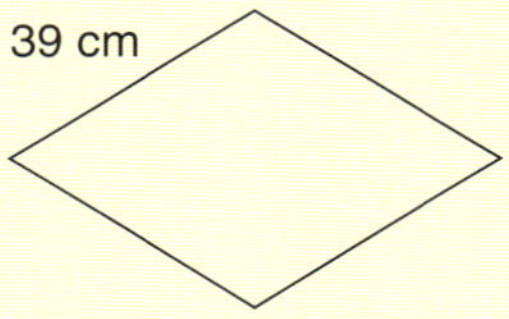

A	$L = D - d$
B	$L = \sqrt{D^2 + d^2}$
C	$L = \sqrt{\left(\frac{D}{2}\right)^2 + \left(\frac{d}{2}\right)^2}$
D	$L = \left(\frac{D}{2}\right)^2 + \left(\frac{d}{2}\right)^2$

Actividad 5: El hilo además de para los mandos también se usa para poner alrededor de la comenta uniendo los extremos de las diagonales. Si los mandos necesitan 20 m cada uno. ¿Con cuál de las siguientes medidas que nos ofrecen tendremos suficiente con el mínimo sobrante?

A	40 m
B	41 m
C	42 m
D	43 m

La espiral áurea

Paso 5. Calculo del área restante de la construcción de la espiral en la sucesión de cuadrados

Ya tenemos construida la espiral áurea:

1. Lo primero es situarnos ante esta espiral que construimos en la unidad anterior e identificar los elementos que aparecen.

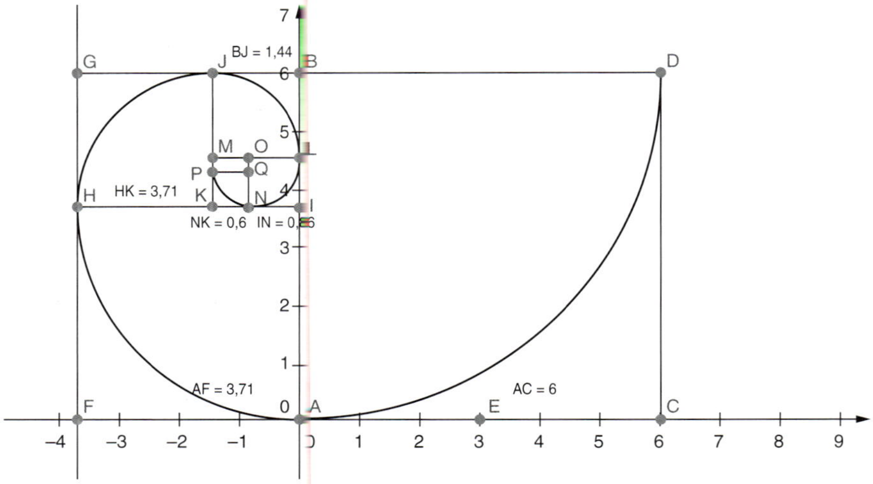

2. Lo primero es conocer la longitud de los lados de cada cuadrado, que además coincide con el radio del sector circular inscrito en este.
3. Puedes usar una regla para medir la longitud de cada cuadrado.
4. Puedes usar GeoGebra para calcular las distancias entre dos puntos. Debes de usar la opción que aparece en la imagen adjunta.
5. Podrás comprobar que las longitudes son las que aparecen en la primera imagen que te hemos dado.
6. Ahora vas a construir una tabla en Calc con las siguientes columnas:

Longitud del lado	Área del cuadrado	Área del sector circular	Diferencia sobrante

7. Usaremos Calc para realizar todos los cálculos. Recuerda lo que has aprendido en unidades anteriores.
8. Para calcular el área del cuadrado, haremos $A_1 = l^2$.
9. Para calcular el área del sector circular, haremos $A_2 = \frac{\pi \cdot r^2}{4}$.
10. La diferencia será $D = A_1 - A_2$.
11. La suma de todas las diferencias será el sobrante de rectángulo áureo que no ocupa la espiral áurea.
12. Recuerda que este proceso es infinito y, por tanto, solo podremos encontrar una aproximación, no el valor exacto.

Autoevaluación

1. ¿Cómo se calcula el área de la siguiente figura, en m²?

   a) $2 \cdot (3{,}5 - 1) + \dfrac{\pi \cdot 1^3}{2}$

   b) $2 \cdot (3{,}5 - 1) + 2^2 \cdot \pi$

   c) $2 \cdot 3{,}5$

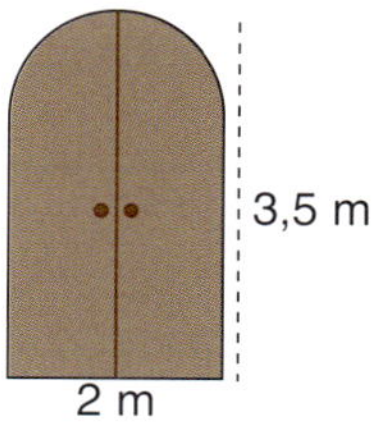

2. ¿Cuáles de los siguientes triángulos tienen igual área?

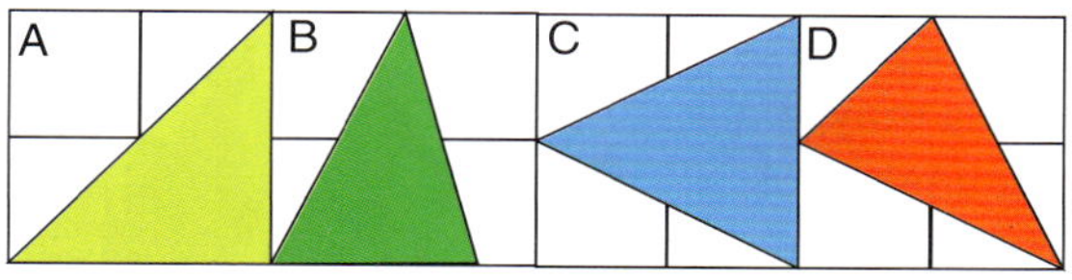

   a) El A y el B.
   b) El B y el D.
   c) El A y el C.

3. Un paralelogramo tiene 40 cm² de superficie y 80 mm de base. ¿Cuánto mide su altura?

   a) 50 mm b) 10 cm c) 100 mm d) 5 mm

4. ¿Cuánto mide el área de un rombo de lado 5 cm cuya diagonal mayor mide 8 cm?

   a) 40 cm² b) 48 cm² c) 20 cm² d) 24 cm²

5. ¿Cuánto mide el área del siguiente triángulo?

   a) Faltan datos.
   b) 58,3 cm²
   c) 30 cm²
   d) 60 cm²

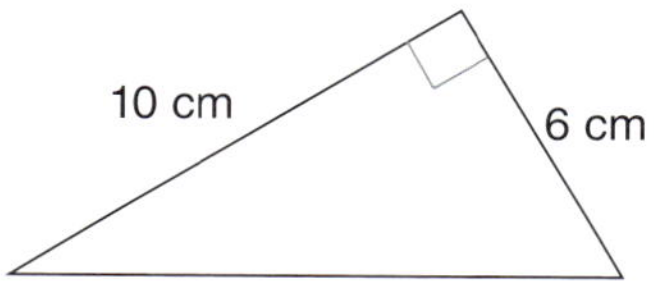

6. Las bases de un trapecio rectángulo miden 10 cm y 7 cm, respectivamente. El lado que no es perpendicular a las bases mide 5 cm. ¿Cuánto miden su perímetro (p) y su área (A)?

   a) $p = 26$ cm, $A = 34$ cm²
   b) $p = 27$ cm, A = 40,7 cm²
   c) $p = 27$ cm, $A = 42{,}5$ cm²

7. ¿Cuál es el área de la siguiente figura aproximadamente?

   a) 1 256 mm² c) 628 mm²
   b) 942 mm² d) 314 mm²

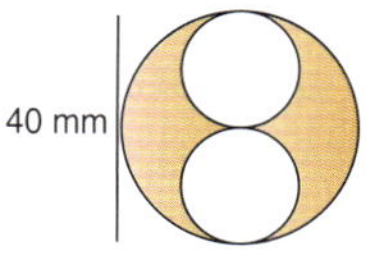

8. Madrid y Nueva York están aproximadamente en el mismo paralelo (40° de latitud norte, que mide aproximadamente 4 870 km de radio).

   Con ese dato, calcula la distancia aproximada en km entre Madrid y Nueva York si la distancia en grados es 70°.

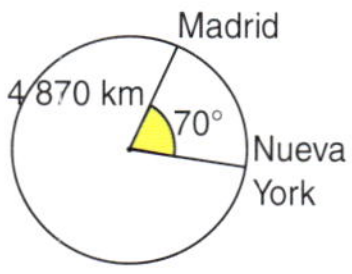

   a) 30 580 km c) 5 950 km b) 6 000 km

9. ¿Cuánto mide el área de la figura?

   a) 22,9 cm² c) 6,4 cm²
   b) 71 cm² d) 4,9 cm²

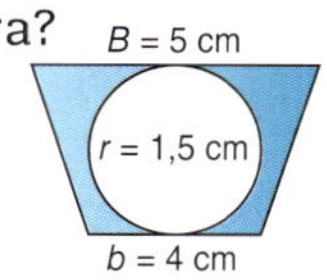

10. Las ruedas de una bicicleta miden 30 cm de radio. Aproximadamente ¿cuántas vueltas deberán dar para recorrer 1 km?

    a) 1 83 b) 531 c) 0,28

Soluciones: 1. a - 2. c - 3. a - 4. d - 5. c - 6. a - 7. c - 8. c - 9. c - 10. b

Mis progresos

Unidad 13	Sobresaliente ¡Soy muy competente!	Bien Soy competente, pero puedo mejorar	Suficiente Soy competente, pero debo mejorar	Insuficiente Me faltan competencias. ¡Debo esforzarme mucho más!
¿Sé aplicar lo aprendido?	Conozco las fórmulas para calcular perímetros y áreas de polígonos y figuras circulares.	Conozco las fórmulas para calcular perímetros y áreas de algunos polígonos y figuras circulares.	Conozco las fórmulas para calcular perímetros de algunos polígonos y figuras circulares.	No conozco las fórmulas para calcular perímetros y áreas de polígonos y figuras circulares.
Sé hacer...	Calculo perímetros y áreas de polígonos y figuras circulares.	Calculo perímetros y áreas de algunos polígonos y figuras circulares.	Calculo perímetros de algunos polígonos y figuras circulares.	No calculo perímetros ni áreas de polígonos y figuras circulares.
La tecnología y yo...	Realizo cálculos numéricos utilizando calculadora y medios informáticos.	Sé realizar algunos cálculos numéricos con calculadora y medios informáticos.	Solo realizo cálculos numéricos con calculadora.	Solo soy capaz de realizar operaciones con lápiz y papel.
¿Sé trabajar en grupo?	Asumo mi rol sin interferir en el trabajo de los demás y aporto ideas al grupo.	Asumo mi rol, aporto ideas al grupo, pero suelo interferir en el trabajo de los demás.	Asumo mi rol, no aporto ideas al grupo e interfiero en el trabajo de los demás.	No asumo mi rol e interfiero en el trabajo de los demás sin aportar ideas al grupo.

Comprende las unidades didácticas
14. Tablas y gráficas
15. Estadística

Conociendo a tu clase

¿Nunca te has preguntado si eres como la media de clase o si podrías ser un representante de tu clase? Es decir, ¿te pareces a la mayoría o eres muy distinto? Para saber responder a todas estas cuestiones, tienes que conocer cómo es el resto de tus compañeros, qué tipologías tiene y cuáles son las características que resumen a toda tu clase o a todos tus compañeros de curso en la escuela donde estudias.

En este proyecto vas a conocer más cosas de tus compañeros de clase. Vamos a hacer un estudio poblacional. Para ello, les haremos una encuesta, con unas preguntas muy cortas, y después haremos las tablas y las gráficas que representen mejor a tu clase. Si tus compañeros de la clase de al lado hacen el mismo estudio, podremos comparar los resultados de las dos clases.

Una vez terminado el proyecto, podrás ver si eres un buen representante de tu clase.

Esto que vamos a desarrollar durante estas dos unidades se hace habitualmente para conocer intenciones de voto, estudios de una determinada población u ocupación de los trabajadores. Por tanto, vas a aprender algo que en un futuro te servirá para comprender qué significan muchas de las cuestiones que se plantean en los medios de comunicación.

Proyecto: Conociendo a tu clase

Sitúate ante el trabajo a realizar

1. Trabajaréis por parejas.
2. Vamos a estudiar varios conceptos:
   a) Recogida de datos.
   b) Tabulación. Buscad en Internet a qué se refiere este término y distintos modos de llevarlo a cabo.
   c) Estadística básica.
   d) Buscad en Internet programas que hagan Gráficas estadísticas.
   e) Buscad en Internet qué significa *cuestionario anónimo*.
3. Solo necesitaremos cálculos sencillos con los valores de las tablas y los podrás hacer con lápiz y papel u ordenador.

Lo que tienes que hacer

Lo primero que haremos será redactar la encuesta que vamos a pasar a nuestros compañeros de clase (si te atreves, puedes pasarla también a los compañeros de la clase de al lado y así podrás comparar). En un segundo paso tabularemos todos los datos recogidos y los pondremos en una tabla que construiremos para este proyecto. Una vez hecha la tabla, haremos los cálculos estadísticos básicos que hemos aprendido y representaremos los resultados mediante gráficas.

Para realizar todos estos cálculos, usaremos lápiz y papel o el software OpenOffice Calc, que ya conoces.

Pasos a seguir

Este proyecto lo desarrollaremos según las siguientes pautas:

14. Tablas y gráficas. Paso 1. Recogida de datos.
15. Estadística. Paso 2. Análisis de datos.

14 Tablas y gráficas

En esta unidad

1. Coordenadas cartesianas en el plano
2. Información mediante tablas
3. Tablas y gráficas
4. Expresiones y gráficas
5. Crecimiento y decrecimiento en las gráficas

	Vamos a aprender a...	Competencias
Saberes científicos	– Identificar las coordenadas en el plano. – Construir tablas y gráficas con datos recogidos en distintas situaciones. – Identificar expresiones algebraicas a partir de tablas y gráficas.	CMCT, CPAA
Lectura y comprensión	– Realizar una lectura comprensiva del enunciado del problema e identificar los datos y las incógnitas de los problemas propuestos. – Mostrar organización, orden y trabajo sistemático.	CMCT, CCL
Tratamiento de la información y competencia digital	– Utilizar las tecnologías de la información para realizar representaciones gráficas. – Realizar búsquedas en la Red de una manera sistematizada y crítica comparando diversas opciones.	CMCT, CD
Aprende a aprender ciencia	– Comunicar los resultados obtenidos y explicar mediante un lenguaje preciso y claro, las ideas y el proceso seguido. – Explorar y conjeturar posibles resultados de procesos de cálculo.	CMCT, CPAA, SIE
La ciencia en la sociedad	– Mostrar interés y perseverancia en la realización de las actividades. – Presentar las actividades oralmente o por escrito, con orden, claridad y limpieza.	CMCT, CSC
Proyecto: Conociendo a tu clase	– Recoger y agrupar datos.	CMCT, CPAA, CSC, CD

Nota: competencia matemática y competencias básicas en ciencia y tecnología (CMCT), competencia en comunicación lingüística (CCL), competencias sociales y cívicas (CSC), competencia para aprender a aprender (CPAA), competencia digital (CD), sentido de la iniciativa y espíritu emprendedor (SIE), conciencia y expresiones culturales (CEC).

La utilidad de las tablas y las gráficas

Cada día y cada hora estamos expuestos a tablas o gráficas que nos informan de datos en los medios de comunicación, al montar en el metro, cuando paseamos por la calle y pasamos por un escaparate de una tienda para indicar la subida del IPC del país y para ver cuánto ha bajado el euríbor o si la bolsa hoy tiene pérdidas o ganancias. También las tarifas del metro están en forma de tabla. Seguro que puedes encontrar muchas situaciones más que has vivido y a las que no has prestado atención.

La matemática a nuestro alrededor

- Busca a tu alrededor situaciones en las que se utilicen tablas o gráficas.
- Busca en Internet ejemplos de tablas y gráficas e interpreta lo que indican.

1. Coordenadas cartesianas en el plano

Las líneas que aparecen al margen se denominan ejes cartesianos. Estos ejes se utilizan para representar puntos en el plano.

Los elementos básicos de los ejes cartesianos son:

- **Eje de abscisas:** es el eje horizontal. Representa la coordenada x, por esto es habitual llamarlo eje X.
- **Eje de ordenadas:** es el eje vertical. Representa la coordenada y, por esto también es habitual llamarlo eje Y.
- **Origen de coordenadas (*O*):** es el punto donde se cortan los ejes de ordenadas y abscisas. Suele representarse por $O\,(0, 0)$.

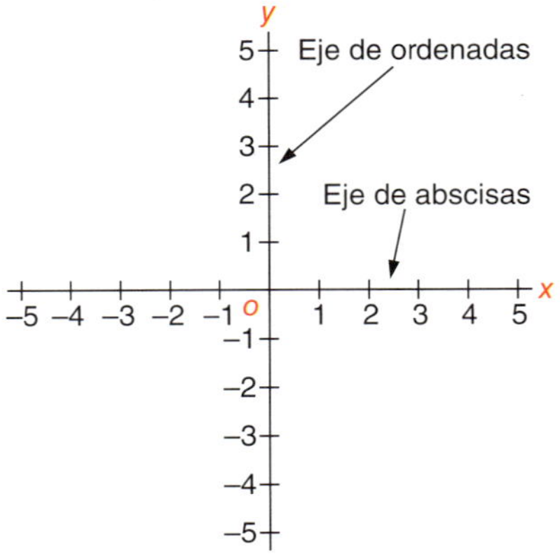

1.1. Representación de un punto en los ejes cartesianos

Como sabemos, el plano tiene dos dimensiones y, por lo tanto, cualquier punto que se encuentre en el plano viene determinado por esas dos dimensiones. Los dos números que determinan la posición de un punto en el plano se llaman **coordenadas**.

Un punto en el plano viene determinado por dos **coordenadas**.

$$A(x,\ y) = \begin{cases} x \rightarrow 1.^{\text{a}} \text{ coordenada, coordenada de la abscisa} \\ y \rightarrow 2.^{\text{a}} \text{ coordenada, coordenada de la ordenada} \end{cases}$$

Para representar un punto, debemos saber lo siguiente:

- En el eje de abscisas: lo que está a la derecha del origen de coordenadas es lo positivo y lo que está a la izquierda, lo negativo.
- En el eje de ordenadas: lo que está por encima del origen de coordenadas es lo positivo y lo que está por debajo es lo negativo.

EJEMPLO

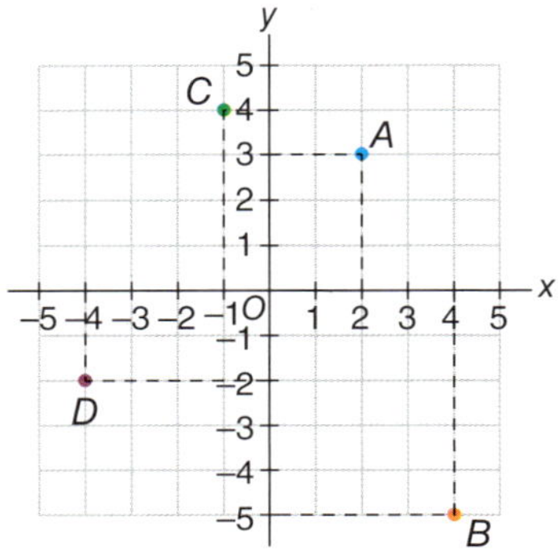

$$A(2, 3) \rightarrow \begin{cases} x = 2,\ \text{abscisa} = 2 \\ y = 3,\ \text{ordenada} = 3 \end{cases}$$

$B(4,\ -5) \rightarrow x = 4;\ y = -5$

$C(-1,\ 4) \rightarrow x = -1;\ y = 4$

$D(-4,\ -2) \rightarrow x = -4;\ y = -2$

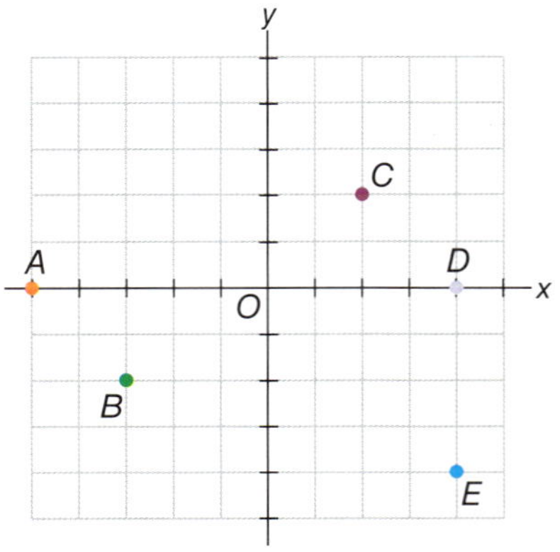

a Ejercicios y actividades

1. Representa en unos ejes de coordenadas cartesianas los siguientes puntos:

   a) $(2, 0)$ b) $(4, -2)$ c) $(0, -4)$ d) $\left(\dfrac{3}{2}, 1\right)$ e) $(-5, 2)$ f) $\left(-1, -\dfrac{9}{4}\right)$

2. Indica las coordenadas de los puntos que aparecen en los ejes de coordenadas del margen.

2. Información mediante tablas

En multitud de ocasiones hemos encontrado tablas como la siguiente:

Churros										
Cantidad	1	2	3	4	5	6	7	8	9	10
Precio	0,20	0,40	0,60	0,80	1,00	1,20	1,40	1,60	1,80	2,00

Nos están informando de cuánto pagaremos dependiendo de la cantidad de churros que compremos.

Cada columna será una pareja inseparable:

(1; 0,20), (2; 0,40), ..., (10; 2,00)

donde la primera componente representa la cantidad y la segunda el precio.

Si nos fijamos en la siguiente tabla, podremos comprobar la evolución de la temperatura de una determinada ciudad a lo largo de un día:

Temperatura													
Hora	7	8	9	10	11	12	13	14	15	16	17	18	19
Temperatura	8°	8,5°	9°	9,5°	10°	11°	12°	14°	16°	15°	14°	13,5°	13°

Aquí los pares de puntos vendrán representados por la hora en la primera componente de la coordenada y los grados en la segunda:

(7; 8°), (8; 8,5°), ..., (19; 13°)

También podemos construir una tabla a partir de un conjunto de pares de puntos. Por ejemplo, tenemos los pares que representan la edad y el peso medio de los niños entre 12 y 18 años:

(12, 55), (13, 56), (14, 58), (15, 61), (16, 65), (17, 70), (18, 75)

La tabla sería:

Edad	12	13	14	15	16	17	18
Peso	55	56	58	61	65	70	75

!

Tablas en columna

Igual que ponemos las tablas en forma de fila, podemos ponerlas en forma de columna. De esta manera los pares serán las filas.

Churros	
Cantidad	Precio
1	0,20
2	0,40
3	0,60
4	0,80
5	1,00
6	1,20
7	1,40
8	1,60
9	1,80
10	2,00

a Ejercicios y actividades

3. María va a visitar París el próximo verano. Ha estado mirando datos sobre la temperatura en París en Internet y ha obtenido los siguientes resultados, en donde los meses los representa por su número de orden:

   (1; 3,3) (2; 4,2) (3; 7,8) (4; 10,8) (5; 14,3) (6; 17,5) (7; 19,4)

   (8; 19,1) (9; 16,4) (10; 11,6) (11; 7,2) (12; 4,2)

   Construye una tabla con estos datos.

4. El precio de un kilogramo de lentejas es 3,20 €. Construye una tabla en la que una variable sea el peso y la otra, el precio que pagar. No olvides incluir pesos menores de 1 kg.

3. Tablas y gráficas

No cabe duda de que las imágenes informan de manera más directa que los números. Por ello en muchas ocasiones es conveniente trasladar a gráficas la información que recibimos en forma de tablas para poder resumir todo el mensaje que aportan los datos de un solo vistazo.

Como ejemplo, vamos a construir las gráficas correspondientes a las tablas del apartado anterior.

Consiste en representar las tablas en los ejes cartesianos. Para ello, tenemos que marcar las coordenadas correspondientes a los puntos que representan los pares.

Cantidad	1	2	3	4	5	6	7	8	9	10
Precio	0,20	0,40	0,60	0,80	1,00	1,20	1,40	1,60	1,80	2,00

Edad	12	13	14	15	16	17	18
Peso	55	56	58	61	65	70	75

Hora	7	8	9	10	11	12	13	14	15	16	17	18	19
°C	8°	8,5°	9°	9,5°	10°	11°	12°	14°	16°	15°	14°	13,5°	13°

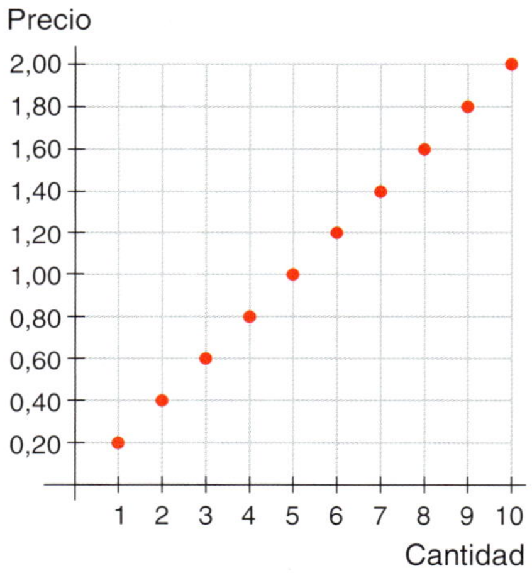

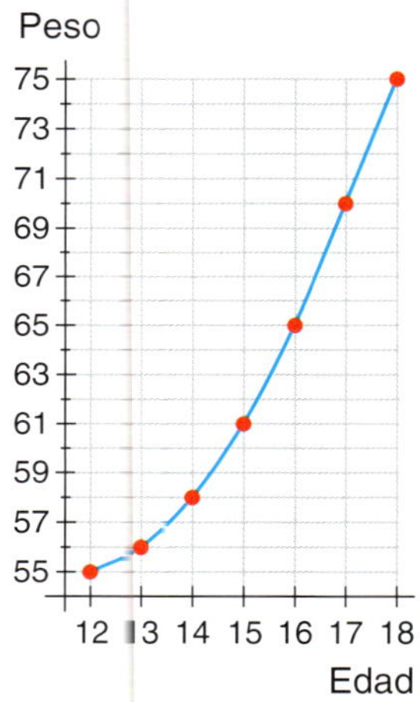

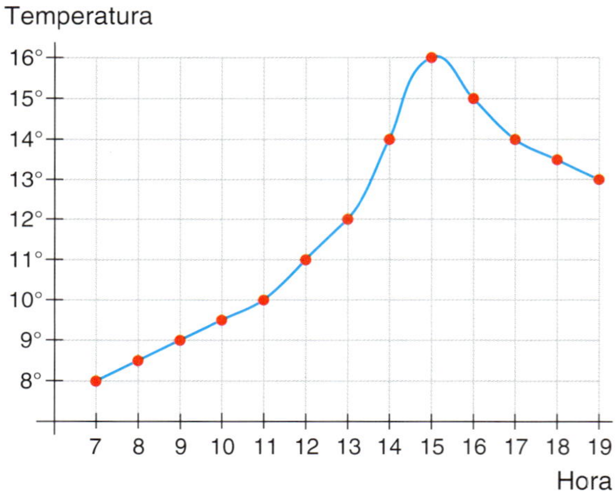

a Ejercicios y actividades

5. Construye una gráfica en la que se representen los datos de la tabla del ejercicio anterior (peso de las lentejas y precio que pagan).
6. Construye una gráfica en la que se representen los datos de la temperatura media en París a lo largo del año (datos del ejercicio 3).
7. En la siguiente tabla se relacionan los meses del año con el número de días que hay precipitaciones en ese mes en Londres. Construye una gráfica que relacione estas dos variables.

Mes	1	2	3	4	5	6	7	8	9	10	11	12
Días con precipitaciones	17	13	11	14	13	11	13	13	13	14	16	16

4. Expresiones y gráficas

Volvamos al ejemplo de los churros. Hemos dado la información tanto con una tabla como con una gráfica, pero existe otra posibilidad: mediante una expresión analítica.

Llamemos *P* al precio final y *C* al número de churros que compramos. Sabemos que el precio final es igual al precio de cada churro por el número de churros que compramos, es decir:

$$P = C \cdot 0{,}20$$

Se denomina **función** a la relación que existe entre cada elemento de un conjunto, llamado inicial, con un elemento de otro conjunto, denominado final, con la única condición de que cada elemento del conjunto inicial solo se pueda corresponder con un único valor en el conjunto final.

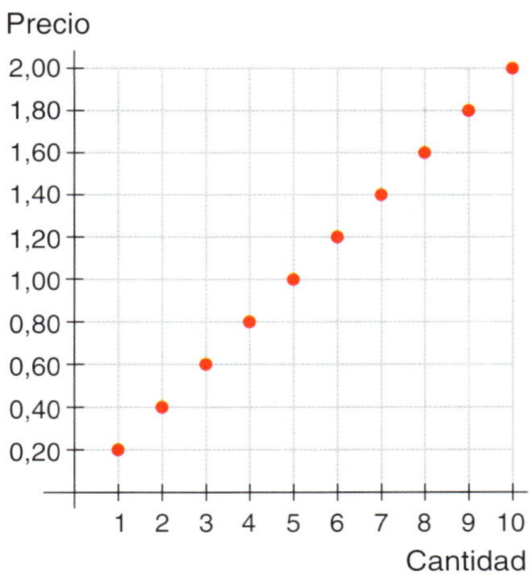

4.1. Elementos de una función

Variable independiente: se llama así porque no depende de otra variable; se suele representar con la letra *x* y se corresponde con el eje de abscisas de los ejes cartesianos.

Variable dependiente: depende de la variable *x*; se suele representar con la letra *y* y se corresponde con el eje de ordenadas de los ejes cartesianos.

En nuestro ejemplo, la variable independiente es el número de churros y la dependiente es el precio, ya que, evidentemente, el precio final depende del número de churros que compramos. Observemos cómo quedaría la tabla:

Precio de churros						
Cantidad *C*	1	2	3	4	...	10
Precio $P = C \cdot 0{,}20$	0,20	0,40	0,60	0,80	...	2,00

a Ejercicios y actividades

8. Identifica las variables dependiente e independiente en los ejemplos anteriores:
   a) Temperatura en París
   b) Días con precipitaciones en Londres
9. Identifica las variables dependiente e independiente en el ejemplo de la relación entre el peso de las lentejas y su precio. Obtén la expresión analítica (función) que relaciona las dos variables.
10. Completa la siguiente tabla, en la que se relaciona la longitud del lado de un cuadrado con su área. Representa la gráfica correspondiente y obtén la expresión analítica correspondiente:

Lado (cm)	0,1	0,2	0,5	0,7	0,8	[illegible]	2	3	4	5
Área (cm^2)										

4.2. Ejemplos de representación de funciones

4.2.1. Ejemplo 1

Representación del área de un cuadrado en función de la longitud del lado.

- Variable independiente: longitud del lado.
- Variable dependiente: área del cuadrado.
- Expresión analítica de la función: $A = l^2$

Área del cuadrado					
Lado l	1	2	3	4	5
Área = l^2	$A = 1^2 = 1$	$A = 2^2 = 4$	$A = 3^2 = 9$	$A = 4^2 = 16$	$A = 5^2 = 25$

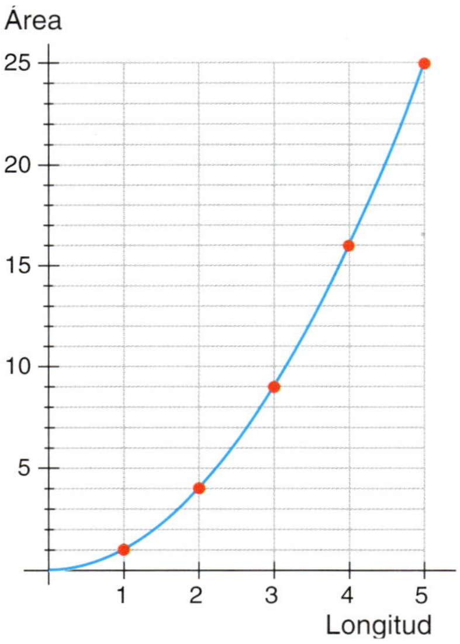

4.2.2. Ejemplo 2

Representación del volumen de un cubo en función de la longitud de la arista.

- Variable independiente: longitud de la arista.
- Variable dependiente: volumen del cubo.
- Expresión analítica de la función: $V = l^3$.

Volumen del cubo					
Lado l	1	2	3	4	5
Volumen = l^3	$V = 1^3 = 1$	$V = 2^3 = 8$	$V = 3^3 = 27$	$V = 4^3 = 64$	$V = 5^3 = 125$

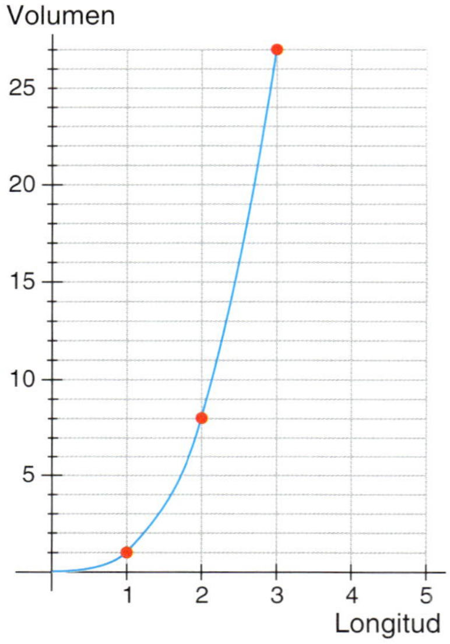

Como podemos comprobar en el segundo ejemplo, la escala que se ha utilizado en el eje de ordenadas es distinta a la del eje de abscisas. Esto lo podremos hacer cuando la relación entre los valores que toman las variables independiente y dependiente sea muy distinta.

Es muy importante ver el comportamiento de las gráficas respecto de las expresiones que representan la función. En estos ejemplos se ve muy claramente:

$A = l^2$ crece de manera más lenta que $V = l^3$

a Ejercicios y actividades

11. Completa la tabla y representa su gráfica:

x	1	2	3	4	5	6	7	8	9	10
$y = x - 2$	●	●	●	●	●	●	●	●	●	●

x	1	2	3	4	5	6	7	8	9	10
$y = -2x + 1$	●	●	●	●	●	●	●	●	●	●

12. Completa la siguiente tabla y representa su gráfica:

x	1	2	3	4	5	6	7	8	9	10
$y = x^2 - 2$	4 − 2 = 2	●	●	●	●	●	●	●	●	●

13. Representa las siguientes funciones:

a) $y = 3x - 1$ b) $y = \frac{1}{4}x + 2$ c) $y = x^2 - x$

5. Crecimiento y decrecimiento en las gráficas

Observamos la siguiente gráfica de una función que relaciona la hora del día con la temperatura:

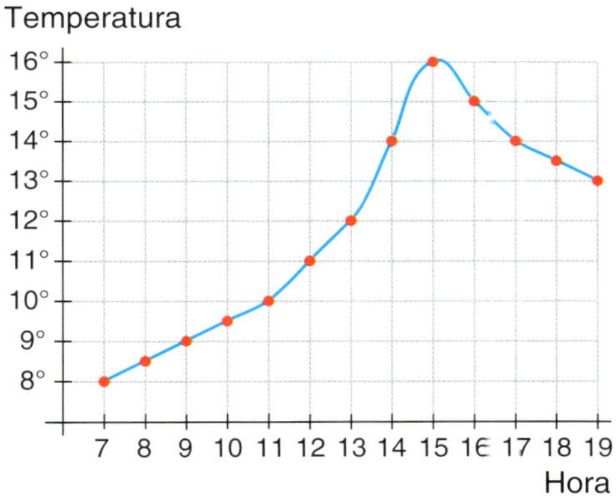

- La temperatura a las 7 de la mañana era de 8° y subió hasta los 16° a las 15 h.
- A partir de ese momento empezó a bajar hasta los 13° de las 19 h.

Observando la gráfica, nos damos cuenta de que hay intervalos en los que la función crece y otros en los que la función decrece. Esto es lo que llamamos crecimiento y decrecimiento de una función.

Decimos que una función es **creciente** en un intervalo cuando al aumentar los valores en el eje *X* también aumentan los valores en el eje *Y*.

Decimos que una función es **decreciente** en un intervalo cuando al aumentar los valores en el eje *X* descienden los valores en el eje *Y*.

Teniendo en cuenta estos conceptos, se define lo siguiente:

Un punto es **máximo** de una función cuando en dicho punto la función pasa de ser creciente a decreciente.

Un punto es **mínimo** de una función cuando en dicho punto la función pasa de ser decreciente a creciente.

En el ejemplo tendríamos:

- De 7 h a 15 h → Función creciente.
- $x = 15$ h es un máximo con valor $y = 16°$.
- Desde las 15 h hasta las 19 h → Función decreciente.

!

G. W. Leibniz dijo...

«He tenido muchas ideas que quizá puedan ser útiles con el tiempo, si otros con más penetración que yo calan profundamente en ellas algún día y unen la belleza de sus mentes con el trabajo de la mía».

Gottfried Wilhelm von Leibniz fue un matemático y filósofo que nació en Alemania en 1646 y murió en 1716.

Descubrió, a la vez que Newton y de forma independiente, el cálculo de funciones moderno, aunque él fue el primero que utilizó la notación del tipo $f(x)$ para llamar a las funciones.

Además, inventó el sistema binario, en el que, actualmente, están basados todos los procesos informáticos. También hizo importantes aportaciones a la física, la biología y la tecnología.

En filosofía fue uno de los precursores de la manera de pensar racionalista.

a Ejercicios y actividades

14. La siguiente gráfica representa los kilogramos de pasteles consumidos en una cafetería los días de un mes. Responde a las siguientes cuestiones:

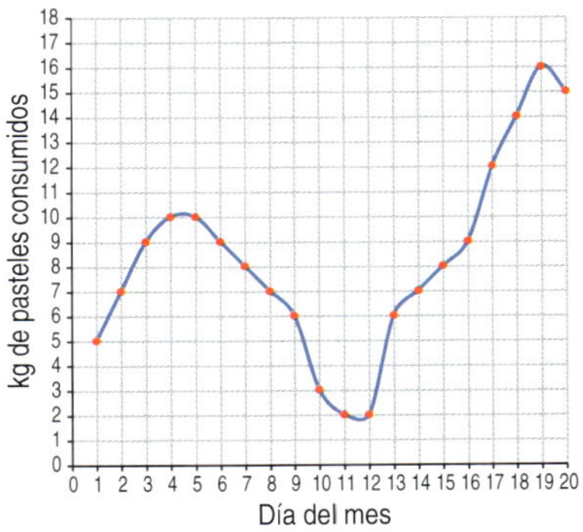

a) Identifica las variables independiente y dependiente.

b) ¿Cuántos pasteles se vendieron el día 12? ¿Y el día 18?

c) ¿En qué periodo es creciente el consumo de pasteles? ¿Y decreciente?

d) ¿Qué día la venta de pasteles fue máxima? ¿Cuántos se vendieron ese día?

e) ¿Qué día la venta de pasteles fue mínima? ¿Cuántos se vendieron ese día?

Completar una tabla con Excel

Vamos a rellenar una tabla a partir de una expresión conocida, por ejemplo, x^2:

1. Escribimos en la primera fila de una hoja de Excel:

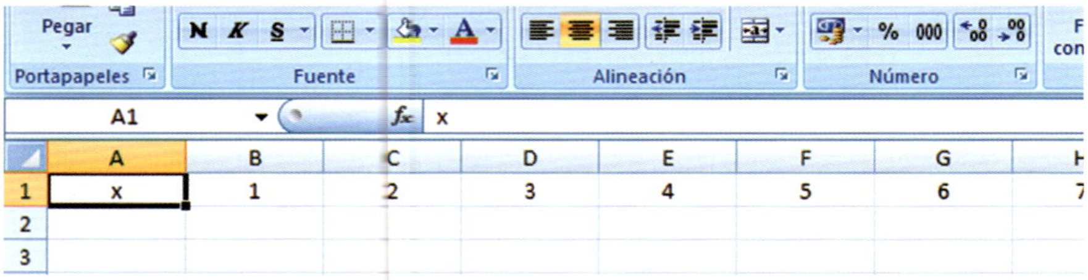

2. En la celda B2 escribimos la fórmula como indica la imagen:

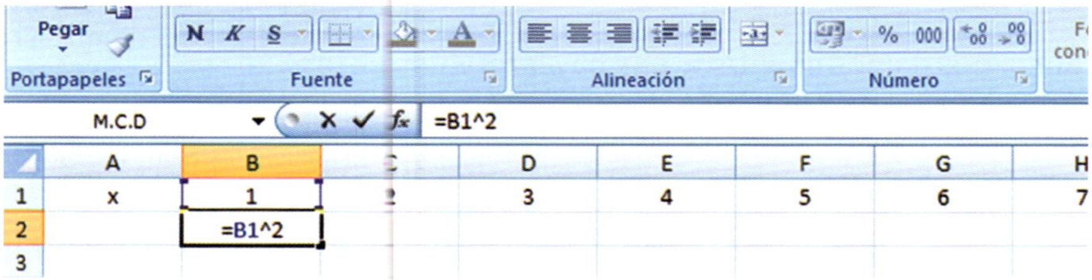

3. Pulsamos INTRO y obtenemos el primer valor:

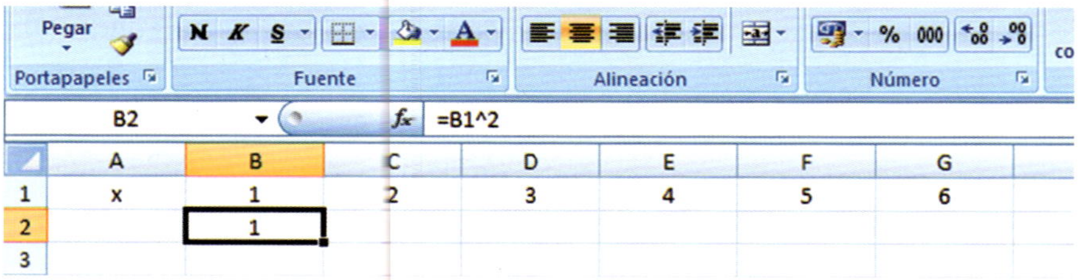

4. Para completar el resto de las celdas, ponemos el cursor en la esquina inferior derecha de la celda B2 y arrastramos hasta H7. Verás el resultado:

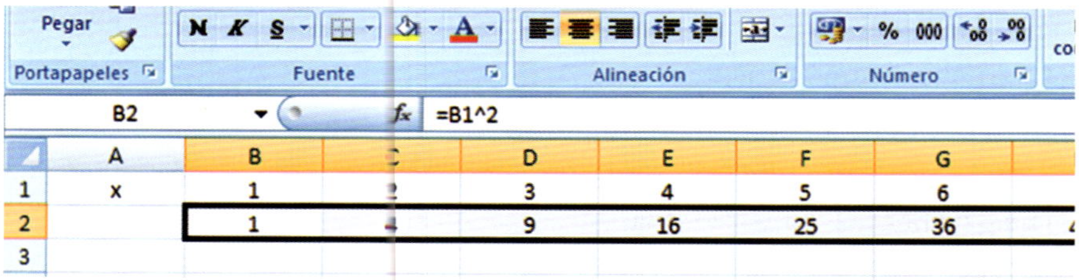

a Ejercicios y actividades

15. Calcula usando Microsoft Excel:

a) La tabla identificada por la expresión $2 \cdot x$.

b) La tabla que viene dada por la expresión $2 \cdot \pi \cdot r$.

c) Una tabla que determine la expresión del doble de un número más cinco unidades.

d) El precio de una tela es de 10 €/m². Si se vende en cuadrados, construye una tabla para el coste de la tela en función del lado del cuadrado que se compra.

1. La siguiente gráfica relaciona el mes del año y la cantidad de kilogramos de helado que vende un kiosco:

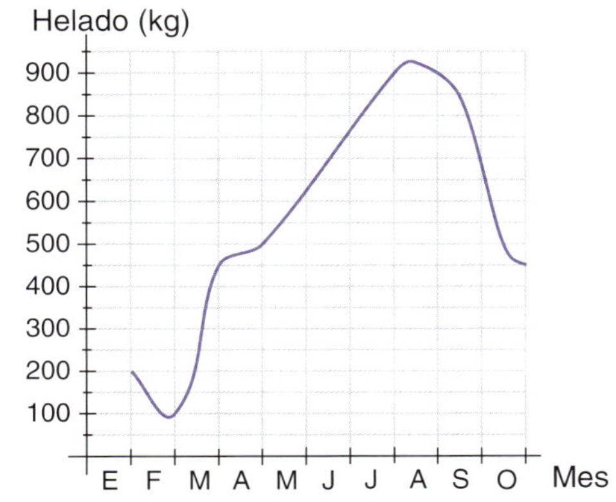

Contesta a las siguientes cuestiones:

a) ¿Cuál fue el consumo de helados en enero?

b) En febrero ¿cuántos kilogramos de helado se vendieron?

c) ¿Cuándo ha habido un consumo de 450 kg?

d) ¿Dónde es creciente la función?

e) ¿Dónde es decreciente la función?

f) ¿Cuándo hay un máximo?, ¿cuál es el valor de ese máximo?

g) ¿Cuándo el consumo de helados es mínimo?, ¿cuál fue el consumo mínimo de helados?

Solución

a) En enero tiene una venta de 200 kg.

b) En febrero se vendieron a 100 kg.

c) En marzo y en octubre.

d) Desde febrero hasta el 15 de julio.

e) De enero a febrero y desde el 15 de julio hasta octubre.

f) El 15 de julio con 910 kg.

g) En febrero con 100 kg.

2. Representa en una gráfica la siguiente tabla:

x	1	2	3	4	5	6
y	5	4	3	2	1	0

¿Sabrías expresar la función que relaciona la variable x con la variable y?

Solución

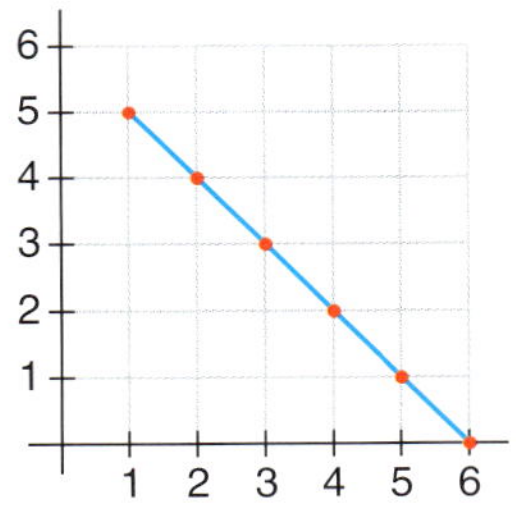

La función que las relaciona es:

$f(x) = 6 - x$

3. Para la función que tiene por expresión analítica $f(x) = x^2 + 1$, completa la tabla y representa la gráfica:

x	0	0,5	1	1,5	2	2,5	3
$y = x^2 + 1$	●	●	●	●	●	●	●

Solución

x	$y = x^2 + 1$
0	$0^2 + 1 = 1$
0,5	$0,5^2 + 1 = 1,25$
1	$1^2 + 1 = 2$
1,5	$1,5^2 + 1 = 3,25$
2	$2^2 + 1 = 5$
2,5	$2,5^2 + 1 = 7,25$
3	$3^2 + 1 = 10$

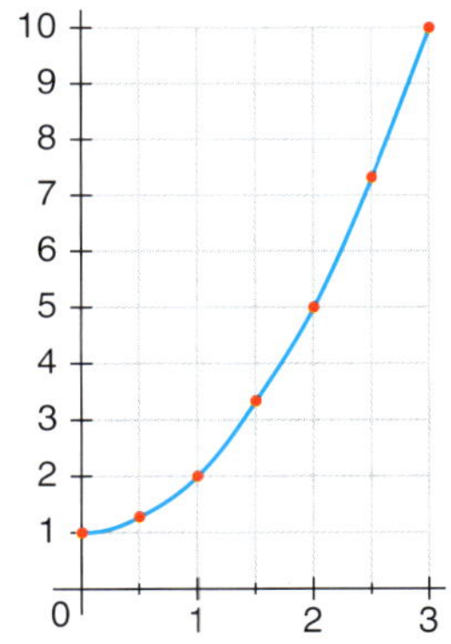

4. La siguiente gráfica representa la velocidad que alcanza una atracción en un parque de atracciones. Contesta a las siguientes cuestiones:

a) ¿Qué velocidad tiene cuando arranca en el instante 0?

b) ¿Cuándo alcanza la máxima velocidad?

c) ¿Dónde es creciente?

d) ¿Dónde es decreciente?

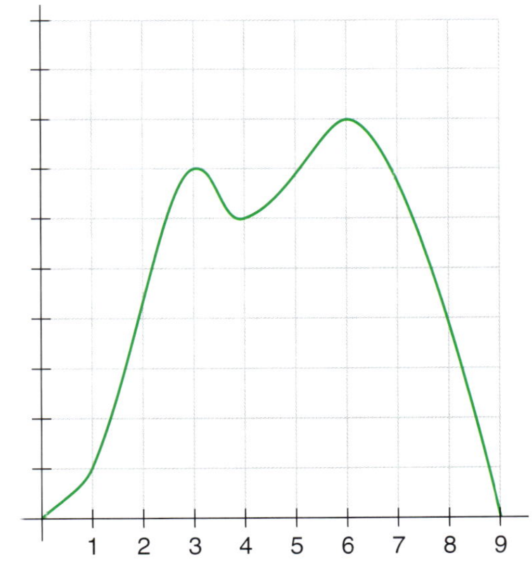

a) En el arranque la velocidad es 0.

b) En el instante 6 alcanza la velocidad máxima.

c) La velocidad es creciente desde el instante 0 al 3 y desde el 4 hasta el 6.

d) Es decreciente desde el 3 hasta el 4 y desde el 6 hasta el final.

Coordenadas cartesianas

1. Dibuja en tu cuaderno unos ejes de coordenadas y representa los siguientes puntos:

$(-5, 0)$ $(-1, 5)$ $\left(\frac{1}{4}, \frac{7}{2}\right)$ $\left(-2, -\frac{3}{4}\right)$

$(0, 4)$ $(2; 4,5)$ $(-3, -1)$ $\left(0, -\frac{9}{2}\right)$

2. Indica las coordenadas de los puntos siguientes:

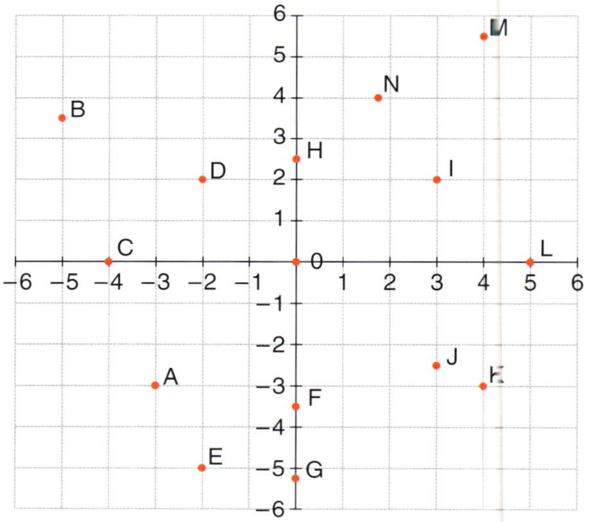

Tablas y gráficas

3. En un *parking* cobran cinco céntimos por cada minuto de aparcamiento. Construye una tabla en la que se recoja información sobre el precio para los siguientes tiempos:

0 min 10 min 20 min 30 min

1 h 1,30 h 2 h 2,30 h 3 h

4. a) En la biblioteca Yoleo cuesta 5 euros hacerse el carnet. Además, cobran 0,5 euros por el préstamo de cada libro. Elabora una tabla que recoja información sobre el precio que pagar para los siguientes libros prestados:

0 1 2 3 4 5 10 20 30

b) En la biblioteca *Leemostodos* el carnet cuesta 10 euros y no cobran ninguna cantidad por el préstamo. Completa una tabla similar a la anterior con los precios en esta biblioteca.

c) ¿Cuántos libros hay que solicitar en préstamo para que compense hacerse el carnet de *Leemostodos?*

5. Construye una gráfica con los datos de las tablas del ejercicio 4. Representa las dos funciones en los mismos ejes. Identifica las variables dependientes e independientes. Formula la expresión analítica de las dos funciones.

6. El videoclub online *Nubepeli* ofrece dos tipos de tarifas:

- **Tarifa básica:** por cada película cobra un precio de 1,50 €.
- **Tarifa *premium*:** por 10 € mensuales el usuario puede ver todas las películas que quiera.

Construye dos tablas que reflejen el precio que pagar con cada tarifa según el número de películas que se vean cada mes.

¿Cuántas películas hay que ver en un mes para que resulte más económica la tarifa *premium?*

7. Construye una gráfica con los datos de la tabla del ejercicio 3. Identifica las variables dependiente e independiente. Formula la expresión analítica de la función.

8. Construye una gráfica con los datos de las tablas del ejercicio 6. Representa las dos funciones en los mismos ejes. Identifica las variables dependiente e independiente. Formula la expresión analítica de las dos funciones.

Expresiones algebraicas y gráficas

9. Indica si las siguientes relaciones son o no funciones:

a) Cantidad de azúcar que compro en una tienda y precio que pagar.

b) Edad de un niño y su peso.

c) Número de personas que van a una excursión alquilando un autobús y precio que paga cada una.

d) Tiempo dedicado a hacer los deberes de Matemáticas y nota que obtengo.

e) Año de nacimiento de un alumno y curso que estudia.

10. Completa la tabla y representa la gráfica correspondiente:

x	−3	−2	−1	0	1	2	3
$y = x$	●	●	●	●	●	●	●

11. Completa la tabla y representa la gráfica correspondiente:

x	−3	−2	−1	0	1	2	3
$y = 3x - 5$	●	●	●	●	●	●	●

12. Completa la tabla y representa la gráfica correspondiente:

x	−3	−2	−1	0	1	2	3
$y = -x^2 + 3$	●	●	●	●	●	●	●

13. Completa la tabla y representa la gráfica correspondiente:

x	−3	−2	−1	0	1	2	3
$y = 2x^2 - x$	●	●	●	●	●	●	●

14. Completa la tabla y representa la gráfica correspondiente:

x	−3	−2	−1	0	1	2	3
$y = \|x\|$	●	●	●	●	●	●	●

15. Completa la tabla que relaciona el radio de una circunferencia con su longitud. Representa la gráfica correspondiente:

r	0,1	0,5	1	1,5	2	2,5	3
$y = 2 \cdot \pi \cdot r$	●	●	●	●	●	●	●

Gráficas. Crecimiento y decrecimiento

16. Indica si las siguientes gráficas representan o no una función:

a)
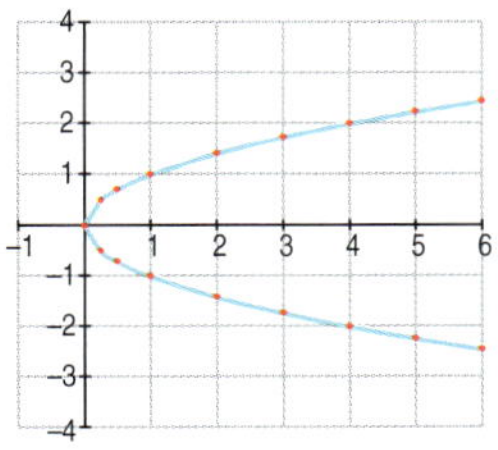

c)
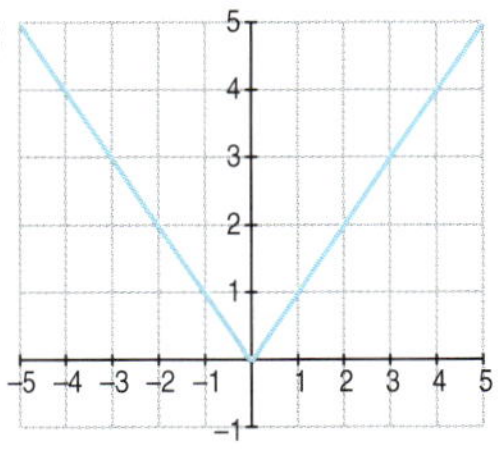

b)
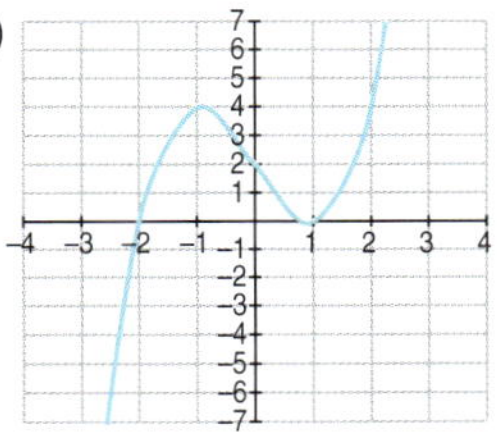

d)
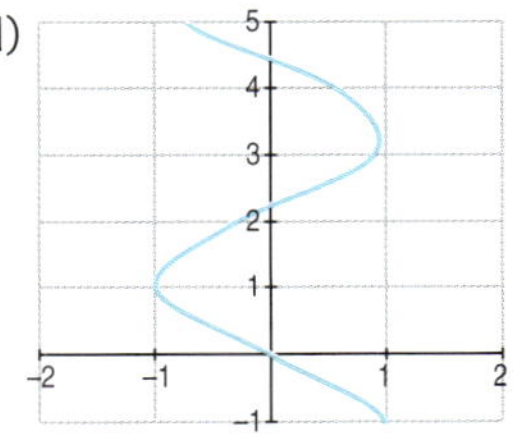

17. Observa atentamente la siguiente gráfica, que representa la altitud sobre el nivel de una carretera en función del punto kilométrico. Responde a las preguntas:

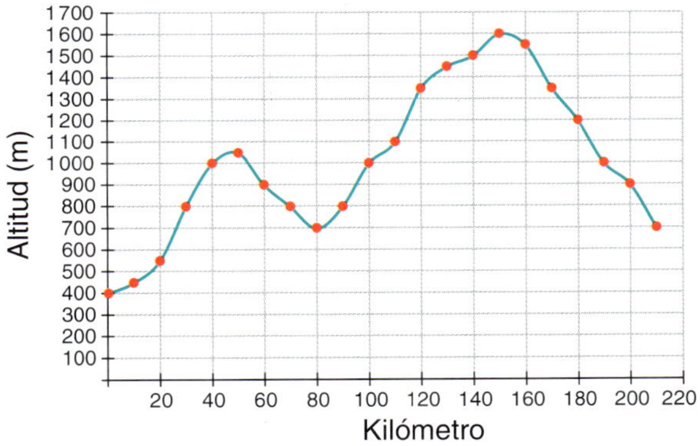

a) Identifica la variable independiente y la variable dependiente.

b) ¿A qué altitud se encuentra el punto kilométrico 100? ¿Y el 200?

c) ¿En qué puntos kilométricos la carretera está a una altitud de 1 000 m?

d) ¿En qué kilómetros la altitud es creciente? ¿Y decreciente?

e) ¿Cuál es la mínima altitud de la carretera? ¿Y la máxima?

f) Explica brevemente el trazado de la carretera descrito por la gráfica.

18. La siguiente gráfica muestra las personas españolas que tenían una ocupación en el sector de la agricultura en distintos años del siglo XX. Observa atentamente y responde:

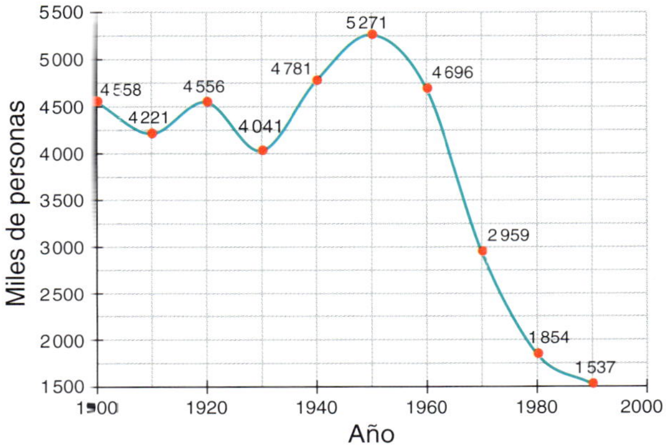

a) Identifica la variable independiente y la variable dependiente.

b) ¿Cuántas personas tenían una ocupación en este sector en 1900? ¿Y en 1990?

c) ¿En qué años se dedicaban a este sector aproximadamente 4 millones de personas?

d) ¿En qué periodos creció y decreció el número de personas dedicadas a este sector? ¿Cuándo fue mínimo y cuándo máximo? ¿Cuántas personas se dedicaban a la agricultura en esos años?

e) Explica brevemente la evolución del empleo en el sector de la agricultura descrita por la gráfica.

Problemas

19. Pablo y sus compañeros de instituto están preparando una excursión. El precio que tendrá que pagar cada uno se obtendrá dividiendo el precio del alquiler del autobús, 360 €, entre el número de asistentes. Construye una tabla y la gráfica correspondiente, donde x sea el número de alumnos que va a la excursión e y el precio que pagará cada uno.

20. Unos grandes almacenes rebajan todos los artículos un 10 % por la campaña de verano. Construye una tabla donde la variable independiente (x) sea el precio antes de la rebaja y la variable dependiente (y) el precio después de la rebaja. ¿Cuál es su expresión analítica? Represéntala gráficamente.

Crecer

(Pregunta liberada del estudio PISA 2003)

La juventud se hace más alta. La estatura media de los chicos y las chicas de Holanda en 1998 está representada en la siguiente gráfica.

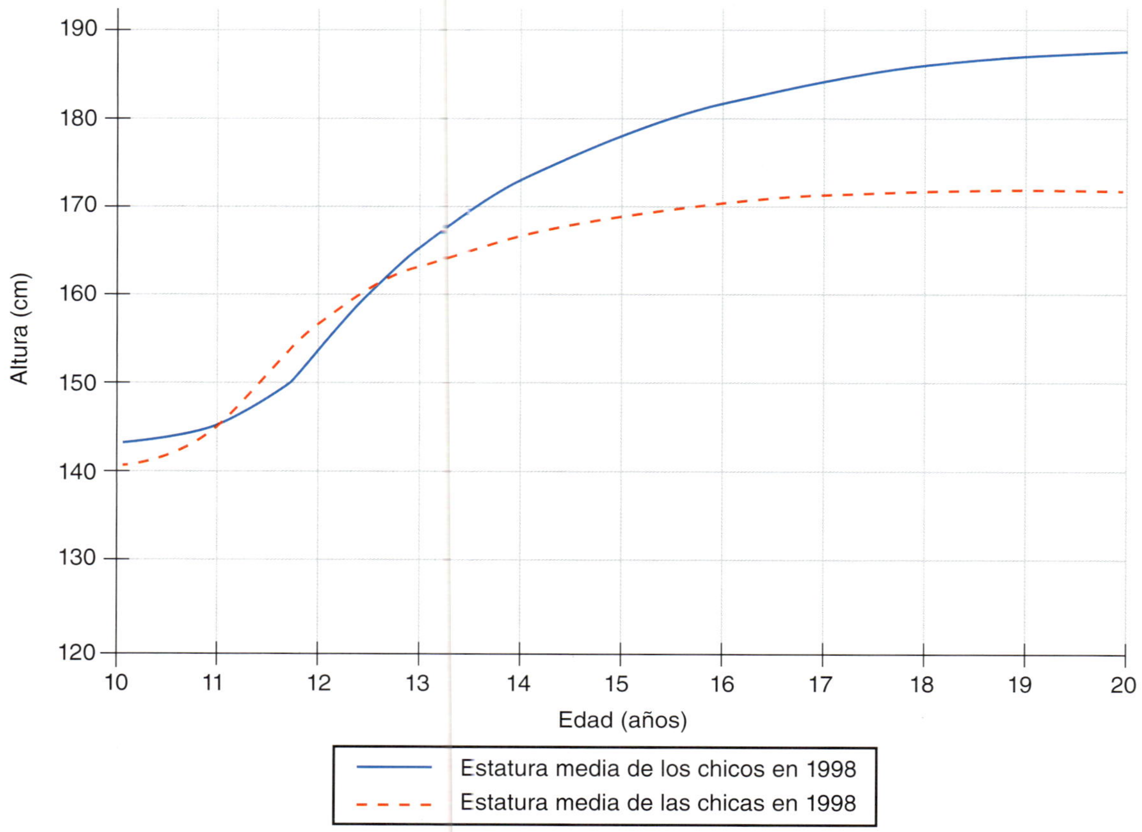

Actividades

Actividad 1: Explica cómo está reflejado en la gráfica que la tasa de crecimiento de la estatura media de las chicas disminuye a partir de los 12 años en adelante.

Actividad 2: Observa la gráfica anterior y completa la siguiente tabla:

Edad	10	15	20
Estatura de los chicos	●●●	●●●	●●●
Estatura de las chicas	●●●	●●●	●●●

Actividad 3: Desde 1980 la estatura media de las chicas de 20 años ha aumentado 2,3 cm, hasta alcanzar los 170,6 cm. ¿Cuál era la estatura media de las chicas de 20 años en 1980?

A	172,9
B	170,6
C	168,3
D	172,3

Actividad 4: Sin dejar de mirar la gráfica, ¿podemos decir que la estatura media de los chicos y las chicas es la misma en alguna edad? Señala la opción correcta.

A	Solo a los 11 años
B	Solo a los 12,5 años
C	A los 11 años y a los 12,5 años
D	A los 11 años y a los 12 años

Actividad 5: De acuerdo con la gráfica anterior, como promedio, ¿durante qué periodo de su vida son las chicas más altas que los chicos de su misma edad?

A	Hasta los 10 años
B	Entre los 10 y los 11 años
C	Entre los 11 y los 12,5 años
D	A partir de los 12,5 años

Actividad 6: Si nos fijamos en la curva que representa la estatura media de los chicos, ¿cuánto crecen de media entre los 11 y los 13 años de edad?

A	10 m
B	15 m
C	20 m
D	25 m

Conociendo a tu clase

Paso 1. Recogida de datos

1. Elabora la encuesta que queremos pasar a nuestros compañeros. No tiene que ser muy larga, porque si no se pueden cansar y no nos contestarán a todas las preguntas que necesitamos. Tienen que ser preguntas cortas y fáciles de entender. Un ejemplo de encuesta podría ser esta:
   a. ¿Cuánto mides?
   b. ¿Cuántos años tienes?
   c. ¿De qué color tienes el pelo?
   d. ¿De qué color tienes los ojos?
   e. ¿Cuántos hermanos sois contándote a ti?
   f. ¿Qué nota sacaste en la última evaluación?
2. Podrías añadir más preguntas, pero recuerda dos cosas:
   a. No deben ser muchas.
   b. El cuestionario tiene que ser anónimo.
3. Tienes que escribir estas preguntas en una hoja que pasarás a cada uno de tus compañeros. Tendrán 20 minutos para completar el cuestionario.
4. Recogerás todas las hojas de tus compañeros.
5. Vas a construir una tabla en Calc con tantas filas como compañeros tienes en clase (+1 para añadir la cabecera de las variables) y tantas columnas como preguntas has hecho en el cuestionario (+1 para añadir el número de cada compañero).
6. La tabla será parecida a esta:

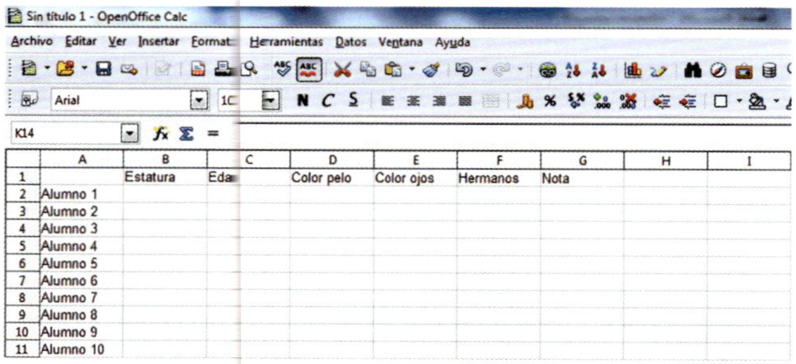

	A	B	C	D	E	F	G	H	I
1		Estatura	Edad	Color pelo	Color ojos	Hermanos	Nota		
2	Alumno 1								
3	Alumno 2								
4	Alumno 3								
5	Alumno 4								
6	Alumno 5								
7	Alumno 6								
8	Alumno 7								
9	Alumno 8								
10	Alumno 9								
11	Alumno 10								

7. Completa la tabla fila a fila según las respuestas de tus compañeros.
8. Un ejemplo podría ser este:

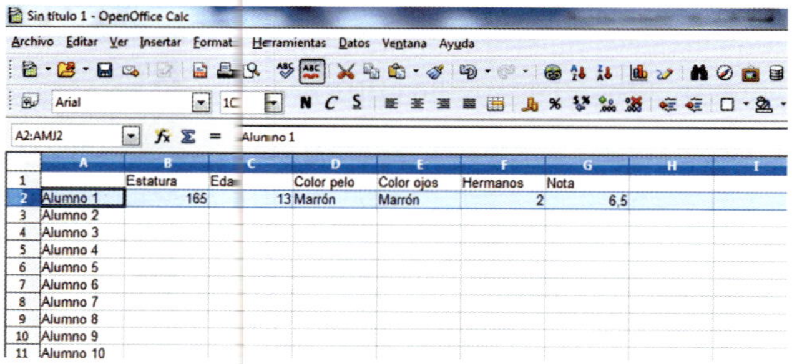

	A	B	C	D	E	F	G	H	I
1		Estatura	Edad	Color pelo	Color ojos	Hermanos	Nota		
2	Alumno 1	165	13	Marrón	Marrón	2	6,5		
3	Alumno 2								
4	Alumno 3								
5	Alumno 4								
6	Alumno 5								
7	Alumno 6								
8	Alumno 7								
9	Alumno 8								
10	Alumno 9								
11	Alumno 10								

Autoevaluación

1. ¿Cuál de los siguientes puntos no se encuentra en los ejes de coordenadas?
a) (0; 0) b) (3, 0) c) (−3; 4,2) d) (0, −7)

2. Las manzanas cuestan a 3 € el kilogramo. Si se definen las variables:
x = cantidad de manzanas que compro (kg)
y = precio a pagar
¿Cuál de las siguientes expresiones representa la relación entre ellas?
a) $y = x + 3$ b) $y = 3x$ c) $y = 3$ d) $y = 3x + 3$

3. ¿Cuál de las siguientes gráficas representa la función $y = 2x - 3$?

a) 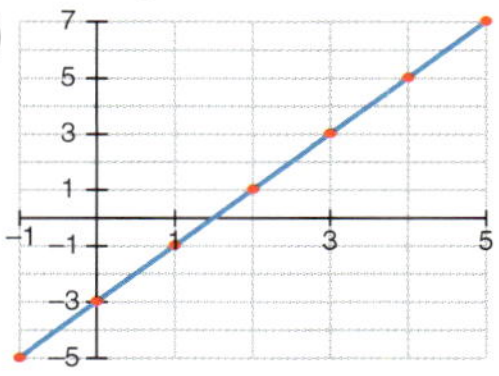

c) 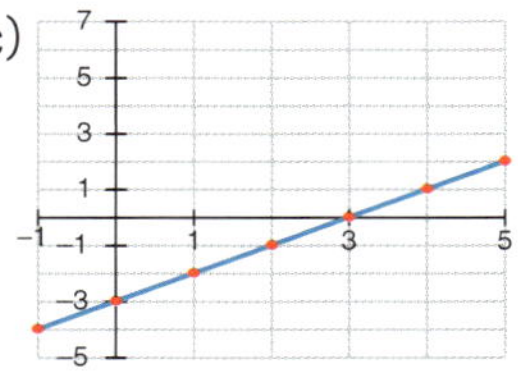

b) 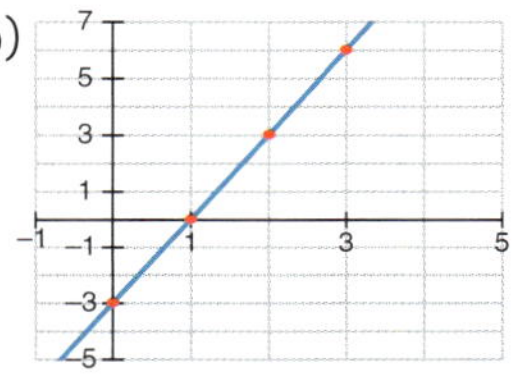

d) 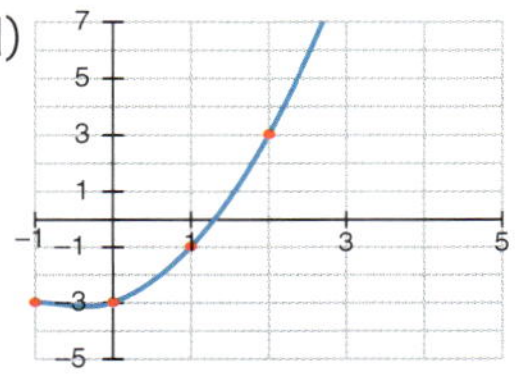

4. ¿Cuál de las siguientes tablas es incorrecta?

a)

x	−1	0	1	2
$y = x^2$	1	0	1	4

b)

x	−1	0	1	2
$y = -x$	1	0	1	4

c)

x	−1	2	1	2
$y = x^2 + 3$	2	3	2	−1

Observa la siguiente gráfica, que representa el precio que pagar por la factura de gas en cada mes del año, y responde a las cuestiones:

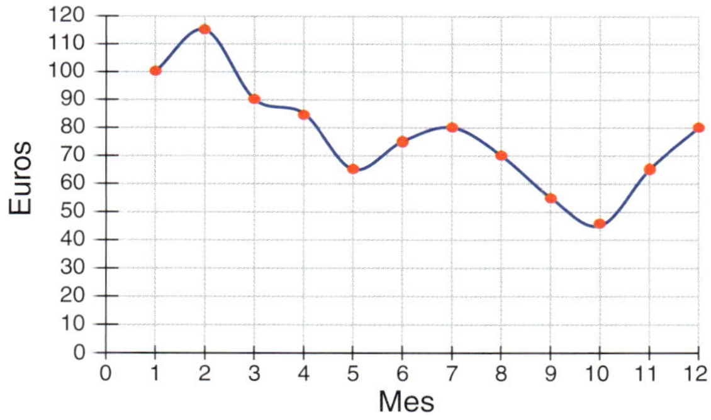

5. El precio de la factura en el mes de agosto es:
a) 70 € b) 75 € c) 80 € d) 55 €

6. El mes en el que el precio de la factura fue mínimo fue:
a) Enero b) Octubre c) Mayo d) Julio

7. Los periodos en los que el precio creció son:
a) De mayo a julio y de octubre a diciembre.
b) De enero a febrero, de mayo a julio y de octubre a diciembre.
c) De octubre a diciembre.
d) De abril a mayo y de octubre a diciembre.

8. De julio a octubre el precio fue:
a) Creciente.
b) Decreciente.
c) Constante.

Soluciones: 1. c - 2. b - 3. a - 4. b - 5. a - 6. b - 7. b - 8. b

Mis progresos

Unidad 14	Sobresaliente ¡Soy muy competente!	Bien Soy competente, pero puedo mejorar	Suficiente Soy competente, pero debo mejorar	Insuficiente Me faltan competencias. ¡Debo esforzarme mucho más!
¿Sé aplicar lo aprendido?	Identifico las coordenadas en el plano y las expresiones algebraicas a partir de tablas y gráficas.	Identifico las coordenadas en el plano y algunas expresiones algebraicas a partir de tablas y gráficas.	Identifico las coordenadas en el plano.	No identifico las coordenadas en el plano y ni las expresiones algebraicas a partir de tablas y gráficas.
Sé hacer...	Construyo tablas y gráficas con datos recogidos en distintas situaciones.	Construyo tablas y gráficas sencillas con datos recogidos en distintas situaciones.	Construyo tablas con datos recogidos en distintas situaciones.	No construyo tablas ni gráficas con datos recogidos en distintas situaciones.
La tecnología y yo...	Utilizo las tecnologías de la información para realizar representaciones gráficas.	Utilizo las tecnologías de la información para realizar representaciones gráficas sencillas.	Utilizo las tecnologías de la información para construir tablas.	No utilizo las tecnologías de la información para construir tablas ni gráficas.
¿Sé trabajar en grupo?	Defiendo mis ideas y acepto otras diferentes justificadas.	Defiendo mis ideas, pero me cuesta aceptar otras diferentes justificadas.	Defiendo mis ideas, pero no acepto otras diferentes justificadas.	No soy capaz de defender mis ideas ni de aceptar otras diferentes justificadas.

15 Estadística y probabilidad

En esta unidad

1. Elementos estadísticos
2. Tablas y frecuencias
3. Gráficas estadísticas
4. La media
5. Probabilidad

	Vamos a aprender a...	Competencias
Saberes científicos	–Definir población, muestra e individuo desde el punto de vista de la estadística. –Reconocer y proponer ejemplos de distintos tipos de variables estadísticas, tanto cualitativas como cuantitativas. –Calcular la media aritmética. –Interpretar gráficas estadísticas sencillas. –Conocer y aplicar el concepto de probabilidad.	CMCT, CPAA
Lectura y comprensión	–Realizar una lectura comprensiva del enunciado del problema e identificar los datos y las incógnitas de los problemas propuestos. –Mostrar organización, orden y trabajo sistemático.	CMCT, CCL
Tratamiento de la información y competencia digital	–Emplear la calculadora y las TIC para organizar los datos, generar gráficas estadísticas y calcular las medidas de tendencia central. –Emplear las TIC para comunicar información resumida y relevante sobre una variable estadística que haya analizado.	CMCT, CD
Aprende a aprender ciencia	–Reconocer la importancia del dominio de las operaciones y procedimientos matemáticos como herramientas que facilitan la resolución de problemas. –Explorar y conjeturar posibles resultados de procesos de cálculo.	CMCT, CPAA, SIE
La ciencia en la sociedad	–Justificar y exponer, con el rigor acorde al nivel, procesos y resultados. –Practicar actitudes propias del quehacer matemático (al nivel): hacerse preguntas, sentir curiosidad, indagar, profundizar en algún problema planteado, elaborar conjeturas y justificar razonamientos.	CMCT, CSC
Proyecto: Conociendo a tu clase	–Realizar cálculos estadísticos y graficas en situaciones cotidianas.	CMCT, CSC, CD, CPAA

Nota: competencia matemática y competencias básicas en ciencia y tecnología (CMCT), competencia en comunicación lingüística (CCL), competencias sociales y cívicas (CSC), competencia para aprender a aprender (CPAA), competencia digital (CD), sentido de la iniciativa y espíritu emprendedor (SIE), conciencia y expresiones culturales (CEC).

¿Desde cuándo hay estadísticas?

Las estadísticas son casi tan antiguas como nuestra civilización. Bien es cierto que eran estadísticas sencillas, básicamente recuentos. Se tiene conocimiento de estadísticas en Babilonia y Egipto hacia el 3000 a. C. De hecho, según cuenta la Biblia, Jesús nació en Belén durante un viaje que realizaron María y José para inscribirse en un censo romano... ¿Sabes para qué se usan los censos? Uno de los principales motivos es conocer la población que tiene una localidad o un país, pero si no existieran los censos, no se podría ejercer el derecho democrático del voto.

La matemática a nuestro alrededor

- Anota tres informaciones de procesos estadísticos de los medios, uno visto en la televisión, otro escuchado en la radio y el tercero leído en un periódico.
- Busca en Internet el concepto de censo y encuentra una estadística educativa.

1. Elementos estadísticos

Queremos conocer la edad media de los alumnos de nuestro instituto, la proporción de chicos y chicas, su estatura media, el número de hermanos y el número de asignaturas pendientes que tienen.

Para resolver este problema, tendremos que medir estas **características** en todos y cada uno de los alumnos matriculados en el centro o realizar una **estadística** a partir de un grupo de los alumnos del centro.

Si el número de alumnos no es muy elevado, es posible que podamos obtener las características de cada uno de ellos, pero en cuanto el número crezca, no será práctico realizarlo.

Población: es el conjunto de referencia sobre el que haremos las observaciones.

Muestra: es un subconjunto del conjunto de la población.

Individuo: es cada uno de los componentes de la población.

1.1. Variables estadísticas

En el ejemplo hemos visto características de unos individuos concretos de una población que podemos medir, como la edad, la estatura, el número de asignaturas pendientes o el número de hermanos que tienen los alumnos del instituto. Estas características se llaman variables estadísticas.

Una **variable estadística** es cada una de las características de un individuo que podemos medir. Se suelen representar por x_i.

Existen tres tipos fundamentales de variables:

Variables cualitativas: miden cualidades o características que no se pueden contar.

Variables cuantitativas discretas: miden valores numéricos que están aislados.

Variables cuantitativas continuas: miden valores numéricos que no están aislados.

!

Observación

En las variables cuantitativas **discretas**, que el valor numérico sea aislado no quiere decir que sea un número entero: también puede ser decimal.

EJEMPLOS

- *Variables cualitativas:* color de pelo, color de ojos...
- *Variables cuantitativas discretas:* número de hermanos, número de asignaturas pendientes, número de coches blancos...
- *Variables cuantitativas continuas:* altura, peso...

a Ejercicios y actividades

1. Indica cuáles serían la población, la muestra y el individuo, de los siguientes estudios estadísticos.
   a) Estudio sobre el sobrepeso en adolescentes españoles de 12 a 16 años.
   b) Estudio sobre la calidad de las hamburguesas vendidas en establecimientos de comida rápida.
2. Indica cuáles de las siguientes variables son cualitativa y cuáles son cuantitativas. De estas últimas, indica si son discretas o continuas.
   a) Longitud de los tornillos.
   b) Color de pelo.
   c) Curso que estudian los alumnos.
   d) Número de primos de un niño.
   e) Altura de una persona.
   f) Estilo de música preferido.
3. Propón dos estudios estadísticos e identifica la población, la muestra que tomarías y los individuos. Propón tres variables a medir en cada uno.

2. Tablas y frecuencias

Se ha entrevistado a 50 alumnos de un instituto y se les ha preguntado por el número de asignaturas que suspendieron el curso pasado.

En el cuadro de la derecha observamos las respuestas obtenidas. Con los datos organizados así es complicado estudiarlos. Podemos, por ejemplo, saber que el que menos suspendió no suspendió ninguna y el que más, suspendió 9. Pero ¿cuántos suspendieron 3 o cuántos suspendieron 5? Para contestar a estas preguntas, solo tenemos la opción de buscar en la tabla y contar las diferentes respuestas. Sin embargo, si las tuviéramos agrupadas, ordenadas y organizadas, no tendríamos este problema.

N.º de asignaturas suspensas									
0	3	4	1	0	1	2	1	1	0
0	0	1	2	3	5	0	6	1	3
5	1	0	1	1	2	1	0	0	0
4	2	1	5	6	1	2	3	4	3
1	0	2	1	1	0	2	2	0	3

Las **tablas de frecuencia** sirven para agrupar, ordenar y organizar los datos para que estudiarlos resulte más sencillo.

2.1. Tablas de frecuencias absolutas

Una **modalidad** es cada uno de los valores que puede tomar una variable.

Una **tabla de frecuencias absolutas** es aquella en la que hemos contado el número de veces que ocurre cada modalidad.

En nuestro ejemplo tendremos que contar el número de veces que aparece el 0, el número de veces que aparece el 1 y así hasta el 9. La tabla resultante será la que aparece abajo.

Tabla de frecuencias absolutas	
Número de suspensos x_i	**Frecuencia absoluta n**
0	13
1	15
2	8
3	6
4	3
5	3
6	2

Esta tabla nos indica que hay 13 alumnos con 0 suspensos, 15 alumnos con 1 suspenso y así sucesivamente hasta 2 alumnos con 6 asignaturas suspensas.

a Ejercicios y actividades

4. Se ha pedido a los alumnos de 1.º de ESO de un instituto que elijan su fruta favorita entre naranja, pera, manzana y plátano. Construye una tabla de frecuencias con los datos obtenidos:

   pera, naranja, plátano, plátano, pera, manzana, pera, naranja, pera, naranja, plátano, pera, naranja, pera, naranja, plátano, pera, pera, manzana, pera, manzana, plátano, pera, manzana, pera, plátano, manzana, naranja, pera, manzana, pera, pera, plátano, plátano, manzana, pera.

2.2. Tablas de frecuencias relativas

Se denomina **frecuencia relativa** (f_i) a la proporción entre la frecuencia absoluta (n_i) y el número total de observaciones (N).

$$f_i = \frac{n_i}{N}$$

Los **porcentajes relativos** ($\%_i$) se calculan multiplicando las frecuencias relativas (f_i) por 100.

$$\%_i = 100 \cdot f_i$$

Una tabla de frecuencias relativas es aquella en la que añadimos las columnas de frecuencias relativas y de porcentajes relativos.

Las tablas de frecuencias relativas se utilizan para comparar distribuciones similares con distinto número de observaciones.

Sigamos con el ejemplo del apartado anterior: imaginemos que queremos conocer en qué instituto de la ciudad los alumnos suspenden más.

Esto no lo podremos hacer contando simplemente las frecuencias absolutas, puesto que no todos los institutos tienen el mismo número de alumnos y no será lo mismo 20 alumnos suspensos de un total de 200 que 20 alumnos suspensos de 100.

Está claro que en el segundo caso la proporción de alumnos suspensos es mayor. Tendremos, por lo tanto, que realizar la siguiente tabla:

Tabla de frecuencias relativas

Número de suspensos x_i	Frecuencia absoluta n_i	Frecuencia relativa $f_i = n_i / N$	Porcentaje relativo $\%_i = f_i \cdot 100$
0	13	0,26	24
1	15	0,30	28
2	8	0,16	6
3	6	0,12	12
4	3	0,06	6
5	3	0,06	4
6	2	0,04	2
	50	1	100

Notación

El símbolo Σ representa la suma de varios elementos. Este símbolo se denomina **sumatorio**.

Observaciones

Los contenidos de las tablas de frecuencias relativas tienen las siguientes propiedades:

$$\Sigma n_i = N$$

$$\Sigma f_i = 1 \quad \Sigma \%_i = 100$$

En el ejemplo:

$\Sigma n_i = 13 + 15 + 8 + 6 + 3 + 3 + 2 = = 50$

$\Sigma f_i = 0{,}26 + 0{,}30 + 0{,}16 + 0{,}12 + + 0{,}06 + 0{,}06 + 0{,}04 = 1$

$\Sigma \%_i = 26 + 30 + 16 + 12 + 6 + 6 + + 4 = 100$

$$N = 50$$

$$n_1 = 13,\ n_2 = 15,$$

$$n_3 = 8,\ n_4 = 6,$$

$$n_5 = 3,\ n_6 = 3,\ n_7 = 2$$

$$f_i = \frac{n_1}{N} = \frac{13}{50} = 0{,}26$$

$$\%_1 = 100 \cdot f_1 = 100 \cdot 0{,}24 = 24$$

$$f_2 = \frac{n_2}{N} = \frac{15}{50} = 0{,}30$$

$$\%_2 = 100 \cdot f_2 = 100 \cdot 0{,}30 = 30$$

...

$$f_{10} = \frac{n_{10}}{N} = \frac{2}{50} = 0{,}04$$

$$\%_{10} = 100 \cdot f_{10} = 100 \cdot 0{,}04 = 4$$

a Ejercicios y actividades

5. Los siguientes son los resultados del lanzamiento de un dado 40 veces. Construye una tabla de frecuencias relativas.

6, 2, 4, 4, 5, 5, 5, 4, 4, 3, 2, 5, 6, 5, 4 6, 6, 3, 5, 2, 5, 3, 1, 1, 1, 5, 1, 5, 2, 3, 6, 3, 5, 4, 1, 6, 4, 1, 2, 3

2.3. Tablas de frecuencias de datos agrupados

Este tipo de tablas se utilizan para variables cuantitativas continuas, por ejemplo, la estatura. El motivo fundamental es que en una muestra de 40 individuos es normal que exista un gran número de valores distintos. Por lo tanto, nos encontraríamos con una tabla como las anteriores, pero con muchos valores cuya frecuencia absoluta sería 1. De esta forma no conseguiríamos ninguno de sus tres objetivos (agrupar, ordenar y organizar).

Vamos a construir una tabla de frecuencias para datos agrupados con las estaturas que hemos obtenido al medir a 40 alumnos. Para ello, tendríamos que seguir estos pasos:

Altura de 40 alumnos			
150	157	170	163
156	164	161	172
152	159	161	177
174	158	162	153
162	163	165	171
172	167	153	154
159	176	170	160
158	163	164	165
171	157	158	164
161	165	170	159

1. **Elegir los intervalos que queremos construir.** Lo habitual es tomar un número razonable de intervalos de igual amplitud. Esto se hará en función de dos parámetros: el número de elementos que tenemos y los valores que toman. Si tenemos 40 casos que varían entre 150 cm y 177 cm, podríamos construir 6 intervalos de 5 cm de amplitud:

   [150, 155), [155, 160), [160, 165), [165, 170), [170, 175), [175, 180)

2. **Calcular la marca de clase.** La marca de clase es el valor medio de cada intervalo:

   152,5; 157,5; 162,5; 167,5; 172,5; 177,5

3. **Contar cuántos valores hay en cada intervalo.**
4. **Construir la tabla de frecuencias absolutas, relativas y porcentajes.** Lo haremos de la manera habitual, pero tomando como modalidades de la variable las marcas de clase.

La tabla resultante será:

Tabla de frecuencias de datos agrupados				
Intervalos	Marca de clase x_i	Frecuencia absoluta n_i	Frecuencia relativa $f_i = n_i / n$	Porcentaje relativo $\%_i = f_i \cdot 100$
[150, 155)	152,5	5	0,125	12,5
[155, 160)	157,5	9	0,225	22,5
[160, 165)	162,5	12	0,3	30
[165, 170)	167,5	4	0,1	10
[170, 175)	172,5	8	0,2	20
[175, 180)	177,5	2	0,05	5
		40	1	100

a Ejercicios y actividades

6. El peso en kilogramos de 40 bebés recién nacidos es el siguiente:

   2,5; 2,7; 2,0; 2,6; 4,2; 1,6; 1,5; 2,1; 2,6; 2,3; 2,0; 2,9; 2,9; 3,4; 2,4; 3,1; 2,7; 2,7; 1,7; 3,6; 4,1; 3,2; 3,5; 2,4; 4,4; 2,7; 2,5; 2,0; 3,2; 2,6; 3,6; 4,0; 4,3; 1,9; 2,6; 3,5; 3,8; 3,7; 3,2; 3,4

   Construye una tabla con datos agrupados en seis intervalos de igual amplitud empezando por [1,5; 2,0).

3. Gráficas estadísticas

Algo que hay que tener en cuenta al hacer una gráfica estadística es el tipo de datos que estamos tratando; para cada tipo de variable existen distintos tipos de gráficas.

> **!** **Atención**
>
> En un diagrama de sectores, la suma de todos los ángulos debe ser 360°. A veces por redondear sin rigor ignoramos parte del número y luego los sectores no encajan perfectamente.

3.1. Diagrama de sectores

Los **diagramas de sectores** están formados por un círculo dividido en tantos sectores como modalidades tenga la variable. El ángulo central de cada sector es proporcional a la frecuencia absoluta de cada modalidad. Se utiliza para variables **cualitativas o cuantitativas discretas.**

Para construir un diagrama de sectores, seguimos estos pasos:

1. Construimos la tabla de frecuencias absolutas.
2. Dividimos los 360° que tiene el ángulo completo entre el número de casos. Así sabremos cuántos grados le corresponden a cada caso.

$$n° = \frac{360°}{N}$$

3. Multiplicamos la frecuencia absoluta f_i por los grados de cada caso $n°$ y obtenemos los grados $n°_i$ que corresponden a cada modalidad.

$$n°_i = f_i \cdot n°$$

4. Representamos el diagrama de sectores con los ángulos obtenidos.

EJEMPLO

- Observamos el color de pelo de 30 jóvenes y el resultado fue el siguiente:

C, M, M, M, R, M, C, R, M, C, P, C, M, C, C,
P, M, R, M, C, P, R, M, C, C, R, M, R, C, P

M = Moreno C = Castaño R = Rubio P = Pelirrojo

Morenos $\rightarrow n_1 = 10$ Rubios $\rightarrow n_3 = 6$

Castaños $\rightarrow n_2 = 10$ Pelirrojos $\rightarrow n_4 = 4$

$$n° = \frac{360°}{N} = \frac{360°}{30} = 12$$

$n°_1 = 10 \rightarrow 12° = 120°$ $n°_3 = 6 \rightarrow 12° = 72°$

$n°_2 = 10 \rightarrow 12° = 120°$ $n°_4 = 4 \rightarrow 12° = 48°$

x_i	n_i	$n°_i$
Moreno	10	120°
Castaño	10	120°
Rubio	6	72°
Pelirrojo	4	48°
	30	360°

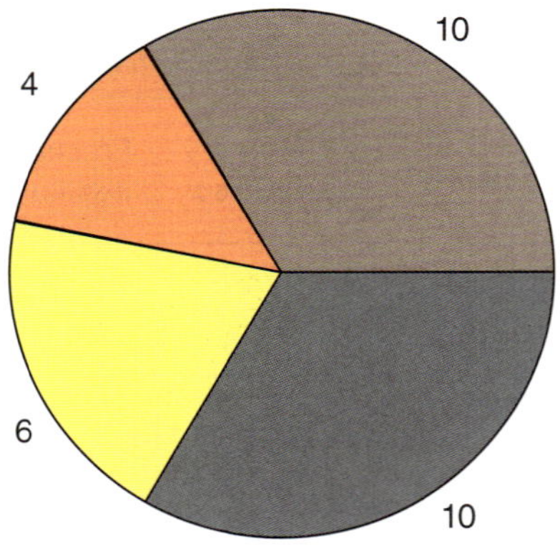

Ejercicios y actividades

7. Construye un diagrama de sectores con los siguientes resultados obtenidos de una encuesta realizada a los alumnos de 1.º de ESO de un instituto sobre el lugar en el que pasan las vacaciones:

No sale, playa, playa, montaña, playa, no sale, playa, playa, playa, playa, no sale, playa, playa, otro país, montaña, playa, playa, playa, otro país, playa, playa, montaña, no sale, playa, montaña, montaña, no sale, no sale, no sale, otro país

3.2. Diagrama de barras

Los **diagramas de barras** están formados por tantas barras como modalidades tenga la variable. Cada una de las barras tendrá la altura correspondiente a su frecuencia absoluta.

Este tipo de gráficas se utiliza para variables **cualitativas** o **cuantitativas discretas**.

Para construir un diagrama de barras, seguiremos estos pasos:

1. Construimos la tabla de frecuencias absolutas.
2. En el eje de abscisas (X) situamos las modalidades.
3. En el eje de ordenadas (Y) representamos las frecuencias absolutas.
4. Dibujamos una barra en cada modalidad de altura igual a su frecuencia absoluta.

EJEMPLO

- A un grupo de 30 jóvenes les preguntamos sobre el número de hermanos que son en casa:

x_i	n_i
1	12
2	13
3	4
4	1
	30

La gráfica resultante es la siguiente:

Eje de abscisas (X) → N.º de hermanos (1, 2, 3, 4)

Eje de ordenadas (Y) → Frecuencia absoluta (12, 13, 4, 1)

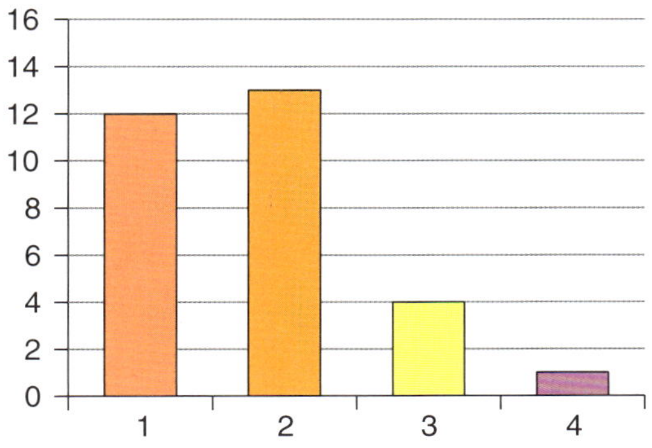

a Ejercicios y actividades

8. Construye un diagrama de barras con los resultados obtenidos de una encuesta realizada entre los alumnos de 1.º de ESO sobre el día de la semana preferido para hacer una excursión:

Lunes, jueves, viernes, miércoles, viernes, lunes, viernes, martes, viernes, viernes, jueves, lunes, viernes, viernes, martes, miércoles, viernes, viernes, viernes, martes, viernes, viernes, jueves, lunes, viernes, miércoles, miércoles, lunes, lunes, lunes

3.3. Histograma

Los **histogramas** consisten en representar tantas columnas como intervalos hayamos usado para la variable. Cada columna tendrá la altura correspondiente a la frecuencia absoluta.

Este tipo de gráficas se utiliza para variables **cuantitativas continuas**.

Una diferencia con el diagrama de barras es que ahora las columnas están pegadas. Esto se hace así para indicar que la variable es continua.

Los pasos para la construcción de un histograma son los siguientes:

1. Construimos la tabla de frecuencias de datos agrupados.
2. En el eje de abscisas (*X*) representamos los intervalos.
3. En el eje de ordenadas (*Y*) representamos la frecuencia absoluta de cada intervalo.
4. En cada intervalo del eje *X* construimos una columna cuya altura sea la frecuencia absoluta de este.

EJEMPLO

- Medimos la estatura en centímetros de 40 alumnos:

150	157	170	163	162	163	165	171	156	164
161	172	152	159	161	177	159	176	170	160
174	158	162	153	158	163	164	165	172	167
153	154	171	157	158	164	161	165	170	159

La tabla de frecuencias sería la que aparece al margen.

Valores en el eje de abscisas (*X*):

[150, 155), [155, 160), [160, 165), [165, 170), [170, 175), [175, 180)

Valores en el eje de ordenadas (*Y*):

5, 9, 12, 4, 8, 2

Representamos el histograma:

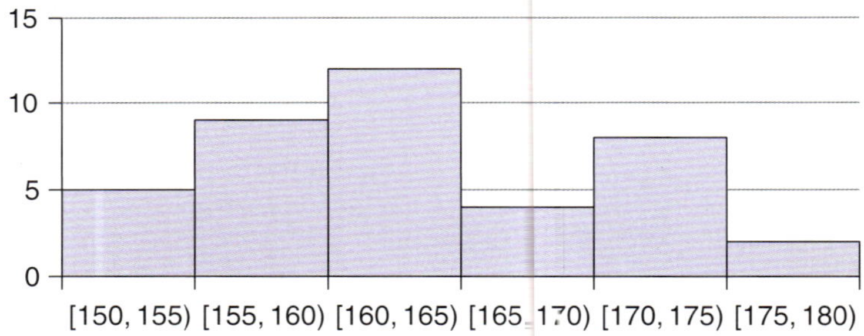

! **Observación**

En un histograma las barras deben tener una amplitud proporcional al tamaño del intervalo que representan, si es que no todos son iguales: a igual altura, habrá más concentración cuanto más estrecha sea la barra.

Intervalo	Frecuencias absolutas n_i
[150, 155)	5
[155, 160)	9
[160, 165)	12
[165, 170)	4
[170, 175)	8
[175, 180)	2
	40

a Ejercicios y actividades

9. Construye un histograma para la distribución de pesos en recién nacidos de la actividad 6.
10. Construye un histograma para la siguiente distribución de metros cuadrados de 100 viviendas de una ciudad:

m^2	[40, 60)	[60, 80)	[80, 100)	[100, 120)	[120, 140)
N.º de viviendas	10	35	35	15	5

4. La media

La **media** ($\bar{x}$) indica el promedio de todos los valores que toma una variable estadística. Se calcula sumando todos estos valores y dividiendo entre el total de casos.

$$\bar{x} = \frac{\sum n_i \cdot x_i}{N}$$

Para calcular la media de una variable estadística:

1. Construimos la tabla de frecuencias absolutas.

   n_i = Frecuencia absoluta de la modalidad

   x_i = Modalidad o marca de clase, dependiendo de si estamos utilizando datos agrupados o aislados

   N = Número total de casos observados.

2. Multiplicamos cada frecuencia absoluta por su valor de modalidad o marca de clase.

   $$n_i \cdot x_i$$

3. Sumamos todos los productos del apartado anterior.

   $$\sum n_i \cdot x_i = n_i \cdot x_1 + n_2 \cdot x_2 + \ldots + n_k \cdot x_k$$

   k = Número total de modalidades o marcas de clase

4. Dividimos la suma anterior entre el número total de casos

   $$\bar{x} = \frac{\sum n_i \cdot x_i}{N} = \frac{n_1 \cdot x_1 + n_2 \cdot x_2 + \ldots + n_k \cdot x_k}{N}$$

EJEMPLO

- Si tomamos el ejemplo del apartado anterior, en el que se medía la estatura de los alumnos de un instituto, ese valor «resumen» sería la estatura media obtenida:

Intervalo	Marca de clase x_i	Frecuencia absoluta n_i
[150, 155)	152,5	5
[155, 160)	157,5	9
[160, 165)	162,5	12
[165, 170)	167,5	4
[170, 175)	172,5	8
[175, 180)	177,5	2

$$\bar{x} = \frac{5 \cdot 152{,}5 + 9 \cdot 157{,}5 + 12 \cdot 162{,}5 + 4 \cdot 167{,}5 + 8 \cdot 172{,}5 + 2 \cdot 177{,}5}{40} =$$

$$= \frac{6\,535}{40} = 163{,}375 \text{ cm}$$

!

W. Churchill dijo...

«Solo me fío de las estadísticas que he manipulado».

Winston Churchill fue un político que nació en Gran Bretaña en 1874 y murió en 1965.

Fue dos veces primer ministro de Reino Unido. La primera vez, entre los años 1940 y 1945, durante la Segunda Guerra Mundial; y la segunda vez, entre los años 1951 y 1955, año en el que tuvo que dimitir por motivos de salud.

Además de un importantísimo político, Churchill fue un importante escritor. Entre sus obras destacan sus memorias de guerra y sus importantes trabajos periodísticos, que, en 1953, le llevaron a recibir el Premio Nobel de Literatura.

a Ejercicios y actividades

11. Calcula el precio medio de una factura telefónica durante un año en el que se han pagado las siguientes cantidades:

29,5 €	32,8 €	25,4 €	28,3 €	27,9 €	33,5 €
26,3 €	21,4 €	32,5 €	24,6 €	22,6 €	23,4 €

12. Calcula el peso medio de los recién nacidos del ejercicio 6 (utiliza los datos agrupados).

5. Probabilidad

Alberto le propuso a su amiga Chelo el siguiente juego:

- *Tiramos un dado.*
- *Gana Alberto si sale par.*
- *Si sale un número mayor que 2 gana Chelo*
- *Si sale el 4 empatan.*

¿Chelo debe aceptar el juego?

Para contestar a la pregunta debemos saber que **probabilidad** tiene cada uno de ganar:

- Alberto gana si sale 2 o 6, con el 4 empata.
- Chelo gana si sale 3, 5 o 6, con el 4 empata.

Alberto tiene 2 posibilidades de 6 de ganar y Chelo tiene 3 posibilidades de 6. Por tanto, Chelo debería jugar, pues tiene mayor probabilidad de ganar.

A pesar de lo anterior, no podemos asegurar que el resultado vaya a ser favorable a ninguno de los dos, es decir, es un **experimento aleatorio.**

Los experimentos cuyo resultado no se puede predecir se denominan **experimentos aleatorios.**

En muchas ocasiones necesitamos saber lo que puede ocurrir en un experimento aleatorio. En estos casos se utiliza la **probabilidad.**

La **probabilidad** es la rama de las Matemáticas que estudia los experimentos aleatorios.

EJEMPLOS

- Lanzar un dado y observar el resultado es un experimento aleatorio.
- Lanzar un tiro libre de baloncesto y observar si se encesta es un experimento aleatorio.
- Medir la temperatura del agua cuando se congela no es un experimento aleatorio.

a Ejercicios y actividades

13. Indica cuál de los siguientes experimentos estudiarías utilizando la probabilidad:
    a) Lanzar una flecha a una diana y observar en qué parte impacta.
    b) Saber el color de ojos del hijo de una mujer que está embarazada.
    c) Conocer el color del bolígrafo con el que estamos escribiendo.
    d) Saber a la hora a la que amanece y anochece un día determinado del año.
    e) Predecir la edad que tendrás dentro de un año.
    f) Extraer una carta de la baraja española y saber qué carta vamos a obtener.

5.1. Espacio muestral y suceso

Fijémonos en el siguiente experimento: tiramos un dado al aire y observamos el número que obtenemos.

Este experimento es aleatorio, por lo tanto, no podemos saber exactamente el resultado que vamos a obtener. Sin embargo, si que podemos saber cuáles son los posibles resultados, lo que se denomina **espacio muestral**.

El conjunto de todos los posibles resultados de un experimento aleatorio se llama **espacio muestral**. Lo denotaremos por la letra *E*.

En el caso del lanzamiento de un dado el espacio muestral es:

$$E=\{1, 2, 3, 4, 5, 6\}$$

Si ahora consideramos el experimento de sacar un número par al lanzar un dado al aire, el conjunto de posibles resultados sería: $A=\{2, 4, 6\}$

Diremos que el conjunto *A* es un **suceso**.

Llamamos suceso a cualquier subconjunto del espacio muestral.

5.2. Cálculo de la probabilidad

Si pensamos en el ejemplo del apartado anterior, podemos observar que la probabilidad de que salga un número es la misma que la probabilidad de que salga cualquier otro, es decir, son sucesos elementales **equiprobables**.

Si al realizar un experimento aleatorio todos los sucesos elementales son equiprobables, la probabilidad de que ocurra el suceso *A*, *P(A)*, viene dada por la siguiente fórmula, conocida como la **ley de Laplace**:

$$P(A)=\frac{\text{número de casos favorables}}{\text{número de casos posibles}}$$

EJEMPLOS

- *¿Cuál es la probabilidad de que salga un 3 al tirar un dado?*

$$\left.\begin{array}{l}\text{número de casos favorables}=1\\ \text{número de casos posibles}=6\end{array}\right\}\Rightarrow P(\text{salga } 3)=\frac{1}{6}$$

- *¿Cuál es la probabilidad que salga un número par al tirar un dado?*

$$\text{Casos favorables}=\{2, 4, 6\}$$

$$\left.\begin{array}{l}\text{número de casos favorables}=3\\ \text{número de casos posibles}=6\end{array}\right\}\Rightarrow P(\text{salga par})=\frac{3}{6}=\frac{1}{2}$$

a Ejercicios y actividades

14. Tengo una bolsa con tres bolas rojas, dos bolas blancas y una bola azul:
    a) ¿Cuál es la probabilidad de sacar una bola roja?
    b) ¿Cuál es la probabilidad de sacar una bola azul?
    c) ¿Cuál es la probabilidad de que al sacar una bola no sea ni roja ni azul?

Diagrama de barras con Calc

Vamos a representar un diagrama de barras en Calc con la siguiente tabla:

x_i	A	B	C	D
n_i	20	30	30	10

1. Escribe en la hoja los valores de la frecuencia absoluta.

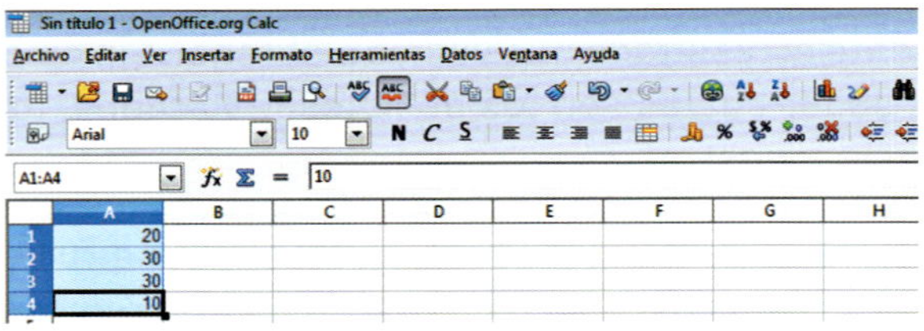

2. Marca los datos y pincha en el botón que representa las gráficas: .

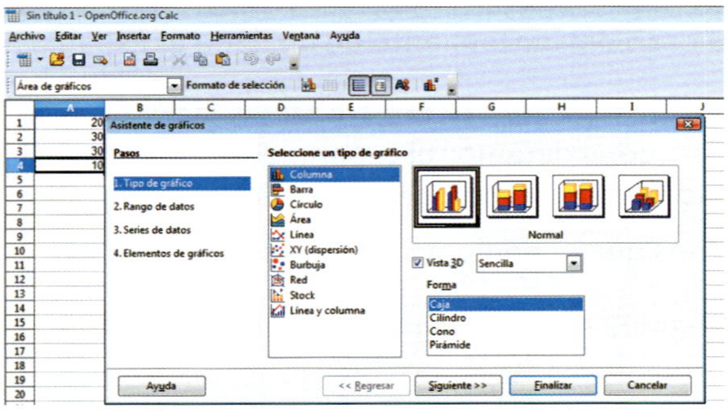

3. Aparece una ventana con los tipos de gráficas que dibuja Calc. Marca la opción 3D y elige el diagrama de barras que nos interesa.

4. Pulsa INTRO en la ventana de la gráfica, después el botón FINALIZAR y ya tenemos el diagrama.

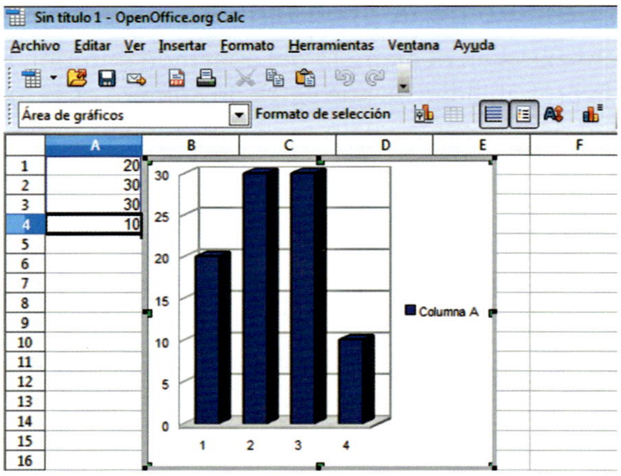

Presionando el botón derecho del ratón sobre la gráfica, la podemos personalizar. Haz pruebas.

a Ejercicios y actividades

15. Con los mismos datos de la gráfica anterior, construye un diagrama de sectores con Calc haciendo click en la opción:

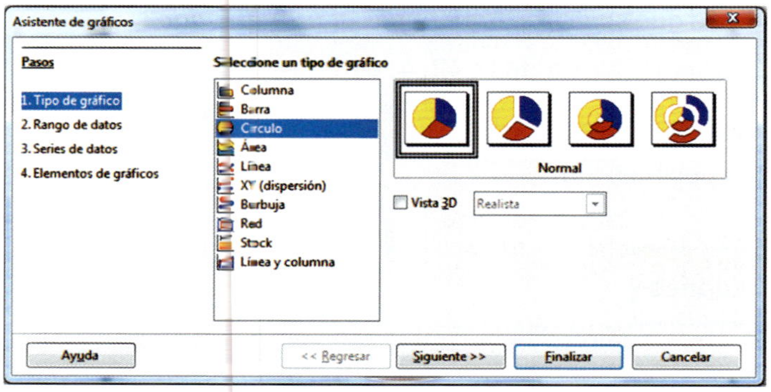

16. Construye un diagrama de barras y otro de sectores con Calc para los siguientes datos:

Color de ojos	Marrón	Azul	Verde
Frecuencia	20	10	10

1. Se observa que a lo largo de una jornada de liga de fútbol de primera y segunda división, 20 partidos en total, se han marcado los siguientes goles:

1, 2, 3, 0, 5, 6, 2, 3, 4, 2, 1, 1, 0, 0, 7, 5, 2, 2, 1, 3

Construye una tabla de frecuencias absolutas, relativas y porcentajes para el número de goles por partido.

Solución

$n_1 = 3, n_2 = 4, n_3 = 5, n_4 = 3, n_5 = 1, n_6 = 2, n_7 = 1, n_8 = 1$

$f_1 = \frac{n_1}{N} = \frac{3}{20} = 0{,}15 \quad \%_1 = 100 \cdot f_1 = 100 \cdot 0{,}15 = 15$

$f_2 = \frac{n_2}{N} = \frac{4}{20} = 0{,}2 \quad \%_2 = 100 \cdot f_2 = 100 \cdot 0{,}2 = 20$

...

$f_8 = \frac{n_8}{N} = \frac{1}{20} = 0{,}05 \quad \%_8 = 100 \cdot f_8 = 100 \cdot 0{,}05 = 5$

x_i	n_i	$f_i = n_i / N$	$\%_i = f_i \cdot 100$
0	3	0,15	15
1	4	0,2	20
2	5	0,25	25
3	3	0,15	15
4	1	0,05	5
5	2	0,1	10
6	1	0,05	5
7	1	0,05	5
	20	1	100

2. Los tiempos de llegada, medidos en minutos, para los autocares de una determinada empresa son:

40, 60, 55, 73, 42, 72, 43, 80, 64, 85, 54, 57, 67, 83, 71, 53, 58, 82, 62, 52, 53, 86, 47, 48, 55, 49, 62, 61, 54, 89

Construye una tabla de datos agrupados (5 intervalos).

Solución

Para construir los intervalos, nos fijamos en el valor menor y en el mayor: 40 y 89. Como tienen que ser cinco intervalos, serán de 10 min de amplitud cada uno:

[40, 50), [50, 60), [60, 70), [70, 80) y [80, 90)

Definidos los intervalos, solo queda calcular las frecuencias.

Intervalos	Marca de clase x_i	Frecuencia absoluta n_i	Frecuencia relativa $f_i = n_i / N$	Porcentaje relativo $\%_i = f_i \cdot 100$
[40, 50)	45	6	0,2	20
[50, 60)	55	9	0,3	30
[60, 70)	65	6	0,2	20
[70, 80)	75	3	0,1	10
[80, 90)	85	6	0,2	20
		30	1	100

3. De las 20 canastas que anotó un jugador de baloncesto, 4 fueron de 3 puntos, 6 de tiros libres y el resto de 2 puntos. Con estos resultados representa una gráfica de sectores y un diagrama de barras.

Solución

$N = 20$

$n° = \frac{360°}{N} = \frac{360°}{20} = 18$

$n°_1 = 4 \cdot 18° = 72°$

$n°_2 = 10 \cdot 18° = 180°$

$n°_3 = 6 \cdot 18° = 108°$

Marca de clase x_i	Frecuencia absoluta n_i	Grados de modalidad $n°_i$
3 puntos	4	72°
2 puntos	10	180°
1 punto	6	108°
	20	360°

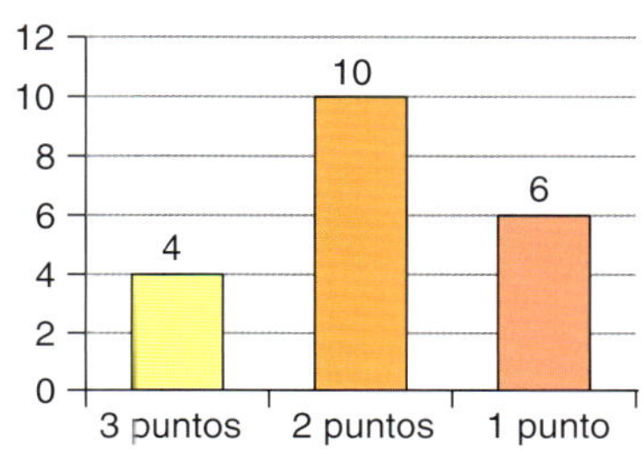

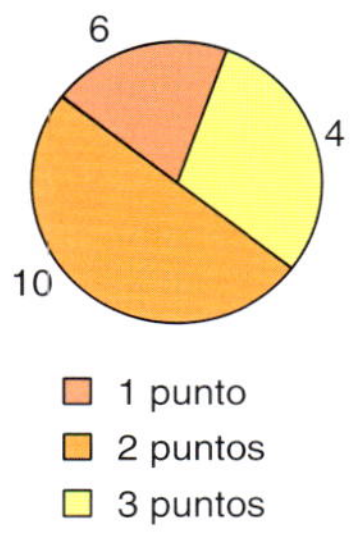

4. Calcula la media de los siguientes datos:

40, 60, 55, 73, 42, 72, 43, 80, 64, 85, 54, 57, 67, 83, 71, 53, 58, 82, 62, 52, 53, 86, 47, 48, 55, 49, 62, 61, 54, 89

Solución

Tomamos la tabla con las frecuencias absolutas y añadimos la columna que necesitamos, $x_i \cdot n_i$:

Intervalos	Marca de clase x_i	Frecuencia absoluta n_i	$x_i \cdot n_i$
[40, 50)	45	6	270
[50, 60)	55	9	495
[60, 70)	65	6	390
[70, 80)	75	3	225
[80, 90)	85	6	510
		30	1890

$$\overline{x} = \frac{45 \cdot 6 + 55 \cdot 9 + 65 \cdot 6 + 75 \cdot 3 + 85 \cdot 6}{30} =$$

$$= \frac{270 + 495 + 390 + 225 + 510}{30} = \frac{1\,890}{30} = 63$$

Elementos estadísticos

1. Para los siguientes estudios estadísticos, indica cuál es la población, la muestra y los individuos:

a) Recaudación semanal de un supermercado.

b) Nacionalidad de los alumnos de un colegio.

c) Número de habitaciones de los hoteles de una ciudad.

d) Actividades extraescolares que realizan los alumnos de un instituto.

e) Hábitos de consumo de los habitantes de Castilla y León.

f) Jugueterías en las distintas provincias de España.

2. Propón, para los estudios del ejercicio 1, la variable o variables que medir y clasifícalas como cualitativas, cuantitativas discretas o cuantitativas continuas.

3. Clasifica las siguientes variables en cualitativas, cuantitativas discretas o cuantitativas continuas:

a) Número de cajas abiertas en un supermercado.

b) Tiempo que tardan los alumnos en llegar desde su casa al instituto.

c) Medio de transporte utilizado por los trabajadores de una empresa para acudir al trabajo

d) Temperatura mínima alcanzada en Madrid medida todos los días de un año.

e) Número de cromos que le faltan a los alumnos de 1.º de ESO para acabar la colección de la Liga.

f) Tipo de centro educativo (público, privado o concertado) al que asisten los estudiantes de una ciudad.

4. En un hospital se está realizando un estudio sobre la distribución del grupo sanguíneo. Los resultados se recogen en el siguiente diagrama de barras:

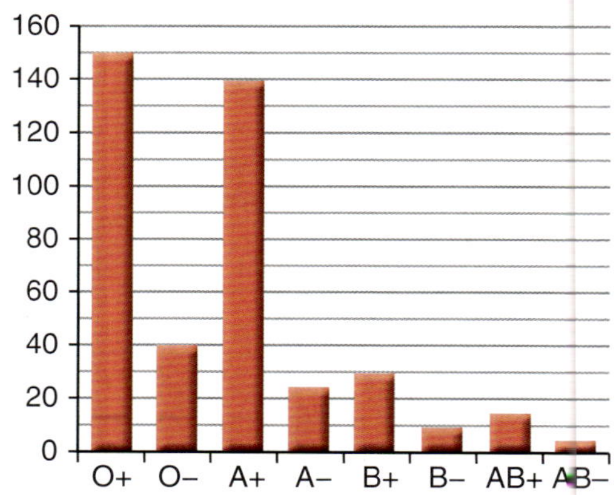

a) ¿Cuántas personas forman la muestra?

b) ¿Cuántas personas tienen cada uno de los grupos sanguíneos?

c) ¿Cuál es el grupo más frecuente? ¿Y el menos frecuente?

d) ¿Qué porcentaje tienen RH+?

5. En una ciudad se ha observado el tiempo atmosférico durante un año (considera 360 días). Los días se han distribuido como indica el siguiente diagrama de sectores:

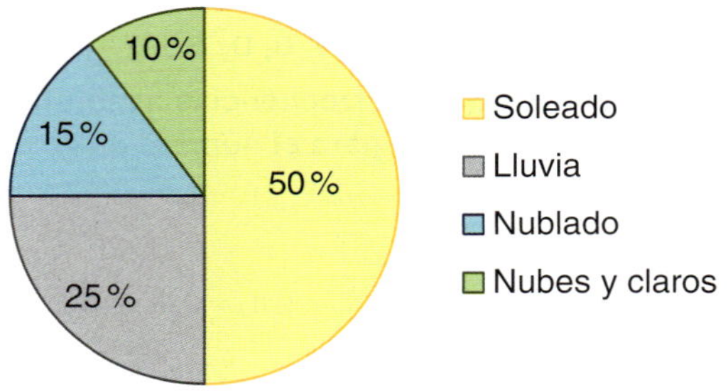

a) ¿Cuál es el porcentaje de días nublados? ¿Cuántos días nublados hubo?

b) Si queremos hacer una excursión un día que no llueva, ¿cuántos días del año podremos elegir?

6. Observa las siguientes gráficas, que representan los puntos anotados por los jugadores de dos equipos durante un partido de baloncesto, y contesta a las preguntas:

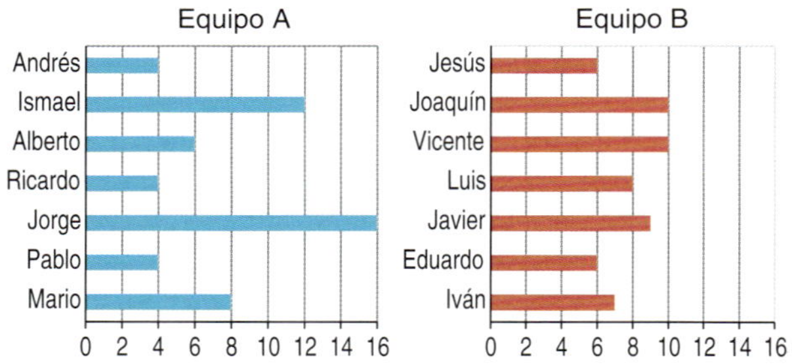

a) ¿Qué jugador fue el máximo anotador?

b) ¿Qué jugadores anotaron el mismo número de puntos?

c) ¿Qué equipo ganó el partido?

La media

7. Una constructora tiene a la venta 100 nuevas viviendas en un edificio. La distribución del número de dormitorios se muestra en la siguiente gráfica:

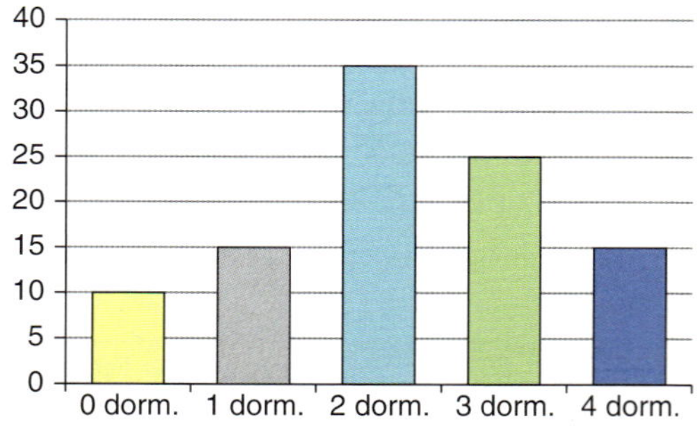

a) Construye la tabla de frecuencias absolutas y de frecuencias relativas.

b) ¿Qué porcentaje de viviendas de cada tipo se ofertan?

c) Representa los datos mediante un diagrama de sectores.

d) ¿Cuál es el número medio de dormitorios en las viviendas de la promoción?

8. Un grupo de 30 alumnos de un instituto ha realizado un intercambio con Francia. Los datos sobre sus edades son los siguientes:

13, 14, 15, 16, 14, 13, 15, 16, 17, 15, 13, 14, 15, 13, 14, 17, 14, 16, 15, 16, 15, 16, 15, 13, 14, 15, 16, 15, 13, 14

a) Realiza una tabla de frecuencias absolutas.

b) Calcula las frecuencias relativas.

c) Representa la información mediante un diagrama de barras.

d) Calcula la media.

9. Un grupo de alumnos de 1.º de ESO ha medido sus pulsaciones por minuto y ha anotado los siguientes datos:

87, 68, 85, 65, 76, 68, 58, 82, 56, 58, 69, 77, 80, 63, 74, 81, 72, 72, 68, 80, 66, 60, 74, 85, 88, 88, 77, 68, 75, 89

a) Realiza una tabla de frecuencias absolutas agrupando los datos en intervalos de amplitud 5 y comenzando en [55; 60).

b) Calcula las frecuencias relativas.

c) Representa la información mediante un histograma.

d) Calcula las pulsaciones medias por minuto.

10. Pablo ha obtenido las siguientes notas en las dos primeras evaluaciones:

1.ª evaluación	4, 5, 6, 8, 5, 6, 6, 7, 8, 8
2.ª evaluación	5, 6, 3, 7, 8, 7, 6, 8, 7, 7

¿En qué evaluación ha obtenido mayor puntuación media?

Interpretación de la media

11. Se han tomado datos sobre el presupuesto anual dedicado a zonas verdes (en miles de euros) en los municipios de una región:

14, 8, 22, 23, 29, 30, 31, 32, 10, 51, 48, 49, 44, 59, 31, 22, 38, 40, 50, 24, 52, 55, 59, 45, 59

a) Construye la tabla de distribución de frecuencias absolutas y frecuencias relativas considerando intervalos de amplitud 15 y comenzando en [0, 15).

b) Representa los datos con un histograma.

c) ¿Qué porcentaje de municipios gastan más de 30 000 euros en zonas verdes?

d) Calcula la media e interprétala.

e) A la vista de los resultados que has obtenido, comenta el hecho de observar que el gasto en zonas verdes del municipio en el que tú resides es 30 000 euros.

12. Juan quiere sacar una nota media de 6 puntos en matemáticas. La nota de la evaluación es la media de tres exámenes. Si en los dos primeros ha sacado un 7 y un 4, respectivamente, ¿qué nota tendrá que sacar en el tercer examen?

13. Jaime ha obtenido estas notas:

Matemáticas	6,5
Lengua	7,3
Ciencias Sociales	7,5
Ciencias Naturales	9

¿Qué nota necesita sacar en Inglés si quiere sacar una media entre las cinco asignaturas de...

a) 7? b) 7,5? c) 8)?

¿Cuál es la máxima nota media que puede sacar?

14. Propón dos conjuntos de cinco números cuya media sea 18.

15. Si en un conjunto de datos el mínimo valor es 10 y el máximo es 45, ¿puede ser la media mayor que 45? ¿Y menor que 10?

16. Se lanza un dado 100 veces y se obtiene la siguiente distribución de resultados:

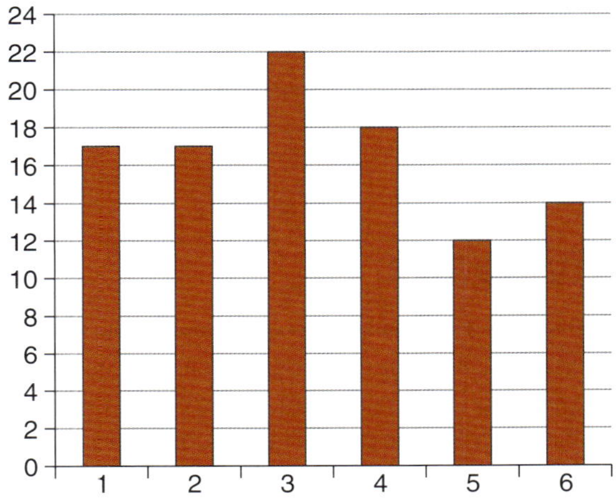

a) Construye la tabla de distribución de frecuencias absolutas y relativas.

b) Construye una tabla de porcentajes.

c) Calcula la media.

d) Tras analizar la información, ¿puede afirmarse que el dado es correcto?

Trabajos estadísticos

17. Realiza un estudio estadístico entre tus compañeros de clase midiendo las siguientes variables:

a) Edad.

b) Estatura.

c) Color de pelo.

d) Color de ojos.

e) Número de hermanos.

f) Personas que conviven en su casa.

Mercado internacional

Los siguientes diagramas muestran información sobre las exportaciones de Porfalia, un país cuya moneda es el porf (þ).

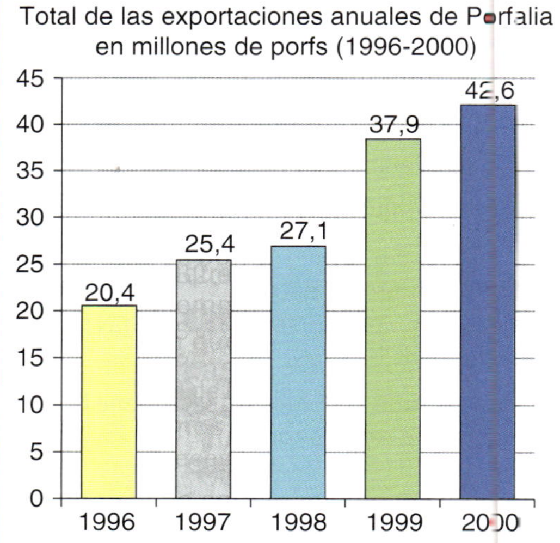

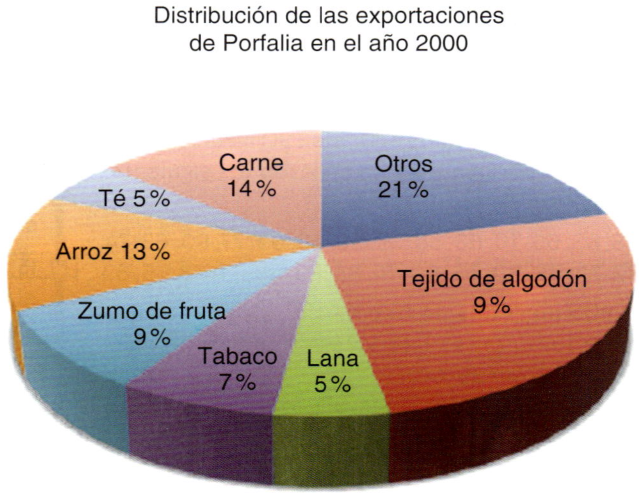

Actividades

Actividad 1: Al observar los diagramas, vemos que ha habido un crecimiento en el volumen de exportaciones de Porfalia. ¿Cuántos millones de porfs ha crecido la exportación desde el año 1998 hasta el año 2000?

A	42,6
B	27,1
C	15,5
D	22,2

Actividad 2: Con los datos de los diagramas observamos la distribución de las exportaciones. ¿Cuáles son los dos productos menos exportados?

A	Lana y tabaco
B	Lana y té
C	Tabaco y té
D	Té y carne

Actividad 3: El producto más exportado por Porfalia es el tejido del algodón. ¿Qué porcentaje supone el resto de las exportaciones de este país?

A	26 %
B	74 %
C	100 %
D	0 %

Actividad 4: ¿Cuál fue el valor en millones de porfs de las exportaciones de lana de Porfalia en el año 2000?

A	42,6
B	21,3
C	4,26
D	2,13

Actividad 5: ¿Hay algún año en el que hayan decrecido las exportaciones respecto del año anterior? Marca la opción correcta:

A	Sí
B	No

Razona tu respuesta

Actividad 6: ¿Podríamos decir que Porfalia es un país en expansión? Marca la opción correcta:

A	Sí
B	No

Razona tu respuesta

Conociendo a tu clase

Paso 2. Análisis de los datos

Vamos a analizar todos los datos que hemos recogido en la unidad anterior. Ya tenemos la tabla construida y completada con los datos que hemos recogido:

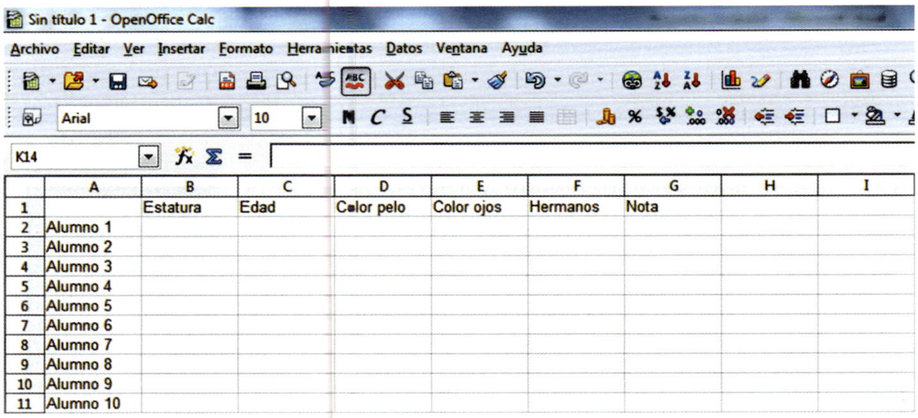

	A	B	C	D	E	F	G	H	I
1		Estatura	Edad	Color pelo	Color ojos	Hermanos	Nota		
2	Alumno 1								
3	Alumno 2								
4	Alumno 3								
5	Alumno 4								
6	Alumno 5								
7	Alumno 6								
8	Alumno 7								
9	Alumno 8								
10	Alumno 9								
11	Alumno 10								

1. Lo primero es distinguir las variables cualitativas y las cuantitativas. Marca cada una de ellas en la tabla anterior. Las analizaremos de manera distinta.
2. Aunque la edad y el número de hermanos son números, los trataremos como variables cualitativas.
3. Si lo has hecho bien, ya tenemos la siguiente tabla:

Variables cualitativas	Edad, color del pelo, color de los ojos y hermanos
Variables cuantitativas	Estatura y nota

4. Para cada variable cualitativa, construye la siguiente tabla:

Categoría	Cat 1	Cat 2	Cat 3	...
Frecuencia	●●●	●●●	●●●	●●●

5. Construye un diagrama de barras con las variables edad y hermanos.
6. Construye un diagrama de sectores con las variables color del pelo y color de los ojos.
7. Para calcular la media de una variable con Calc, debemos usar la siguiente función:

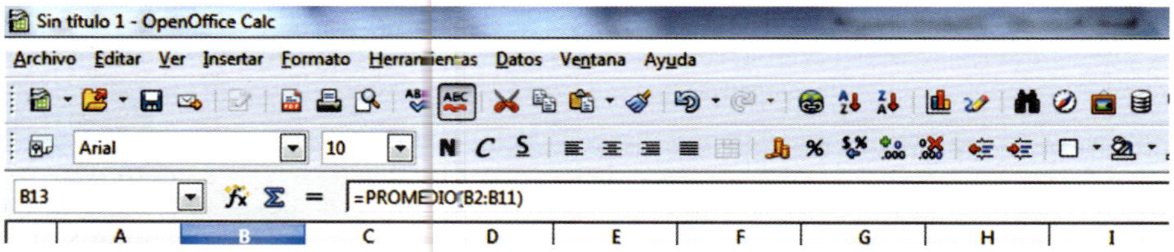

8. Calcula las medias de las variables estatura y nota.
9. Compara los resultados con tus compañeros.
10. Compara los resultados con la clase de al lado.

Autoevaluación

El siguiente gráfico estadístico representa el número de hijos de 200 mujeres de una ciudad. Contesta a las siguientes preguntas:

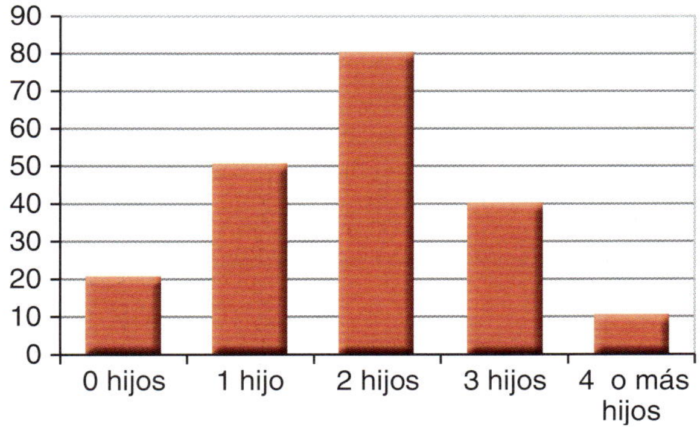

1. El número de mujeres que tiene solo un hijo es:

   a) 20 b) 50 c) 80 d) 40

2. El número medio de hijos por mujer es (considera la categoría «4 o más» como 4):

   a) 1,85 b) 1,5 c) 2 d) 2,5

3. La variable «número de hijos por mujer» es:

   a) Cualitativa.

   b) Cuantitativa discreta.

   c) Cuantitativa continua.

   d) Categórica.

4. Antonio está haciendo tres etapas del Camino de Santiago. Se ha propuesto caminar una media de 25 km diarios. El primer día recorre 20 km y el segundo día, 30 km. ¿Cuántos kilómetros tendrá que caminar el tercer día para cumplir su plan?

   a) 20 km b) 35 km c) 30 km d) 25 km

El siguiente histograma representa los metros cuadrados de las casas de un grupo de compañeros de 1º ESO. Contesta a las siguientes preguntas:

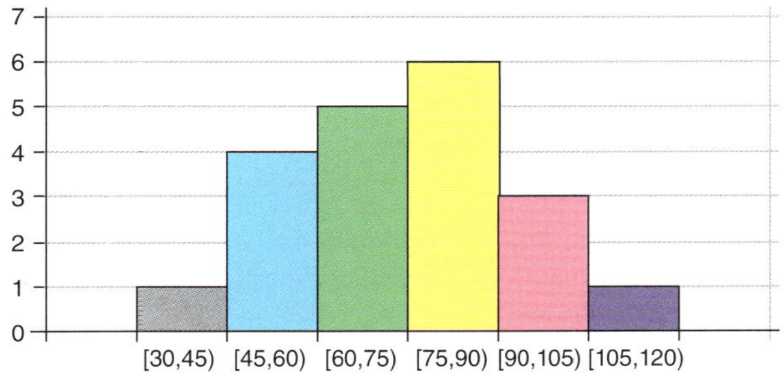

5. ¿Cuántos pisos se han analizado?

   a) 75 b) 30 c) 20 d) 120

6. La marca de clase del intervalo [75,90) es:

   a) 75 b) 80 c) 82,5 d) 90

7. El número medio de metros cuadrados de los pisos es:

   a) 74,25 b) 75 c) 82,5 d) 90

Soluciones: 1. b - 2. a - 3. b - 4. d - 5. c - 6. c - 7. a

Mis progresos

Unidad 15	Sobresaliente ¡Soy muy competente!	Bien Soy competente, pero puedo mejorar	Suficiente Soy competente, pero debo mejorar	Insuficiente Me faltan competencias. ¡Debo esforzame mucho más!
¿Sé aplicar lo aprendido?	Defino población, muestra e individuo y reconozco y propongo ejemplos de distintos tipos de variables estadísticas, tanto cualitativas como cuantitativas.	Defino población, muestra e individuo y reconozco pero no propongo ejemplos de distintos tipos de variables estadísticas, tanto cualitativas como cuantitativas.	Defino población, muestra e individuo pero no reconozco los distintos tipos de variables estadísticas.	No defino población, muestra e individuo y no reconozco los distintos tipos de variables estadísticas.
Sé hacer...	Calculo la media aritmética e interpreto gráficas estadísticas sencillas.	Calculo la media aritmética e interpreto algunas gráficas estadísticas sencillas.	Calculo la media aritmética, pero no interpreto gráficas estadísticas sencillas.	No sé calcular la media aritmética y no interpreto gráficas estadísticas sencillas.
La tecnología y yo...	Empleo la calculadora y las TIC para organizar los datos, generar gráficas estadísticas y calcular la media aritmética.	Empleo la calculadora y las TIC para organizar los datos y generar gráficas estadísticas, pero no para calcular la media aritmética.	Solo empleo la calculadora y las TIC para organizar los datos.	No empleo la calculadora ni las TIC.
¿Sé trabajar en grupo?	Defiendo mis ideas y acepto otras diferentes justificadas.	Defiendo mis ideas, pero me cuesta aceptar otras diferentes justificadas.	Defiendo mis ideas, pero no acepto otras diferentes justificadas.	No soy capaz de defender mis ideas ni de aceptar otras diferentes justificadas.

Coordinador editorial: Javier Ablanque
Diseño de colección: Juan Pablo Rada / Paso de Zebra
Maquetación: Discript Preimpresión, S. L.
Fotografías: 123RF Limited, Thinkstock y archivo Editex
Ilustraciones: 123RF Limited, Drop Ilustración y Thinkstock
Preimpresión: José Ciria
Dirección de producción: Santiago Agudo

Este material de **Matemáticas** está dirigido al alumnado de 1º de ESO y ha sido elaborado atendiendo a las exigencias curriculares establecidas.

El presente material didáctico ha sido creado por iniciativa y bajo la coordinación de **Editorial Editex, S. A.**, conforme a su propio proyecto editorial.

Vía Dos Castillas, 33. C. E. Ática 7, edificio 3, planta 3ª, oficina B. 28224 Pozuelo de Alarcón. Madrid.

ISBN Obra completa: 978-84-9078-494-5
ISBN de este volumen: 978-84-9078-595-9
Depósito Legal: M-14316-2015
Imprime: Gráficas Jomagar
Impreso en España - *Printed in Spain*